2021

中国
农业技术推广发展报告

2021 Zhongguo Nongye Jishu Tuiguang Fazhan Baogao

农业农村部科技教育司
全国农业技术推广服务中心　组编

中国农业出版社
北京

图书在版编目（CIP）数据

2021中国农业技术推广发展报告 / 农业农村部科技教育司，全国农业技术推广服务中心组编 . —北京：中国农业出版社，2022.5
ISBN 978 - 7 - 109 - 29345 - 8

Ⅰ.①2…　Ⅱ.①农…　②全…　Ⅲ.①农业科技推广—研究报告—中国—2021　Ⅳ.①S3-33

中国版本图书馆 CIP 数据核字（2022）第 065704 号

中国农业出版社出版

地址：北京市朝阳区麦子店街 18 号楼
邮编：100125
责任编辑：郭银巧　肖　邦　　文字编辑：张田萌
版式设计：王　晨　　责任校对：刘丽香
印刷：中农印务有限公司
版次：2022 年 5 月第 1 版
印次：2022 年 5 月北京第 1 次印刷
发行：新华书店北京发行所
开本：880mm×1230mm　1/16
印张：19.5
字数：500 千字
定价：120.00 元

编 委 会

前　言

　　2020年是打赢脱贫攻坚战、全面建成小康社会收官之年，面对国内外错综复杂环境和突如其来的新冠肺炎疫情，做好农业农村工作具有特殊重要意义。一年来，各级农业农村部门和广大农业技术推广人员深入学习习近平新时代中国特色社会主义思想，贯彻落实中央农村工作会议和中央1号文件精神，紧紧围绕实施乡村振兴战略和推动农业高质量发展目标任务，全力应对新冠肺炎疫情冲击和严重自然灾害影响，扎实开展技术集成推广和指导服务，不断创新服务方式和手段，农业技术推广事业取得新成效，推动我国农业科技进步贡献率超过60%，为保障粮食等重要农产品有效供给和如期完成脱贫攻坚任务提供了有力支撑。2020年，全国粮食总产量达到13 390亿斤，实现"十七连丰"，农村居民人均可支配收入达到17 131元，持续高于城镇居民可支配收入增速。

　　为总结交流和宣传工作成效经验，进一步促进农业技术推广事业发展，我们组织编写了《2021中国农业技术推广发展报告》，内容包括农业技术推广体系改革建设、重大项目、重大计划、重大技术推广情况，以及农业技术推广服务典型案例、典型人物和重大政策等。希望本书的出版，能够为各地更好地开展农业技术推广工作提供借鉴，为有关部门研究决策提供参考。

　　本书的编写和出版得到了农业农村部有关司局、部属推广单位和各省（自治区、直辖市）农业农村部门等各方面的大力支持，在此一并致谢！

编　者

2021年9月

目　录

第四篇　重大引领性技术集成示范

第五篇　农业技术推广服务典型案例

第六篇　农业技术推广重大政策

第七篇　农业技术推广典型人物

第八篇　媒体宣传报道

附录 …………………………………………………………………………………… 291

第一篇

农业技术
推广工作

农业技术推广体系改革建设

2020 年，各级农业技术推广部门紧扣打赢脱贫攻坚战和补上全面小康三农领域突出短板，围绕保供给、保增收、保小康，充分发挥农业技术推广体系技术、人才和组织优势，以农业重大项目实施为抓手，深入推进农业技术推广机制创新，加快农业先进适用技术推广应用，着力强化技术指导服务，为确保农业稳产保供和农民持续增收、巩固农业农村经济发展好形势作出了重要贡献。

一、农技推广重大项目实施成效显著

2020 年，中央投入 29 亿元，继续支持全国 31 个省（自治区、直辖市）、3 个计划单列市和 2 个垦区实施全国基层农技推广体系改革与建设补助项目，持续加强基层农技推广体系队伍建设，加快重大技术推广落地，提升农技推广服务效能，为农业高质量发展提供有力支撑。中央投入 9 亿元，深入实施绿色高质高效行动，聚焦三大谷物及大豆、油料、棉花、糖料等重要农产品，集成推广 130 多套区域化、标准化的绿色高质高效可持续技术模式，促进了种植业稳产高产、节本增效和提质增效。贯彻落实习近平总书记在黄河流域生态保护和高质量发展座谈会上的重要讲话精神，深入实施旱作节水农业技术推广项目，在全国 13 个省（区）推广旱作农业技术 778 万亩*，项目区水分生产力均提高 10％以上，同时有效提升旱区土壤墒情监测能力和抗旱减灾能力。中央投入 9.8 亿元，在 133 个县深入实施果菜茶有机肥替代化肥试点项目，集成推广堆肥还田、商品有机肥施用、沼渣沼液还田等一批技术模式，推动全国有机肥施用面积超过 5.5 亿亩次，绿肥种植面积超过 5 000 万亩次。中央投入 20 亿元，在黑龙江、吉林、内蒙古、河北、山东、河南等地和北大荒农垦深入实施农机深松整地项目，年度作业面积达 1.6 亿亩，有效增强土壤蓄水保墒能力，为旱作粮食生产节本增效、稳产丰产提供有力支撑。中央投入 84.84 亿元，支持 417 个县深入实施畜禽粪污资源化利用整县推进项目，全国规模养殖场设施装备配套率达到 97％，全国畜禽粪污综合利用率达到 76％，比"十二五"末期提高 16 个百分点。

二、重大技术推广计划引领高质量发展

构建部抓引领性技术示范、省抓区域重大技术协同、县抓主推技术落地的立体化格局。坚持绿色引领，着眼提质增效，以重大关键共性技术集成推广为抓手，突出"一控两减"，遴选发布北斗导航智慧麦作技术、集装箱循环水生态养殖等十大引领性技术，组建产学研一体化推广团队，打造高标准

---

* 亩为非法定计量单位，1 亩＝1/15 公顷，下同。——编者注

示范样板，开展全国性技术观摩交流活动，加快技术熟化，提供作物生产全程解决方案。进一步扩大重大技术协同推广计划实施范围，在内蒙古、吉林、江苏、浙江、江西、湖北、广西、四川等8个省（自治区）基础上，新增加黑龙江、重庆、河北等省（直辖市）开展协同推广工作，覆盖粮食、果菜、畜禽养殖等重点产业，构建"省市县三级"上下协同和"政产学研推用六方主体"左右协同机制，示范推广玉米大豆带状复合种植、肉羊高效健康养殖等多项重大技术。聚焦县域主导产业和特色产业需求，遴选发布农业主推技术，组建技术指导团队，编写易懂好用的技术操作规范，构建"专家＋农技人员＋示范基地＋示范主体＋辐射带动户"的链式推广服务模式，实现主推技术精准进村入户到田，有效促进农业质量效益和竞争力提升，引领高质量发展。

三、基层农技推广服务基础不断夯实

聚焦提升农技推广服务效能和加快重大技术推广落地两大重点任务，各地围绕优势特色产业发展科技需求，建设了各类农业科技示范展示基地6 794个，实现农技人员与服务对象面对面、科技与田间零距离。遴选50.1万个示范作用好、辐射带动强的新型经营主体带头人、种养大户、乡土专家等作为农业科技示范主体，通过农技人员与示范主体精准对口服务，辐射带动小农户提升生产水平。推进科技与县域产业融合，选择100个示范县，强化科技成果在县域范围内集中示范培训和推广应用，打造"一县一业"科技引领示范样板。按照"四有、三到位"的要求，在全国范围内遴选了110个国家现代农业科技示范展示基地，建立高效协同组织机制、互利共赢利益联结机制、双向流动的信息贯通机制，推动一批重大科技成果集成熟化落地示范。各行业深化农技推广体系建设，积极探索农技推广新路径新方式，开展基层农技推广服务示范创建，推动农技推广服务机制创新，有效提升了农技推广服务能力。

四、农技推广队伍建设进一步加强

持续开展知识技能培训是培育高水平农技推广队伍、提升专业服务素养的重要举措。全国各级农业农村部门分级分类组织农技人员脱产培训20.03万人次，其中部省农业农村部门遴选农技推广骨干开展重点培训2.01万人次。构建部省加强示范培训、市县注重实地培训、线上线下相结合的培训机制，优化课程体系和培训师资库建设，融合理论教学、现场实训、案例讲解、互动交流等方式，有效提升农技人员培训的针对性、精准性和实效性。江西、山东、湖南等省份针对高素质农技推广人才的需求，通过"定向招生、定向培养、定向就业"的"三定向"培养方式，吸引了一大批具有较高素质和专业水平的青年人才充实基层农技推广队伍。在贫困地区、生猪大县全面实施农技推广特聘计划，截至2020年底，推动在832个贫困县共招募特聘农技人员4 200余人，生猪大县招募特聘动物防疫专员8 800余人，实现贫困县和生猪大县特聘计划全覆盖，为助力打赢脱贫攻坚战和全面建成小康社会提供强有力的科技支撑和人才保障。

五、农技推广服务信息化持续推进

推动农技推广服务信息化资源整合,实现信息化服务平台多样化、方式便捷化。农业农村部建设运行的中国农技推广信息平台,汇聚了2万多个农业生产实用技术、15万多个春耕视频、1000多万张农情图谱等重要资源,在全国2800多个县(农场)全覆盖应用,平均日访问量超过百万人次。新冠肺炎疫情期间,平台以视频、长图、H5、音频等多种形式,及时推送政府部门疫情防控工作要求和科学防护知识,面向全国农村地区发送疫情防控知识、农业生产相关政策措施。2020年,农业专家发表春耕技术文章3.69万篇,农技人员发布服务日志160多万条,组织农户在线学习超过1500万人次,浏览量580多万次,累计解答了580多万个技术问题,实现了农技指导24小时全天候、跨时空高效服务,专家农民无障碍沟通互动。完善信息平台在线管理数据库,实现农技人员、示范基地、示范主体等情况以及培训教育等活动任务全程线上动态展示和管理。同时,积极引导广大专家和农技人员通过App、微信群、QQ群、直播平台等信息化方式,开展问题解答、咨询指导、互动交流、技术普及等服务,有效促进了农技推广服务效能提升。

六、农技推广先进典型营造良好氛围

为激励农技推广人员的工作热情和积极性,集中展示农技推广体系队伍的精神风貌,进一步增强三农工作荣誉感、责任感和使命感,2020年,农业农村部组织开展第二届"寻找最美农技员"活动和"最受欢迎的特聘农技员"遴选活动,深入挖掘爱岗敬业、勇于担当、业绩突出、长期奋斗在农业技术推广服务基层一线的优秀人物,99名基层农技人员获得"最美农技员"荣誉称号,20名特聘农技员获得"最受欢迎的特聘农技员"称号。胡春华副总理在2020年中国农民丰收节主场活动上为第二届"最美农技员"代表颁发证书,受到社会广泛关注支持,营造了关注支持农技推广工作的良好氛围。同时,更加注重挖掘总结农技推广工作先进经验,总结可复制可推广的典型模式,《人民日报》、新华社、中央电视台、《农民日报》等新闻媒体多次对农技推广工作和农技人员进行报道宣传,对农技推广事业发展起到积极推动作用。

农业技术推广工作

一、种植业

2020 年,全国种植业技术推广系统贯彻落实中央决策部署,克服新冠肺炎疫情冲击和严重自然灾害影响,深入实施"藏粮于地、藏粮于技"战略,发挥农技推广服务国家队和主力军作用,以高质量发展为主线,以稳粮保供为目标,以重大关键技术集成推广为重点,积极履职尽责、担当作为,为全年粮食产量站稳 1.3 万亿斤*台阶和保障重要农产品有效供给,为如期完成脱贫攻坚任务和实现全面建成小康社会目标提供了有力支撑。

(一)聚焦稳粮保供,扎实做好生产指导服务

一是全力保障春耕复产。积极应对新冠肺炎疫情给农业生产带来的冲击,统筹抓好疫情防控和生产指导,及时印发《给广大农民朋友的一封信》和《做好春耕农技服务助力打赢防疫阻击战倡议书》,组织动员推广系统和广大农民全力投入农业生产。应急调度种子、肥料、农膜、农药等农资信息 53 万条,编发日报、周报 54 期,专题报告 16 篇,为春耕复产政策出台和落实提供支撑依据。**二是切实抓好农情监测。**依托全国基点县和监测点,开展种情、苗情、墒情、肥情、病虫情等农情监测,持续做好重大病虫草害抗药性监测。创新监测手段,强化数据分析,组织专家会商,编发农情信息简报、快报等 380 余份,并通过中央电视台发布病虫预警 3 期、广播发布 15 期,为科学决策和防灾减灾提供了重要依据。**三是加强技术指导服务。**专家会商制定农作物田间管理、科学施肥、病虫害防控等生产技术指导意见 50 余期;发布洪涝、伏旱、台风等防灾减灾技术意见 20 余期,指导做好灾后恢复生产。开展三大"农技行动",在春耕春管、"三夏"生产、秋冬种关键农时和关键生育期,各级推广部门农技人员深入田间地头开展技术指导和咨询服务,推动生产技术措施到田到户。**四是组织重大病虫害防控。**印发小麦条锈病和赤霉病、水稻"两迁"害虫、马铃薯甲虫等病虫疫情防控技术方案 23 个,布设草地贪夜蛾"四条阻击带"和沙漠蝗"三道入侵防线",及时处置油菜茎基溃疡病等新发突发疫情。全年农作物病虫害损失率控制在 4% 以内,实现"虫口夺粮"目标。**五是强化农技推广信息化服务。**充分运用信息化手段,通过中国农技推广信息平台、农技服务热线、广播电视讲座、手机 App、微信公众号等形式,及时发布最新信息,为农民答疑解惑,提高农技服务的覆盖率和时效性。全国农业技术推广服务中心创设"全国农技推广"微信公众号,关注人数超 1.1 万,浏览总量超 34 万次。

---

* 斤为非法定计量单位,1 斤=0.5 公斤,下同。——编者注

（二）聚焦种业支撑，夯实现代种业发展基础

一是开展品种区试和登记工作。 建成国家农作物品种试验信息与运行管理平台，实现品种试验申请、审核等环节线上办理。推动品种登记规范化、标准化、信息化，引导事前规范试验、强化事中许可审查、规范事后异议处理，稳步推进品种符合性验证。全年开展品种试验 1 316 组、参试品种 1 万余个次，筛选审定品种 1 598 个；登记申请受理 3 278 个、复核通过 3 132 个、审批公告 6 337 个。**二是强化种子质量监管支撑服务。** 在种子生产和供种关键时节，开展种子质量监督抽查和质量监测。全年抽查种子样品 1 318 个，抽查样品质量合格率 98.5%，监测样品质量合格率 90.8%。持续推进 35 种作物 DNA 指纹数据库构建，全国统一 DNA 指纹数据平台通过验收，分子检测水平不断提升。持续扩大种子质量认证试点，完善 7 大类 32 种作物种子认证方案，18 个省份 33 家企业参与试点示范，稳步推进认证工作制度化建设。**三是开展种业信息监测与服务。** 全年组织产供需会商 3 次，发布供需形势报告、种情通报 11 期。完善种子市场观察点制度，初步建立省市县三位一体监测网络，监测数据突破 100 万条。对 2 725 家种子机构和 6 393 家种子企业开展行业统计，编发年度种业数据手册和种业发展报告。整合数据资源，完善种业大数据平台，实现"一网通办、智能查询、辅助预判"，有力支撑现代种业发展决策管理。**四是推进品种展示评价和良种繁育。** 全年安排品种展示示范点 290 个、展示示范品种 5 839 个次，线上线下观摩人数超过 75 万人次。开展优质稻品种食味品质鉴评活动，评选和推介 30 个金奖品种，加快推进优质稻品种产业化、品牌化。推动落实新一轮制种大县工作，开展种业基地建设培训。开展无人机辅助授粉和种子色选等技术研究，建立全程机械化制种示范基地，推进良种繁育能力提升。

（三）聚焦技术集成推广，服务种植业高质量发展

一是集成推广绿色高质高效栽培技术模式。 开展蔬菜、果树、中药材等园艺作物和大豆、油菜、花生等经济作物绿色高质高效技术集成示范，形成成熟技术模式 50 余套，建立技术示范点 96 个，辐射带动 400 多万亩。开展生态茶园、药园、菜园、果园创建，指导建立生态茶园示范基地 58 万亩、改造老果茶园 120 万亩以上。**二是集成推广化肥农药减施增效技术模式。** 实施化肥农药双减项目，形成水稻、小麦、玉米、油料和果菜茶药等作物化肥农药减施增效技术模式 30 多套，示范面积 700 余万亩，辐射带动 1 500 余万亩。持续开展测土配方施肥基础工作，制定水稻、小麦、玉米、油菜 4 种作物氮肥推荐定额用量。推进有机肥替代化肥、高效低风险农药替代高毒高残留农药，完成新型肥料和高效低毒低风险农药品种试示范 350 多个，筛选出一批环境友好型绿色化肥农药品种。2020 年，我国水稻、小麦、玉米三大粮食作物化肥利用率达 40.2%、农药利用率达 40.6%。**三是集成推广绿色旱作节水技术模式。** 集成水肥一体化、软体集雨补灌、垄作沟灌、测墒适时灌溉、蓄水保墒、覆膜减量替代、抗旱抗逆保墒保水等 7 大类技术，形成近 300 套成熟的区域和作物节水技术模式，指导建立旱作农业示范区 750 多万亩，示范区平均节水 15%，带动节药节肥 10% 以上。**四是深入推进农作物病虫害绿色防控和统防统治。** 推动全国农作物病虫害"绿色防控示范县"和"统防统治百县"创建，建设绿色防控全程模式集成示范区 18 个，组织防治新技术试验 60 多项，示范面积 260 万亩，带动全国实施绿色防控面积 10 亿亩；建立植保无人机飞防测试基地 6 个，无人机保有量突破 10 万架，

作业面积突破 10 亿亩次；全年实现三大粮食作物实施专业化统防统治面积达到 15.86 亿亩次。组织开展"百万农民科学安全用药培训活动"，建立 40 万亩农药包装废弃物回收试验示范区，探索农药包装废弃物回收长效机制。2020 年度病虫害绿色防控覆盖率达 41.5%，统防统治覆盖率达 41.9%。

（四）聚焦行业引领，推动农技推广事业发展

一是加强体系建设指导。召开农技、种子、植保、肥水四个行业站长会，研究部署"十四五"种植业和种业技术推广思路举措。立足新发展阶段农技推广工作面临的新形势和新要求，开展农技推广体系改革及履职情况调研，推进基层农技推广机构星级服务创建工作。**二是引领行业事业发展。**开展《农作物病虫害防治条例》宣传活动，推动条例贯彻落实。认定全国统防统治星级服务组织 256 家。举办第三十六届中国植保信息交流暨农药械交易会、第二十二届全国肥料信息交流暨产品交易会，促进信息交流和产品交易。开展肥料质量监督抽查和种子肥料质检机构能力验证，提升体系技术支撑和服务能力。**三是搭建产业融合平台。**发挥全国优质专用小麦产业联盟、中国茶产业联盟、全国高油酸花生产业推进协作组、全国高山高原蔬菜优质生态栽培技术协作组、全国中药材生态种植技术协作组技术和资源优势，推动相关产业组织化水平提升，加快实现生产、加工、销售有效衔接，提升产业竞争力。**四是加强行业人才队伍建设。**在 832 个贫困县和重点产业地区全面实施农技推广服务特聘计划，组织特聘农技员参与脱贫攻坚，开展技术帮扶。山东、湖南、浙江等地通过"定向招生、定向培养、定向就业"举措，大力充实基层农技推广队伍。举办首届全国农作物植保员职业技能大赛，大力培养行业技能人才。

二、畜牧业

2020 年是打赢脱贫攻坚战、全面建成小康社会和"十三五"规划的收官之年，做好畜牧业技术推广服务工作、助力守好三农战略后院具有特殊重要意义。全国畜牧业技术推广体系以畜牧业供给侧结构性改革为主线，密切配合、同向发力，聚焦疫情防控、稳产保供、绿色兴牧、种业创新、奶业振兴、统计监测、饲料安全和草畜发展等，服务大局抓重点，集中力量抓落实，稳步提高畜牧业综合生产能力，持续增强质量效益和竞争力，全力支撑现代畜牧业和畜禽牧草种业加快转型升级，促进高质量发展。

（一）聚焦疫情防控，全力推动饲料行业复工复产

一是尽锐出战，主动入位履职尽责。密切跟踪饲料企业抗击疫情、开工复产和稳产保供情况，帮助企业解决困难。发出《稳价格保质量保供应倡议书》，号召饲料企业严格守法，稳定产品价格，维护市场秩序。**二是加强动态监测，推动出台稳产保供政策措施。**采取问卷调查、点对点跟踪等方式，对全国近万家饲料企业开展动态监测。启动复工复产信息调度日报制度，实时监测企业的开工率、产能恢复、人员到岗等数据。做好饲料产量、原料价格和产品价格等常态化统计监测，适时发布《饲料行业信息周报》和《饲料快报》。**三是履行社会责任，彰显责任担当。**组织饲料企业驰援湖北疫区。据统计，饲料行业企业以不同形式向武汉等疫区捐款捐物近 13 亿元。

（二）聚焦稳产保供，加快推进生猪产能恢复

一是积极推动政策落实落地。深入生产一线，开展生猪产业政策咨询、情况调度等工作，强化联系摸清底数，推动生猪稳产保供扶持政策贯彻落实。**二是推广普及生猪养殖技术。**创新技术推广方式，加强线上线下结合，开设"生猪中小规模养殖实用技术云课堂"等新平台，保证技术传播不断档。修订《种猪常温精液》国家标准，起草《猪冷冻精液》农业行业标准，出版《猪冷冻精液生产及使用技术手册》，推广猪精液制备和利用技术。**三是推介生猪复养增养典型案例。**征集可复制、可借鉴、可推广的生猪复养增养典型案例并在《农民日报》等媒体发布，编印《生猪复养增养典型案例》引导科学安全复养增养，开展畜禽养殖标准化示范创建，遴选推荐标准化生猪企业 90 家，巩固扩大生猪生产恢复良好势头。

（三）聚焦绿色兴牧，持续推进畜禽粪污资源化利用

一是通过第二次全国污染源普查，开展农业污染源普查的监测指标编制、数据核实和普查宣传，掌握畜禽粪污的数量、结构和分布状况。**二是召开畜禽养殖废弃物资源化利用技术指导委员会会议，**研究谋划"十四五"思路方向、工作目标和重点任务。**三是开展大型规模养殖场粪污资源化利用督查，**实地掌握养殖场粪污处理设施装备配套、粪污还田利用等情况。**四是建立健全畜禽粪污全量还田利用技术模式，**对全国近 12 万家大型规模养殖场畜禽粪肥还田情况进行评估，形成全国七大区粪肥还田情况报告。**五是**开展畜禽粪肥还田试点，总结典型案例，制定《畜禽粪水还田利用规程》，指导粪水科学还田。

（四）聚焦种业创新，筑牢畜禽牧草种业发展根基

一是推动公布国家畜禽遗传资源目录。落实全国人大常委会有关决定精神，配合发布《国家畜禽遗传资源目录》和《国家畜禽遗传资源品种名录》，公布 33 种畜禽共计 948 个品种。**二是加强畜禽种质资源保护。**开展青藏高原畜禽资源补充调查，完成雪域白鸡等配套系审定、太湖点子鸽等遗传资源鉴定。抢救性保护一批地方猪品种，制作保存保山猪等品种冻精 5.9 万剂、体细胞 1 070 份，家畜基因库累计收集保存各类遗传材料 90 余万份。开展种畜禽进出口技术评审 490 多批次。**三是扎实做好牧草种质资源保护。**审定登记新草品种 20 个，组织起草《饲草种子管理办法》，推动饲草种子法制化、规范化管理。修订牧草种质资源名录，制定《草种质资源数码图像采集技术规范》农业行业标准。**四是全面推进畜禽遗传改良计划实施。**开展生猪、肉鸡、肉牛等核心育种场现场核验。启动第二轮畜禽遗传改良计划，督促优质瘦肉型猪等 7 个联合攻关项目实施。开展首届全国种公牛网络评选，出版《2020 中国乳用种公牛遗传评估概要》。**五是严把种源质量安全关。**开展质量安全监督抽查，检测种猪（牛）精液测定生产性能，抽检饲草和草种产品。举办家畜繁殖员职业技能鉴定，颁发国家职业资格证书。**六是着力保障疫情期间种畜禽供应。**协助成立种畜禽调配应急工作组，指导做好种畜禽应急调度和生产保障，出版《生猪养殖与非洲猪瘟生物安全防控技术》，助力企业复工复产。

（五）聚焦奶业振兴，扎实推进奶产业转型升级

一是参与发展规划编制和重大活动举办。参与编制奶业振兴工程建设规划、"十四五"奶业标准

体系建设规划,协助举办 2020 中国奶业 20 强(D20)峰会等重大活动。**二是提高奶牛养殖效益。**实施奶牛生产性能测定项目,对全国 1 279 个奶牛场的 125.2 万头奶牛进行 DHI 测定。在 103 家 DHI 参测牧场启动定点监测,推广降低饲草料成本等典型模式。对 DHI 实验室现场评审,发放 DHI 标准物质,提高测定工作准确性。开展 7 省区振兴奶业苜蓿发展行动调研评估,推广青贮苜蓿制作和饲喂技术。**三是培育奶业新业态新动能。**推进奶农办加工试点,开展奶业休闲观光牧场管理培训,调度全国奶酪生产情况并撰写《我国奶酪发展情况报告》,编印《奶业质量管控理论与实践》,在《人民日报》等媒体宣传普及奶业科普知识。

(六)聚焦数据统计,推进监管监测一体化、精准化

一是抓好生猪生产数据监测。利用直联直报平台,对全国 17 万家生猪规模养殖场户、11 个省区 64 个屠宰企业淘汰母猪屠宰情况等进行监测,报送生猪舆情信息专报,为研判生猪形势提供依据。**二是高质量完成畜牧业统计监测。**聚焦六大畜种,开展月度、周度价格和交易量监测,处理数据 1 000 多万条。强化畜牧业生产形势分析月度会商,定期调度重大舆情事件及国内外生产形势信息。**三是着力提升监测数据质量。**加强培训指导,省市县乡村五级统计员累计开展培训约 41 万人次。

(七)聚焦做优质量,促进饲料工业提质增效

一是强化饲料质量安全监管。开展饲料许可与规范技术审核培训,召开《饲料和饲料添加剂管理条例》配套规章修订工作会,对 9 省区 257 家企业开展饲料质量安全监督抽查。**二是开展饲料原料和饲料添加剂评审。**增补鸡蛋、灵芝、姬松茸 3 种原料进入《饲料原料目录》,增补紫胶等 3 个饲料添加剂进入《饲料添加剂品种目录》,扩大蛋氨酸羟基类似物等 2 个饲料添加剂品种的适用范围。**三是启动饲料评价指南制修订。**组织起草《直接饲喂微生物和发酵制品生产菌株鉴定及其安全性评价指南》《植物提取物饲料添加剂注册指导原则》,翻译《饲料添加剂稳定性试验指南(试行)》等技术指南。**四是加强饲料行业管理"放管服"改革的技术支撑。**建立饲料企业生产数据直联直报机制,升级饲料和饲料添加剂生产许可信息管理系统,完善优化系统功能,加快实现监管监测一体化。

(八)聚焦草畜配套,增强优质饲草供给

一是推动粮改饲政策取得实效。收获全株青贮玉米超过 1 800 万亩,建成高产优质苜蓿示范基地 650 万亩,总结"十三五"粮改饲成效,提炼推介典型经验模式。**二是深入推进草牧业供给侧结构性改革。**推进黄河流域草牧业高质量发展,开展草牧业统计监测,起草《"十四五"现代饲草产业发展规划》,发布《草业良种良法配套手册》。**三是落实农牧民补助奖励政策。**开展农牧民补奖政策效益评估,研究制定下一轮补奖政策实施意见。举办补奖系统数据审核和信息管理培训,推动政策落实与信息填报有效衔接。**四是开展牧区防灾减灾。**调研牧区雪灾防灾情况,调度 8 省区饲草缺口数据,配合落实专项救灾资金。

三、渔业

2020 年,全国水产技术推广体系以习近平新时代中国特色社会主义思想为指导,坚决贯彻中央

对渔业工作的部署要求，认真抓好自身疫情防控，积极组织推广体系系统开展疫情防控和稳产保供工作，稳妥推进重点业务工作落实、落细，圆满完成各项工作任务并取得新成效和新突破。

（一）强化疫情防控和稳产保供职责履行

一是组织稳产保供技术指导服务。 印发了《关于做好新冠肺炎疫情防控期间水产技术推广服务重点工作的通知》和《关于在疫情防控时期及时做好水产科普相关工作的通知》，助力疫情防控、复工复产和稳产保供工作。**二是参与疫情防控信息调度。** 及时调度采集渔业生产、水产品市场、养殖病害防控、稳产保供和复工复产情况，开展国家级水产原良种场苗种生产情况信息调度，形成批发市场运行信息 1 000 多篇，日报、周报和专报等 80 多篇，为水产品稳产保供、打赢疫情防控阻击战发挥了重要作用。**三是开展质量安全宣传。** 开展水产品质量安全知识科普和辟谣等工作，及时澄清误解及认知误区，累计通过微信公众号发布 60 余篇知识科普与辟谣文章，为维护生产和市场稳定发挥作用。

（二）推进水产养殖业绿色发展

一是启动实施"五大行动"。 实施水产绿色健康养殖"五大行动"，遴选确定示范推广骨干基地 925 个，示范面积 300 万亩，推广生态健康养殖模式 9 个。骨干基地全部实现养殖尾水资源化综合利用或达标排放，2020 年水产用兽药总使用量比 2019 年减少 5.93%，其中抗生素类兽药使用量同比减少了 29.81%，配合饲料替代率平均达到 73.5%、最高达到 96%，示范推广水产新品种（新品系）98 个。**二是统筹协调推进工作。** 在 14 个重点省份开展水产绿色健康养殖"五大行动"调研，发布《水产养殖尾水生态治理技术示范推广项目建议书》《"十四五"池塘改造及尾水治理规划研究报告》和《养殖尾水处理中长期（2021—2035）建设规划》，指导工作长期健康发展。**三是强化技术集成创新示范。** 开发水产绿色健康养殖"五大行动"骨干基地信息管理系统，开展尾水处理生态化养殖模式试验示范，"集装箱＋生态池塘"高效养殖与尾水高效处理技术连续三年入选农业农村部"十大引领性技术"，开展技术集成示范，引领水产养殖尾水处理行动。

（三）支撑保障现代渔业建设

一是开展水产技术推广工作"十四五"规划研究。 部、省水产推广站协同，开展"十四五"规划战略研究，形成专题研究报告 38 份，在此基础上，形成《"十四五"水产技术推广战略研究报告》。**二是开展水生动植物病害监测防控。** 全国 30 个省（区、市）推广机构、疫控机构等实验室对 10 种重要疫病进行专项监测。编发《水产苗种产地检疫工作交流材料》和《水生动物防疫工作实用手册（2020 版）》。稳步推进防疫标准化工作，发布实施了《虾肝肠胞虫病诊断规程》等 13 项行业标准。组织专家提出了《一、二、三类水生动物疫病名录修订草案》和《水产苗种产地检疫疫病名录修订草案》等。**三是做好技术支撑工作。** 推动出台《国务院办公厅关于加强农业种质资源保护与利用的意见》，加强海洋牧场技术推广和科普宣传，制定渔获物定点上岸渔港申报标准、评审标准以及审查工作细则，审定通过了 14 个水产新品种。针对养殖品种疫情，及时组织专家编发《黄颡鱼、虹鳟和对虾疾病防控知识手册》。

（四）引领行业体系发展建设

一是引导稻渔综合种养产业规范有序发展。编制完成稻虾（克氏原螯虾）、稻鳖、稻鳅等 3 个行业标准，完成稻蟹等 4 个行业标准立项，完成《稻渔综合种养技术规范通则》行业标准修订和国家标准立项。编制发布《中国小龙虾产业发展报告（2020）》《中国稻渔综合种养产业发展报告（2020）》，举办全国稻渔综合种养发展提升现场会、全国稻渔综合种养产业发展高峰论坛以及第四届全国稻渔综合种养模式创新大赛暨 2020 年优质渔米评比推介活动。**二是推动休闲渔业健康发展。**编制发布《中国休闲渔业发展监测报告（2020）》，举办第五届中国休闲渔业高峰论坛，组建休闲渔业专家库。**三是加强推广体系队伍建设。**出版首届百名"最美渔技员"事迹——《牧渔人》，开展首届寻找"渔业行业职业技能鉴定名师"和第二届"最美渔技员"遴选活动，编写《水生动物饲养工》标准、《海水水生动物饲养工》教材和题库，《渔业技能操作》一书获中华农业科教基金会优秀教材奖并入选教育部"十三五"高职教育重点教材。

四、农机化

2020 年，农机化推广体系紧紧围绕农业农村中心工作，统筹业务工作和疫情防控，主动作为、团结协作，推动农机化事业创新发展，助力农业机械化全程全面高质量发展，为实施乡村振兴战略提供有力支撑和服务保障。

（一）加强抗疫减灾保供技术指导

一是动员体系抗疫情保供给。编发《疫情期间春季蔬菜机械化生产指导意见》，全体系全力做好蔬菜机械化生产机具调配、人员培训和技术指导工作，服务冬春蔬菜生产保障供给。**二是指导东北地区台风后倒伏玉米机收。**编制《东北地区倒伏玉米机收技术指引》《东北地区收获倒伏玉米机具改装方案》，组织专家技术人员深入受灾严重市县开展指导服务，全力降低台风灾害对生产带来的不利影响。**三是开展湖南等地洪涝灾后生产恢复指导。**调度湖南等洪涝灾区农业生产受灾情况，指导地方充分发挥农业机械的作用，加强防灾减灾装备技术推广应用。**四是加强节粮减损技术指导。**及时修订主粮机收减损技术指导意见，引导种植户和服务组织注重提高机收质量，降低粮食收获环节损耗保丰收。

（二）全力推进主要农作物全程机械化

一是开展主要农作物生产全程机械化推进活动。围绕水稻栽植、玉米籽粒机收、夏大豆免耕播种等薄弱环节，在主产省区开展粮食经济作物生产全程机械化推进活动。线上线下活动 100 余次，为九大作物生产全程机械化提供有力支撑。**二是持续开展全程机械化示范县创建。**认定 161 个基本实现主要农作物生产全程机械化示范县，5 年累计达到 614 个，圆满完成"十三五"确定的 500 个县任务目标。**三是编制技术发展报告。**编制《2020 年度主要农作物全程机械化发展报告》，发挥了全程机械化专家指导组政策咨询和技术指导等作用。

（三）大力推进特色产业机械化发展

一是开展技术需求调查。 组织开展茶叶、中药材、热带作物技术与装备需求调查及农产品初加工和设施农业等领域主产省份的产业发展情况调研，促进优势特色农产品生产机械化，助推产业发展，助力农民增收，同时为下一步开展相关机械装备鉴定推广工作奠定基础。**二是指导优势产区开展技术试验示范。** 在 10 个经济作物主产省区，开展茶叶、水果、油菜、甘蔗等经济作物关键环节机械化技术试验示范，探索形成主推技术模式及机具配套方案。

（四）促进畜牧养殖机械化水平提升

一是宣传推介典型案例。 围绕当前畜牧业机械化生产中补短板、强弱项、促提升的发展主题，征集推介 20 个畜禽养殖机械化典型案例，内容主要包括畜禽品种规模养殖主体在饲草料收获加工、消杀防疫、精准饲喂、环境控制、畜产品采集和粪污资源化利用等关键环节机械化装备应用方面的好做法好经验，发挥示范引领作用，促进畜牧业向标准化规模养殖转型升级。**二是引导主要畜种全程机械化养殖场建设。** 印发《养殖场机械化消杀防疫技术指南》《生猪规模养殖机械化消杀防疫设备配套技术规范》《生猪养殖资源化利用设备配套技术规范》，引导主要畜种全程机械化养殖场建设。**三是加快先进适用装备技术推广。** 遴选一批主要畜禽品种规模化养殖关键环节适用机械装备和技术，加快先进适用机械化装备和技术的推广应用，促进养殖业机械化水平提升。

（五）推动智能农机装备和技术加快普及

一是开展智能农机装备和技术展示交流。 举办以"智能农机、无人农业"为主题的"2020 年智能农机装备田间日活动"，13 个集成模式、23 家农机企业、70 多台套机具和众多智能装备进行了现场作业演示，展现了国内农机智能化、作业精准化、操作少人化的创新研发能力和制造水平。**二是加强农业全程机械化研究。** 举办"智能农机助力全程机械化"专题报告会，探讨智能农机创新与推广的现状、思路、政策和措施，加快推进智能农机装备和技术的发展和应用。**三是开展智能农机成果应用示范。** 举办"基于北斗的智能农机作业演示活动"，集中展示北斗卫星导航技术与农机智能装备在农业生产上融合发展的新进展、新成果，推动农机化转型升级和精准农业技术加快发展。**四是推广应用智能农机装备。** 推广农机北斗前装终端 14 万台、后装终端 1.9 万台，带动推广应用北斗终端 30 多万台，为农业生产抗疫情、保供给、稳增长提供了有力支撑。**五是推动农机信息数据整合。** 组织编发了《农机物联网平台数据交换技术要求》，实现智能农机数据的全国性整合和跨企业应用，为持续提高我国农机信息化和智能化水平奠定了重要基础。

（六）推动实施东北黑土地保护性耕作行动计划

一是多措并举做好技术指导服务。 各地因地制宜确定主推技术模式及机具配套方案，制定补贴标准和操作办法，线上线下、田间地头开展指导培训，充分发挥技术咨询和指导作用。**二是协调调度推进任务落实。** 及时调度黑土地保护性耕作补助政策实施进展，召开东北倒伏玉米机械化抢收工作布置会暨东北黑土地保护性耕作行动计划现场推进会，推进重点任务落实。**三是加强经验信息交流。** 建立

"黑土地保护性耕作"专栏，各地及时发布工作动态，促进交流工作进展和经验成果。**四是加强宣传推广**。在中国国际农业机械展览会上举办保护性耕作技术展览活动，宣传展示东北四省区保护性耕作技术路线和高性能玉米免耕播种机，搭建交流学习平台，创造积极工作氛围，推进保护性耕作行动计划高质量实施。

（七）创新农机推广方式方法

一是创新传播手段，用好"互联网十"。在中国农业机械化信息网和农业农村部农机推广与监理网建立"春耕农机线上服务站"，开设视频课堂、实用技术、维修保养、田间管理、免耕播种、安全生产等栏目，开展技术培训与技术服务，服务战疫保供。"2020年智能农机田间日活动"线上观众就达50万人次。**二是注重构建协同推广机制**。以实施"棉花采摘及残膜回收机械化技术""玉米籽粒低破碎机械化收获技术"农业农村部重大引领性技术集成示范为载体，加强与科研单位、农机生产企业、地方推广机构的合作，壮大技术推广的合力，增强示范推广效果。**三是持续加强品牌建设**。全国各地持续开展中国农机推广田间日品牌活动，加强体验式、参与式、互动式推广方法广泛应用。**四是强化典型引领带动**。征集"全程机械化＋综合农事"服务典型案例，2020年度遴选40个案例并出版，形成示范引领效应。

五、疫控

2020年，疫控体系以习近平新时代中国特色社会主义思想为指导，全面贯彻中央农村工作会议、中央1号文件及党的十九大和十九届二中、三中、四中、五中全会精神，积极应对新冠肺炎疫情影响，紧紧围绕动物疫病防控主要任务，扎实做好各项工作，创新推广模式，为全面建成小康社会和推进乡村振兴持续发力。

（一）推广动物疫病防控技术

一是发布疫病防控指南。发布《中小养猪场户非洲猪瘟防控技术指南》《中小养猪场户非洲猪瘟防控知识问答》《非洲猪瘟疫情应急实施方案（2020年版）》《非洲马瘟防控手册》等多项重大动物疫病防控指南，指导疫病防控。**二是夯实重大疫病防控技术推广工作基础**。围绕我国口蹄疫免疫防控策略、国际标准及我国的生产实际，重点推广种畜场口蹄疫免疫无疫控制技术，建立了口蹄疫免疫无疫控制技术体系，制定了农业行业标准《种畜场口蹄疫免疫无疫控制技术》，重点解决规模养殖场口蹄疫净化工作过程中普遍存在的免疫、检测、监测以及生物安全管理等关键技术问题。**三是加强重大疫病防控技术推广**。近年来，在广西、安徽、湖南、广东等15个省份的15家企业育种基地推广口蹄疫免疫无疫控制技术，并实现大范围的辐射带动。据监测，应用的种畜场的口蹄疫免疫合格率达到80％以上，口蹄疫病毒核酸检测阳性率逐步下降，达到净化标准控制要求，提升了动物健康水平，提高养殖效益。

（二）推广动物疫病净化技术

一是构建由场到面的净化工作体系。以养殖场为基本单元，建设本土化的技术管理体系和工作机制，建立完整的技术体系、标准体系和工作体系，组织开展规模养殖场主要动物疫病净化示范创建活动，树立一批典型示范，带动技术、人员、资金等各方面投入。**二是强化疫病净化评估体系建设。**近年来，各地先后按照农业农村部要求建立省级动物疫病净化评估体系，目前已有 15 个省份组织开展了省级规模养殖场主要疫病净化评估工作。各省份研究制定省级净化评估办法和评估标准，开展省级动物疫病净化示范场评估验收，面向种畜禽场提供技术指导及咨询。**三是加强疫病净化技术研究和推广。**以生物安全体系建设为切入点，将提高养殖场、产业链及区域的生物安全水平作为开展疫病净化的核心。深入开展动物疫病净化课题研究，构建国内畜牧兽医科研院所和大专院校优秀团队牵头、龙头企业参与示范、疫控机构技术支撑的合作机制，为动物疫病净化工作提供科技支撑。

（三）加强行业体系人才队伍建设

一是加强兽医人员队伍管理。组织开展 2020 年全国执业兽医资格考试，根据新冠肺炎疫情防控需要调整考试政策，采取及时调整考试时间、及时处置考区情况、及时指导考区防控等措施，确保了考试的顺利实施，2020 年考试通过获得执业兽医资格 1.4 万人。推进兽医队伍信息化管理，建设"兽医卫生综合信息平台"。截至 2020 年，全国共有执业兽医资格 14.9 万人，备案（注册）执业兽医 3.5 万人，登记官方兽医 13.5 万人，备案乡村兽医 15.7 万人，动物疫病防控人才队伍基础扎实。**二是加强疫控体系业务培训。**举办全国动物疫情分析和处理、重大动物疫病防控、畜禽产品质量安全检测和动物卫生监督等各类培训班 20 次，形成示范效应，各省相应组织开展专题培训。**三是加强行业人才培育。**积极应对新冠肺炎疫情影响，开展网络培训，举办"非洲猪瘟防控政策和技术"网络课堂、"全国非洲猪瘟防疫和复养技术大讲堂"远程培训等技术培训。举办第三届全国农业行业职业技能大赛（动物疫病防治员），全国近 5 000 名技术人才参赛，取得良好反响。

六、农垦

2020 年，农垦体系深入学习贯彻习近平新时代中国特色社会主义思想，以推进农垦农业高质量发展为主线，加强人才队伍建设，提升信息化服务水平，聚焦主责主业，体系合力勇担当，上下联动抓落实，增强推广服务效能，为保障国家粮食安全和打赢脱贫攻坚战提供有力支撑。

（一）强化技术指导，服务产业发展

一是开展种植业绿色优质高效技术指导。推进水稻绿色优质高效技术模式提升，组织专家对辽宁农垦王家农场、江西农垦康山垦殖场开展技术指导。推进农垦种养循环农业发展，组织专家组赴辽宁农垦、江西农垦指导稻蟹、稻虾种养循环发展模式。**二是加强优势产业技术试验示范与推广应用。**重点围绕稻米、油料、奶牛、生猪等优势主导产业，试验示范和集成组装先进适用技术，形成一批可展示、可宣传、可推广的现代农业绿色优质高效技术模式，加强技术推广应用，服务农垦优势产业绿色高质量发展。**三是助力农垦生猪产业向高质量发展。**调度农垦系统生猪生产情况和农垦国有投资控股（参股）生猪生产情况，举办农垦生猪绿色优质高效养殖技术培训班，组织"加强多方合作，推进农垦生猪产业高质量发展"研讨活动，探讨农垦生猪产业稳产保供工作，交流垦垦合作、垦地合作，推

动农垦生猪养殖绿色高效可持续发展。

（二）加强农技推广基础工作

一是修订农情指标，调度垦区情况。结合新阶段农垦改革发展实际，修订简化农情调查指标，推动农情数据收集制度化、科学化、便捷化，定期调度垦区农情数据并汇总分析，重点调度 7 个夏粮主产垦区、21 个生猪主产垦区，调度垦区防汛抗旱情况并撰写《2020 年农垦系统防汛抗旱工作报告》，为决策提供参考。**二是开展农垦农业技术远程教育培训。**探索"线上线下融合"培训模式，充分利用全国和农垦远程教育平台，以卫星网同步直播、"农垦远程培训"微信公众号、"农广在线"网站等方式，围绕我国三农重大政策技术主题，组织开展垦区农场基层人员远程培训，累计培训 5 万人次。**三是开展农垦职业技能鉴定。**2020 年，农垦体系开展职业技能鉴定共 6 批次，累计发放国家职业证书 1 100 人次。

（三）加强农技推广专家队伍建设

一是优化农垦现代农业技术推广专家组人员结构。根据新一轮机构改革调整，在种植业、养殖业、种养循环农业三个领域农垦现代农业技术推广专家组基础上，优化有关垦区专家名录，增加一批科研教学单位专家作为农垦现代农业技术推广专家组新成员，更好服务垦区农业发展需求。**二是组织农垦现代农业技术推广专家培训。**在海南农垦南田农场举办了农垦现代农业技术推广专家培训班，学习我国农业绿色优质高效技术现状及发展方向，研讨垦区重点农业技术需求和农垦农业绿色优质高效技术模式提升行动工作方向。**三是发挥专家作用服务农垦事业发展。**组织种植业、养殖业专家赴垦区常态化开展技术指导服务，组织专家指导农垦农机化技术人员培养，推动农垦农机现代化和智能化研究发展。

（四）加强平台建设，创新推广服务模式

一是用好农垦推广服务平台。充分发挥中国农业机械学会农垦农机化分会、中国农垦节水农业产业技术联盟、中国农垦种业联盟、节水联盟、种业联盟等平台作用，为产业融合创新发展提供政策、技术、人才、市场等方面支持。深入推进农垦重点产业三产融合发展，针对垦区农机、农资、农技等需求组织开展区域性农垦农机、农资展销对接活动，开展新业态、新模式、新技术示范推广。通过云直播方式宣传我国智能精量云播种技术与装备发展。**二是深化农垦农机合作。**农垦系统与中国农业机械流通协会深化合作，共同谋划推进农垦农业水肥药械一体化智慧农业发展。组织参加 2020 中国国际农业机械展览会，开展水肥药械一体化智慧农业方案助力农垦现代农业发展对接活动。推动农垦机构与协会企业合作，实现优势互补，把适合于农垦的新装备、新技术、新理念应用于农垦。**三是发挥服务平台多元功能。**发挥智库平台作用，开展农垦农业绿色优质高效技术模式提升研究。发挥农垦（热作）传媒平台作用，打造现代农业栏目，宣传农垦现代农业建设成效。发挥中国农垦公共品牌发展平台作用，服务农垦品牌模式研究和区域品牌价值评估。

第二篇

农业技术
推广重大项目

2020 年全国基层农技推广体系改革与建设补助项目实施总体情况

一、基本情况

2020 年，中央投入 29 亿元，支持全国 31 个省（自治区、直辖市）、3 个计划单列市和 2 个垦区实施全国基层农技推广体系改革与建设补助项目（以下简称"补助项目"）。农业农村部会同各地农业农村部门全面贯彻落实党的十九大和十九届二中、三中、四中、五中全会及中央 1 号文件和中央农村工作会议精神，紧扣打赢脱贫攻坚战和补上全面小康三农领域短板重点任务，以补助项目实施为抓手，聚焦强化产业扶贫技术供给、深化基层农技推广体系改革、加大农技推广服务特聘计划实施力度、提升农技推广队伍素质能力、打造农业科技示范展示样板、加快农业先进适用技术推广应用、推进农技推广服务信息化等方面目标要求，创新项目实施体制机制，集聚农业科技服务资源，激发农技人员活力，项目实施取得显著成效，为农业农村发展实现"稳中有进、稳中向好"、助力打赢脱贫攻坚战和全面建成小康社会提供了有力的科技支撑和人才保障。

二、主要做法

（一）加强组织实施

一是注重上下联动。农业农村部办公厅印发《关于做好 2020 年基层农技推广体系改革与建设任务实施工作的通知》，就补助项目实施工作进行统一部署，各省级农业农村部门结合地方实际，制定项目实施方案，及时落实项目经费。通过建立健全工作组织协调机制，推动政策衔接配套，协调解决实施中出现的新情况新问题，实现上下协同联动，确保组织实施工作有力有序，务实高效。**二是调整实施范围。**根据实际情况对项目实施范围进行了适当调整，在总体"全覆盖"的基础上，重点支持实施意愿高、已有任务完成好的农业县（市、区），2020 年在全国 2 352 个农业县（市、区、场）实施补助项目。**三是定期调度项目进展。**依托中国农技推广信息平台，通过每日审核工作动态、每周调度进展情况、每月统计分析，不定期公开工作动态填报与审核情况等，督促各地有效推进补助项目实施工作。

（二）加强绩效考评

坚持绩效引领，以农技推广服务实效、服务对象满意度等为核心内容，通过集中交流、在线考评、实地核查、交叉考评等方式，开展全过程全覆盖绩效考评，构建全过程一体化、线上线下联动的绩效管理机制，将考评结果与粮食安全省长责任制"主推技术到位率"指标、补助项目年度经费测算等挂钩，强化以效果为导向的激励约束。**一是科学设置评价指标。**将定量和定性指标，年度和月、季度指标有机结合，在保持总体稳定的基础上，灵活调整评价指标，增加重点工作评价分值比重，推动国家现代农业科技示范展示基地建设、引领性技术集成示范、农技推广信息化建设等重点工作有效落实。**二是全过程全覆盖考评。**在项目实施不同阶段，围绕项目年度目标、阶段性重点任务、特色亮点工作等，通过分区工作交流、第三方评价与省间交叉评价等方式，对项目实施单位进行绩效评价。组织开展补助项目集中绩效考评活动，通过中国农技推广App进行全程直播，实时公开评价过程、分数排名等，确保绩效评价工作客观透明。根据不同阶段的重点任务，赋予不同权重，纳入最终考评成绩。**三是实行分类考评。**2020年是脱贫攻坚战的攻城拔寨决胜阶段，国定贫困县科技帮扶、科技扶贫任务较重，农技人员全力支持精准扶贫任务较重。补助项目对国定贫困县与其他项目县进行分类考评，国定贫困县聚焦科技支撑脱贫攻坚工作，重点对农技人员知识更新培训、遴选发布主推技术、特聘农技员开展技术服务等方面的工作进行考评，其他项目县按照项目任务要求进行全面考评。

（三）加强总结宣传

及时挖掘补助项目实施中的有效做法和成功经验，总结可复制、可推广的典型模式，通过现场观摩、典型交流等方式和网络、报纸、电视等渠道进行推介宣传，充分发挥先进典型带动作用。**一是遴选推介优秀推广人员。**挖掘宣传了一批爱岗敬业、勇于担当、业绩突出的优秀人物，全方位展示农技推广体系良好形象和作用发挥情况。组织开展第二届"寻找最美农技员"活动和"最受欢迎的特聘农技员"遴选活动，胡春华副总理在2020年中国农民丰收节主场活动上为第二届"最美农技员"代表颁发证书，在全社会营造了关注支持农技推广工作的良好氛围。**二是多渠道全方位宣传报道。**利用网络、报纸、电视等渠道，总结宣传农技推广体系在抗击新冠肺炎疫情、保障农业生产中涌现的先进事迹，中国农技推广App、公众号、抖音号、快手号等定期报道农技推广工作情况，大力宣传展示补助项目实施成效。**三是优化农技推广信息平台功能。**围绕用户需求，增加技术资源库、国家基地库、服务大数据等内容，精准提供政策、技术、信息等资源和配套服务，提高信息平台的认知度和使用率。

三、项目实施取得成效

（一）提升了贫困地区农技推广服务实效

2020年，补助项目聚焦贫困地区产业发展需求，加大对脱贫攻坚挂牌督战县（村）农技帮扶力度，细化基层农技推广机构帮扶任务，组织农技人员、示范展示基地、示范主体等帮扶贫困农户发展产业脱贫致富，提高技术服务的精准性和持续性。支持23个省份贫困地区及其他有需求地区开展农技推广服务特聘计划，建立以结果为导向的激励约束机制，在832个贫困县共招募特聘农技人员4 200余人，组建了一支技术精湛、热心服务、带动能力较强的特聘农技员队伍，为助力脱贫攻坚和乡村振兴发挥了积极作用。在全国586个生猪大县招募8 800余名特聘防疫员，进一步加强动物防疫和技术指导服务，有效促进了生猪养殖产业健康发展。湖北全覆盖4 821个贫困村落实技术服务

"111" 制度，即每个贫困村落实 1 名农技人员，培养 1 名农技科技示范主体，示范 1 项农业主推技术。陕西结合贫困地区农业产业发展实际，以政府购买服务的方式，在全省 31 个县区，从乡土专家、种养能手、新型经营主体技术骨干、科研教学单位一线服务人员中，招募特聘农技员 322 名，立足产业发展开展技术指导 8 700 多场次、解决技术难题 125 个、培育乡土人才 1 023 人，精准帮扶农户脱贫致富。

（二）深化基层农技推广体系改革建设

围绕构建适应新时代发展要求的多元互补、高效协同的农技推广体系，积极推动农技推广体系改革创新。**一是探索公益性与经营性推广融合发展新机制。**继续支持山西、安徽、江西等省基层农技推广机构与经营性服务组织通过共建基地、派驻挂职、互派人员等开展农技服务，鼓励农技人员与经营主体通过双向选择、签订三方协议等形式，提供技术增值服务并合理取酬。**二是引导科研院校开展农技服务。**鼓励和支持农业科研院校发挥人才、成果、平台等优势，通过科技小院、校地共建、科技驿站等服务方式，开展农技人员培训、建设试验示范基地，加快科技成果转化落地。**三是壮大农技推广服务社会化力量。**引导和支持农业企业、合作社、专业服务组织等社会化力量，通过公开招标、定向委托等方式承担公益性农技服务，进一步加强农技推广服务供给能力。

（三）强化了农业科技示范展示平台建设

2020 年，补助项目聚焦主导特色产业发展需求，整合农业科技服务资源，形成了省有国家现代农业科技示范展示基地、县（乡）有农业科技示范基地、村有科技示范主体的多层次农业科技示范载体。按照"四有、三到位"的要求，在全国遴选建设了 110 个国家现代农业科技示范展示基地，对接 519 个科研院校、724 个技术团队和 2 102 个专家，示范展示近 700 项先进科技成果，指导 3.1 万个新型经营主体，开展技术服务 1.23 万次，组织 3 279 期观摩培训活动，累计参加人数 46.7 万。各地围绕优势特色产业发展科技需求，建设了 6 794 个农业科技示范展示基地，开展农业主推技术的试验示范和观摩展示活动，累计示范展示约 1.93 万项先进适用技术，实现农技人员与服务对象面对面、科技与田间零距离。遴选 50.1 万个示范作用好、辐射带动强的新型经营主体带头人、种养大户、乡土专家等作为农业科技示范主体，通过农技人员与示范主体精准对口服务，辐射带动小农户生产水平提升。

（四）加快了重大技术推广应用

围绕保障粮食安全和重要农产品有效供给，构建了部抓引领性技术示范、省抓区域重大技术协同、县抓主推技术落地的立体化技术推广格局。遴选发布北斗导航智慧麦作技术、集装箱循环水生态养殖等十大引领性技术，组建产学研一体化推广团队，打造高标准示范样板，开展全国性技术观摩交流活动，加快了技术集成熟化和示范推广。继续在吉林、内蒙古等 8 个省份开展重大技术协同推广计划，构建"省市县三级"上下协同和"政产学研推用六方主体"左右协同机制，覆盖水稻、猕猴桃、肉牛等 43 个产业，聚集 340 个科教单位、309 个推广单位以及 317 个新型经营主体的 2 100 多名骨干人才，示范推广绿豆机械化生产、肉羊高效健康养殖等 130 多项重大技术。县级层面聚焦主导（特色）产业需求，遴选了一大批优质农业主推技术，组建技术指导团队，形成易懂好用的技术操作规范，构建"专家＋农技人员＋示范基地＋示范主体＋辐射带动户"的链式推广服务模式，实现主推技术精准进村入户到田，主推技术到位率达到 95％以上。

（五）强化了农技推广人才队伍建设

围绕提升农技人员素质能力，构建部省加强示范培训、市县注重实地培训的分工协作机制，加强课程体系和培训师资库建设，融合理论教学、现场实训、案例讲解、互动交流等培训方式，提高农技人员培训的针对性、精准性和实效性。2020 年，补助项目支持省、市、县三级开展农技人员分级分类培训、持续提升学历、补充高素质人才，打造"懂农业、爱农村、爱农民"的"一懂两爱"农技推广队伍。全年累计开展农技人员培训班 5 805 期次，培训农技人员 20.03 万名，其中省级组织骨干人才培训班 174 次，2.01 万名农技推广骨干进行了脱产业务培训，专业技能和服务水平得到明显提高。江西、山东、湖南等省通过"定向招生、定向培养、定向就业"的"三定向"培养方式，吸引具有较高素质和专业水平的青年人才进入基层农技推广队伍。2020 年，湖南支持 399 名基层农技人员进行高升专、专升本，支持 61 名基层农技推广骨干攻读农业硕士；按照"三定向"的方式，招录了 731 名基层农技特岗人员定向生，其中本科招生 75 人，专科招生 656 人，有力充实了基层农技推广后备队伍。

（六）农技推广服务信息化建设稳步推进

2020 年，各级农业农村部门贯彻中央关于推进"互联网＋现代农业"的决策部署，在补助项目等的支持下，积极致力于解决农技推广信息化工作主体协同不够、信息孤岛严重、供需不匹配等问题，积极建设连通管理人员、农业专家、农技人员、农民的信息管理与服务载体，实现数据资源向上集中、服务向下延伸，给农技推广服务插上了"信息化翅膀"。农业农村部建设运行的中国农技推广信息平台，汇聚了 2 万多个农业生产实用技术、15 万多个春耕视频、1 000 多万张农情图谱等重要资源，在全国 2 800 多个县（农场）全覆盖应用，平均日访问量超过百万人次。农技人员全年发布服务日志 160 多万条，农户在线学习 1 500 万次，累计解答了 580 多万个技术问题，实现了农技指导 24 小时全天候、跨时空高效服务。各地积极推进农技推广服务信息化工作，研发运行了一系列农技推广服务系统和 App，如山东省农技推广公共服务云平台、重庆畜牧云平台、江苏省"农技耘"App 等，形成全方位、立体化和多维度的农技推广信息化服务网络，大幅提升了农技推广服务能力和效率。

2020 年补助项目绩效考评优秀省份主要做法

山 东

2020 年，山东省切实加强项目管理，着重突出"严"和"实"，认真实施补助项目取得明显成效，农技推广体系健康发展，运行机制不断完善，队伍素质稳步提升，服务效能显著提高，为农业高质量发展提供有力支撑。

一、深化农技推广体系改革创新

认真落实《山东省加强基层农技推广人才队伍建设的二十条措施》，强化基层农技推广机构建设，改善工作条件，完善服务手段，激发干事创业积极性，确保公益性职能履行。截至 2020 年，全省农技推广机构 4 399 个，农技人员 26 767 人，公费农科生累计招生 1 316 名。支持鼓励农业科研院校发挥人才、成果、平台等优势承担相关任务，开展农技人员培训、试验示范基地建设，加快科技成果转化落地。实施"科教助农"工程，鼓励农业科研院校发挥人才、成果、平台等优势，开展"联市包县、下乡入村"科技服务。壮大社会化农技服务力量，聚焦以农技推广为起点的要素叠加聚合服务模式，健全农业社会化服务体系。全省服务主体数量达 13.6 万个，全省社会化服务营业收入达 224.7 亿元，均居全国首位。

二、实施基层农技推广队伍素质提升工程

完善基层农技人员分级分类培训机制，专门制定印发《山东省农业农村厅关于做好 2020 年基层农技人员培训工作的通知》，对全省 1/3 以上在编基层农技人员进行连续不少于 5 天的脱产业务培训。**在培训安排上**，设置省级班、市级班、县级班三大类，省级班主抓县乡农技推广骨干人员培训，共培训 1 595 人，市级班由各市择优选择 25 个培训机构承担，共安排 78 期，异地培训 7 041 人。**在培训名称上**，统一名称为"全国基层农技推广体系改革与建设补助项目××培训班"。**在培训内容上**，加强课程体系和培训师资库建设，融合理论教学、现场实训、案例讲解、互动交流等培训方式，提高培训的针对性、精准性和实效性。**在培训方式上**，坚持在"特"字上做文章、在"新"字上下功夫。围绕完善特色优势农产品技术支撑体系和产业链条开展培训，做强产业优势，深受农技人员欢迎。

三、加快先进适用技术推广应用

在向省级农业科研单位、高等院校、省产业技术体系创新团队、各市征集主推技术基础上，组织

专家遴选论证，向社会公开发布农业优质绿色高效技术 69 项，其中粮棉油类 18 项，园艺类 19 项，综合类 32 项。发布农业主推技术汇编，明确技术要点、适宜区域、注意事项和依托单位。省级确定小麦高产高效标准化生产技术模式等 6 项主推模式，分别由省农技站、环保站、果茶站、植保站、农机站、渔技站牵头组织。全省 111 个任务县以产业为单元，遴选推介县域年度主推技术 1 908 项，形成易懂好用的技术操作规范，组建指导团队，依托示范基地、示范主体展示推广，构建"专家＋农技人员＋示范基地＋示范主体＋辐射带动户"的链式推广服务模式。

四、打造农业科技示范展示样板

规范化建设国家现代农业科技示范展示基地，示范展示集成性引领性区域主推技术 20 项，组织不少于 68 场现场示范观摩活动，组织新型经营主体、基层农技人员和小农户到基地观摩学习 7 752 人次。选派技术指导员遴选示范作用好、辐射带动强的新型经营主体带头人、种养大户、乡土专家等作为示范主体，全省共培育示范主体 3.47 万个，技术指导员对其开展指导服务。项目县共建设 679 个科技示范展示基地，统一树立"2020 年全国基层农技推广体系农业科技示范展示基地"标牌，以基地为载体示范主推技术，开展农技指导和培训服务。

五、加强农技推广服务信息化建设

将农技推广信息化应用列入各级农技人员培训班的必要培训内容。对农技人员是否注册使用"中国农技推广"App，在省农牧渔业丰收奖评审办法中有所体现。将中国农技推广信息平台和年度任务线上应用作为农技人员培训的基本课程。省农业农村厅开发完成"农技汇"App，水产行业推进"渔业通"App，均与"中国农技推广"App 实现数据对接共享。

江　苏

2020 年，江苏省以全国基层农技推广体系改革与建设补助项目为抓手，深入推进基层农技推广体系改革，全面提高农技推广服务效能，取得积极成效。

一、提升重点帮扶县农技服务能力

在深度调研 12 个重点帮扶县产业发展基础上，确定不同科教单位对接，形成"科技需求""技术供给""体系对接"三个清单，省市县乡联合推进。依托补助项目和现代农业产业技术体系，成立科技专家指导团，突出压实专家责任，组织开展"五个一"活动，开展一次科技与产业需求对接、组织一场产业科技专门培训、举办一次现场观摩或特色活动、建立一个农业科技示范基地、培育一支地方技术指导团队，进一步聚焦发挥科技第一生产力的作用，促进产业提档升级、地方特色品牌打造、农业节本增效提质，带动农民增收致富。

二、提高农技推广队伍素质能力

按照农技人员培训规划，建立分级分类培训制度，全省共安排 10 000 名基层农技人员接受不同层次的连续不少于 5 天的培训，其中省级骨干班 320 人，省级重点班 2 600 人，市县级班 7 080 人，基本做到每名农技员每两年就能接受一次集中培训。邀请厅分管领导给省级班学员上第一堂课，规范培训管理，创新培训方法，提高培训实效。积极推进"定向培养"农技推广后备人才，优化农技推广队伍。推广苏州市、盐城市、扬州市、泰州市等地实行校地联合采取的"定点招生、定向培养、协议就业"培养农技推广后备人才的做法，充实乡镇农技推广机构。

三、打造农业科技示范展示样板

围绕地方优势农产品和特色产业发展需求，衔接省现代农业产业技术体系推广示范基地，标准化建设 129 个长期稳定的农业科技示范基地。组织农业科研教学单位与示范基地挂钩对接，将先进的科技成果、管理方式、经营理念现场展示，做给农民看、带着农民干，将基地打造成农科教协作的重要载体、农业先进适用技术的展示窗口和农技人员开展指导服务的综合平台。科学遴选出 6.8 万个农业科技示范主体。实行"一村一名责任农技员"包村联户制度，在农业生产的重要时节和关键环节，对示范主体开展手把手、面对面的技术指导和咨询服务，提高示范主体科学种养水平、自我发展能力和辐射带动能力。

四、加大先进适用技术推广应用

省级发布《江苏省农业重大技术推广计划》，重点推广水稻机插绿色高质高效栽培技术等 37 项优质绿色高效技术模式。各市县以补助项目为载体，组建主推技术指导团队，形成易懂好用的技术操作规范，构建"专家＋农技人员＋示范基地＋示范主体＋辐射带动户"的链式推广服务模式，全省主推技术到位率 95％以上。与省级财政部门充分沟通，共同组织协同推广计划试点，南京农业大学、扬州大学等组建 13 个团队，承担稻麦、生猪等优势特色产业，探索"科教＋推广"农技推广服务新机制，召开现场推进会，实地考察学习，评估实施效果，总结运行模式。

五、加强农技推广服务信息化建设

做好省级平台江苏"农技耘"App 与"中国农技推广"App 对接，督促指导各地农业农村部门组织农技人员安装使用"中国农技推广"App，及时报送有效日志、农情等信息，全省安装率超过 86％。召开补助项目信息员培训班，组织项目实施县登录中国农技推广信息平台，及时填报补助项目实施情况，实时展示年度任务进展动态和取得效果。优化升级江苏"农技耘"App 功能，疫情期间，组织专家对 35 万用户开展疫情防控和稳产保供的"不见面"的"云指导"，仅 1—4 月就密集发布生产技术指导信息 1 400 多篇，回答 4 066 条新型农业经营主体提出的问题，举办"云观摩""云培训"活动 50 场次，平台点击率达 376 万次，《新闻联播》《朝闻天下》《人民日报》等媒体多次报道。

安　徽

2020 年，安徽省对任务实施工作进行部署安排，印发项目实施方案、主推技术遴选方案、示范基地建设方案等系列文件，要求各任务县按照实施要求，强化统筹协调，规范过程管理，加强资金监管，总结调度和督促各项任务落实，取得较好成效。

一、切实提升贫困地区农技服务实效

在 32 个贫困县实施农技推广服务特聘计划，招募 320 名特聘农技员，聚焦产业扶贫、特色产业发展等实际需求，强化特色产业农技指导服务，提升服务效果。有扶贫任务的县，每个农技员要继续遴选 2 户有生产能力和技术需求、在当地扶贫部门建档立卡的贫困户作为服务对象，13 259 名基层农技人员开展包村联户服务行政村 1.47 万个、贫困户 1.96 万户。组建 9 个省级扶贫专家组会同 142 个县级扶贫专家组，指导全省 32 个贫困县开展精准扶贫、脱贫工作，实现贫困地区专家指导全覆盖。

二、深化农技推广体系改革

开展农技推广体系改革及相关事业单位分类改革情况调研，全省乡镇公益性农技推广机构全覆盖，基本实现"条块结合、以条为主"的管理体制，明确县主管部门和乡镇政府管理分工，为农技人员开展服务提供制度保障。建立 16 个省现代农业产业技术体系，鼓励农业科研教学人员以兼职、合作、交流等多种形式联合基层农技推广人员共同开展农技推广服务。合肥市 50 个首席专家工作室集聚 50 位省内外顶级首席专家、265 位岗位专家、368 名技术骨干，为该市基层农技推广带出 150 多位技术骨干，培训了 1.4 万农民。

三、提高农技推广队伍能力素质

将市、县农业农村局科教部门农技推广工作负责人纳入省内集中培训对象，由省农业农村厅科技教育处推广工作负责人针对 2020 年任务实施政策和具体工作专门进行解读和指导。将特聘农技员纳入县级培训对象，参加"中国农技推广"App 使用和线上展示培训。下发培训工作通知，部署省市县三级培训工作，并将中国农技推广信息平台和年度任务线上应用作为农技人员培训的基本课程。对骨干人才进行重点培养，省级集中培训 1 452 人，遴选 450 名植保、畜牧、农村社会事业方面的基层农技推广骨干人才，在山东等地开展跨省异地教学培训。开展学历提升教育，积极鼓励农技人员参加学历提升并给予学费补助。

四、打造农业科技示范展示样板

完善示范主体遴选，加强示范户管理和技术指导。实行包村联户制，技术指导员与科技示范户之间签订技术服务协议，每名技术指导员负责 5 户左右科技示范户和 2 户贫困户的技术指导，为每户示范户和贫困户提供 10 次以上的综合服务。全省 13 259 名基层农技人员开展包村联户服务，包村联户服务行政村 1.47 万个，科技示范主体 7.03 万个。通过自建、租用、合作等形式建立基地 250 个，其中自建基地 43 个，租用基地 130 个，合作基地 77 个。支持 7 个国家现代农业科技示范展示基地建设，展示集成性引领性区域主推技术 46 项，组织观摩培训活动数 148 期，观摩学习总人数 13 155 人，发放技术资料 27 种 18 868 册，技术传播覆盖 69 766 人，对接指导新型经营主体 430 个，开展技术服务次数 327 次，中央媒体宣传 4 次，省级媒体宣传 16 次。

五、大力示范推广先进适用技术

省级遴选发布砂姜黑土区小麦持续丰产高效栽培技术等 32 项优质绿色高效主推技术（模式），各项目县遴选发布 975 项年度主推技术，制定操作规范，组建技术指导团队，依托示范展示基地和示范主体落实和展示新技术 54 991 项次。遴选 8 个县开展稻渔综合种养技术推广，40 个县实施农业竞争力提升科技行动，农业主推技术到位率超过 95%。

湖 北

2020 年，湖北省以全国基层农技推广体系改革与建设补助项目实施为契机，以推进湖北疫后重振、促进湖北农业高质量发展为目标，紧扣打赢脱贫攻坚战和补上全面小康三农领域短板重点任务，全面加强农技推广工作，取得积极成效。

一、加大特聘计划实施力度，科技扶贫成效明显

在全省 4 821 个贫困村实现农技服务全覆盖，落实贫困村"111"制度，即每个贫困村落实 1 名农技人员，培养 1 名农技科技示范主体，示范 1 项农业主推技术。支持各地结合特色产业提出技术需求，提高技术服务的精准性和效果持续性，根据产业技术需求，帮助县市寻找技术专家，搭建服务平台。在全省 37 个贫困县和 43 个生猪大县实施特聘计划，累计招募 239 名特聘农技员（特聘动物防疫专员）。建立《特聘农技员遴选办法》《特聘农技员考核管理办法》等规章制度，规范《特聘农技员协议书》《技术服务合同》等相关协议，严格招募程序，细化服务任务，强化人员管理。

二、持续推进体系改革，为农服务效能得到提升

支持 40 个乡镇改善服务环境，对基层农技推广机构进行标准化建设，统一悬挂"中国农技推广标识"，制定服务网络图，明确服务对象。支持农技推广机构与经营组织协同开展农技服务，鼓励农技人员提供技术增值服务并合理取酬。监利县程集镇农技员周祖清依托农技站成立的金草帽合作社，为农户提供技术指导和水稻耕种收等服务。将涉农高校科技力量对接地方，组织农技推广部门、农村新型经营主体等积极参与，开展农技人员培训、建设试验示范基地，加快科技成果转化落地。

三、完善分级分类培训机制，推广队伍能力不断提高

制定省市县三级农技人员知识更新培训任务安排表，省级调训农技骨干 475 人，市县两级培训 6 340 人。注重提升培训实际效果，着力提高课堂教学、现场实训、后勤管理等方面工作质效，保证学员测评满意率不低于 90%。坚持跟班管理制度，完善考勤、考核制度，保证到课率达到 98% 以上。开展省级骨干培训需求调研，确定农机监理等 5 个类型行业班，既注重现代农业生产急用、实用、管用技术，也着眼于全面提高基层农技骨干人员的素质，兼顾现代农业的总体要求和地域产业特色。鼓励农技人员通过在职研修、脱产进修等方式进行学历提升，支持农技人员参加"一村多名大学生"计划、农村实用人才培训计划，提高业务水平。

四、全力打造示范展示样板，先进技术得到广泛应用

以 5 个国家现代农业科技示范展示基地为引领，采取"分类指导、突出特色、示范引领、辐射带动"的原则开展重大引领性技术的示范推广。对各项目县市农业科技示范基地运行实行标准化管理，统一树立基地标牌，主管部门与基地签订协议或实施方案，明确基地年度任务和考核指标，建立技术示范展示档案，并进行考核验收。每个项目县至少建设 2 个不同类型的基地，每个基地至少示范 1 项农业主推技术。培育一批农业科技示范主体，通过技术培训、入户指导、交流观摩等措施，全面提高示范主体自身能力和生产技能，强化其对周边贫困农户的指导服务意识和责任，切实增强辐射带动作用。

五、精心组织技术推广，协同推广计划全面升级

结合农业生产实际，聚焦粮食安全和主导（特色）产业需求，遴选推介绿色无抗养鸡等 20 项适合当地主导产业发展的优质绿色高效技术模式，发布技术指南，构建"专家＋农技人员＋示范基地＋示范主体＋辐射带动户"的链式推广服务模式，将目标细化到团队，落地到县市。建立"保姆式""订单式"技术服务制度，技术人员既可以提供全程全方位的技术指导，农户也可以通过下订单的方

式选购技术服务。围绕水稻、园艺、油菜、渔业、畜牧等湖北五大优势产业和特色产业开展协同推广，升级打造院士专家科技服务农业产业发展"515"行动，各个院士专家团队积极响应、广泛参与，多次深入基层开展科技服务。

河　南

2020 年，河南省充分认识补助项目对支撑农技推广体系发展、高效服务乡村振兴的重要意义，聚焦重点任务，强化组织赋能，优化工作举措，在项目实施中建强体系、优化机制、激发活力，在技术服务中拓宽领域、锻炼队伍、提升效能，取得较为显著的成效。

一、强化组织赋能，确保项目顺利实施

深入研究组织架构，统一体系建设思想认识，理清项目实施基本思路。要求各项目县结合单位机构设置情况，成立推广体系建设领导小组，加强组织协调，结合设立县域农技推广首席专家、遴选乡镇农技指导员和培育科技示范主体，打造县域技术服务团队，强化技术服务。及早谋划项目实施，及时安排管理培训，规范项目实施方案，精细项目任务清单，精简完善考评指标，压茬推进工作落实。

二、坚持稳步提升，抓好基层农技人员培训

进一步规范分级分类培训制度，明确省级负责基层农技推广骨干人才培训、省辖市负责农技指导员异地培训、县级负责在职农技人员本地培训，充分利用"中国农技推广"App、"知农云课堂""农业科技网络书屋"等信息化平台加强线上学习，加快知识更新。确立"聚焦县域农业高质量发展要求，聚力打造过硬县域推广首席专家队伍"的培训目标，努力探索基层农技人员培训新模式，探索"以训促学、以训促建、以训促评"多维度培训路径，形成农技人才队伍建设新抓手。农业农村部管理干部学院、河南科技大学等单位分行业举办 8 期 1 000 余名县域推广首席、管理人员参加的专题培训班，初步组建河南县域推广首席专家团队。

三、坚持高标谋划，打造农业科技示范展示样板

在抓好 290 个农业科技示范基地的同时，全力支持国家现代农业科技示范展示基地建设。完善农业科技示范主体培育和考核激励机制，遴选示范作用好、辐射带动强的新型经营主体带头人、种养大户、乡土专家等作为示范主体。完善农技指导员对口精准指导服务机制，每个乡镇（区域）农技站对接服务不少于 10 个农业科技示范主体，通过指导服务、技术培训等方式，提高示范主体服务能力。

四、坚持常抓不懈，大力示范推广先进适用技术

坚持省市县三级年度农业主推技术推介发布制度，共推介发布主推技术 1 765 项。各项目县围绕解决当地农业生产关键制约因素和技术难题，科学选定主导产业，遴选主推技术，制定技术操作规范，加强农业主推技术宣传推介和推广应用。组织专家遴选 10 项农业优质绿色高效技术模式，以技术专家团队为核心，以科技示范基地为载体，以科技示范主体为依托，形成一批区域推广性强、标准化程度高的优质绿色高效发展模式，辐射带动全省农业绿色高效发展，引领农业生产方式转变，助推产业振兴。

五、坚持共建共享，加快农技推广服务信息化步伐

以"共建共享中国农技推广信息平台""加强农技推广成效宣传"为主题，举办"全省基层农技推广体系信息管理员培训班"，对全省 200 余名信息员进行培训，增强信息员的信息服务本领。组建省市县农技推广工作群、省级农技推广信息化工作群，支持有条件的市、县建立农技推广微信公众号，推动县域农技服务小程序上线，打造信息化农技服务新农具。把中国农技推广信息平台和年度任务线上应用，作为每期省级农技推广骨干人才培训的基本课程。承担年度任务的专家、特聘农技员、服务主体等，均在中国农技推广信息平台填报服务做法和具体成效。

福　　建

2020 年，福建省围绕项目重点任务目标，全面部署项目组织实施工作，及时通报项目进展情况，要求各地找差距、想办法、出实招、见实效，加快工作进度，各项任务指标保质保量完成。

一、深化基层农技推广体系改革

组织开展调研活动，形成《福建省实施〈中华人民共和国农业技术推广法〉办法》（修订）立法调研报告。强化职能定位，推动县乡农技推广机构"三定"（职能配置、内设机构和人员编制）方案落实，完善县乡双重管理体制，理顺工作职责，对乡镇农技推广机构与其他机构综合设置的，确保专门岗位、专门人员履行公益性农技推广职能；加强队伍建设，确保人员编制不被占用，稳定农技推广队伍；加强人员管理，健全完善管理、聘用、责任、考评、培训、推广等"六项制度"。实施科技助力乡村产业振兴千万行动，选派农业高校、科研院所和全省各地农业专家 1 292 人帮扶 1 073 个村，对接项目 310 个，推广农业"五新"（新品种、新技术、新肥料、新农药、新机具）530 项，带动 4.2 万人发展生产，辐射带动 200 万亩。

二、加大农技推广服务特聘计划实施力度

在 23 个省级扶贫开发工作重点县和主要农业大县（市、区）开展农技推广服务特聘计划工作。各地根据本地资源禀赋、产业基础、农技推广工作的实际需求，制定相关制度，合理确定特聘农技员选聘数量和选聘条件。按照发布需求、个人申请、技能考核、研究公示、确定人选、签订服务协议等程序，招募 105 名特聘农技员，并签订技术服务协议书。在 7 个生猪大县（市、区）累计招聘 43 名特聘动物防疫专员，加强动物防疫指导服务，促进本省生猪养殖产业健康发展。

三、提高农技推广队伍素质能力

开展省、市、县分级培训，全年培训 6 905 人，将基层农技推广骨干列入 2020 年业务培训办班计划，制定下达骨干培训计划，省级培训农技推广骨干人才 1 203 人；选派 361 名农技人员参加农业农村部管理干部学院组织的培训。选拔学历水平和专业技能符合岗位要求的人员进入基层农技推广队伍，2020 年全省新招录县乡农技员 256 名，本科以上学历占比 84%。采取"定向培养""免费就读""绿色通道"等方式，为基层农技推广机构培养专业技术人才。研究制定《福建省深化农业技术人员职称制度改革的实施方案》，健全农技人员职称设置、建立专业设置动态调整机制、科学设置评价标准、畅通职称申报渠道、向基层一线倾斜。

四、打造农业科技示范展示样板

完善农业科技示范主体遴选和考核激励机制，遴选示范主体 28 873 个，充分利用农民田间学校，加大指导服务、技术培训和观摩，把农业主推技术传授给示范主体，提高示范主体自我发展能力和对周边农户的辐射带动能力。通过自建、租用、合作的方式，建立 431 个示范带动效果明显、长期稳定的农业科技示范展示基地，与各级农业科研院校（所）有效结合，开展主推技术示范推广、农技指导、培训观摩。统一树立标牌，标明示范内容、技术负责人、实施单位等信息。建设 3 个国家现代农业科技示范展示基地，示范展示集成性引领性区域主推技术 10 个，组织观摩培训活动数 25 期，新型经营主体、农技人员和小农户到基地观摩学习 5 210 人次。

五、大力示范推广先进适用技术

省级组织遴选推介发布 39 项省级主推技术，编印主推技术手册，发至各项目县和主要参与机构。项目县结合当地实际，遴选推介当地农业主推技术，细化技术推广方案，并落实到农业科技示范基地和科技示范主体，促进农业先进适用技术快速进村入户到田。大力推广"专家＋示范基地＋农技人员＋科技示范主体＋辐射带动户""推广机构＋科技示范主体＋农户"等农业科技推广服务新模式，促进农业科研院校（所）与农业科技示范基地之间建立密切协作，实现科技成果组装集成、示范推广应用的无缝接轨。

陕　　西

2020 年，陕西省紧紧围绕农产品有效供给、脱贫攻坚、特色产业发展等重点工作，着力提高农技推广体系服务效能，充分发挥推广机构的技术支撑作用，全力推动重点工作落实落细，圆满完成全年各项目标任务。

一、深化改革激活力，不断推进机构建设

通过派驻人员、共建平台、合署办公等方式，积极构建"多元互补、高效协同"的农技推广体系。各级农技推广机构围绕"稳粮食、扩畜牧、优果菜、强特色"重点工作，结合抗旱春播、抗冻救灾、病虫害防控等农业生产，开展全过程、全链条技术服务，累计开展培训会 4 342 场次，培训农民 141.9 万人次，印发技术宣传资料近 155.1 万份，进村入户开展技术指导 172.97 万户次。疫情期间，围绕春耕春管工作和农产品稳产保供，因地制宜建立农技服务责任岗，组建保障农产品供给突击队，为全省农产品有效供给保驾护航。

二、跟进服务解难题，确保产品有效供给

遴选推介小麦宽幅沟播、玉米增密度提单产等 82 项年度主推技术，率先在全省 151 个试验示范基地进行示范，依托示范基地培育示范主体，通过辐射带动、宣传培训、实地指导推进主推技术落地应用。重点支持杨凌职业农民创新园等 4 个基地，开展优质品种试验 9 项，推广绿色技术 28 个，组织学习观摩 62 场次 4 500 人次，转化科技成果 3 项。通过自建、租用、合作等方式，建成 151 个示范带动效果明显、长期稳定开放的农业科技示范基地。据统计，通过示范基地建设引领：2020 年全省果业面积 1 730 万亩，总产 1 780 万吨，产值 836 亿元，分别较 2019 年增长约 1.7%、2.7% 和 2.0%；设施蔬菜面积 763 万亩，总产 1 840 万吨，产值 561 亿元，分别较 2019 年增长约 10.6%、10.2% 和 10.0%；茶产业面积 281.49 万亩，总产量 11.48 万吨，产值 178.39 亿元，分别较 2019 年增长约 4.22%、19.10% 和 16.06%。2.3 万名农技人员开展技术服务 357 万人次，发放技术明白纸 136 万份，开展病虫害综合防治 1 839.77 万亩次，推广玉米增密度提单产技术 470 万亩。

三、科技帮扶强支撑，持续助力产业扶贫

组织 40 个省级现代农业产业技术体系、10 个市级农科院所等专家服务团，对口帮扶 56 个国家扶贫开发工作重点县和国家集中连片特困地区县，开展产业研究、巡回指导等工作。组织专家 5 000 多人次、举办活动 2 000 多场次，咨询服务农民 2 万人次，推广新品种 564 个、新技术 237 项。完善农业科技示范主体遴选和考核激励机制，遴选发展好、实力强、能带贫的示范主体 8 354 个。通过搭

建平台、指导服务、培训交流等方式，不断提高其自我发展能力，辐射带动周边农户 8.4 万户。在 31 个县区招募特聘农技员 322 人，立足产业发展开展技术指导 8 700 多场次、解决技术难题 125 个、培育乡土人才 1 023 人，培育公益性农技推广骨干 356 人。

四、狠抓关键促落实，全面提升服务效能

推行"纵横联动、教训结合、论坛讲评、技能比武、交流协作、三位一体"的农技员培训"陕西模式"，首次将特聘农技员纳入培训计划，举办粮食、养殖等专题培训班 98 期，共培训特聘人员和基层公益机构农技人员 5 363 名，有效增强他们的推广服务效能。引导推动广大农技人员、专家教授、特聘农技员等，通过 App、微信群、QQ 群、直播平台等，在线开展问题解答、咨询指导、技术普及等服务。23 577 名农技员注册使用"中国农技推广"App，发布日志 51.2 万篇，上报农情 16 万余条，提问量超 31 万次，回答提问达 159 万余次。以工作实绩和服务对象满意度为主要内容，采取问卷调查考评、随机抽查测评、现场公开评价等方式，开展科学合理的绩效考评。

内　蒙　古

2020 年，内蒙古自治区紧紧围绕完善体制机制、强化条件建设、夯实人才队伍、提升服务效能等方面积极探索、大胆实践，建立高效、服务到位、支撑有力、农牧民满意的基层农技推广体系，助力自治区农牧业发展再上新台阶，取得了较大的成效。

一、注重组织领导，细化方案明确任务目标

农牧厅会同财政等部门，主动牵头联合印发补助项目实施方案。在全区所有实施补助项目的盟市、旗县区层层成立领导小组，全程跟进、监督落实。结合自治区实际，通盘考虑、全面衡量，对年度资金进行科学测算分配。全年向各盟市调度资金 3 次，通报 1 次，开展项目旗县摸底 2 次，确保资金使用合法合规。

二、注重农技与培训，夯实推广人才队伍

本着"全区统筹、保证培训效果"原则，制定培训方案下发全区各盟市，明确培训任务，通过推荐、专家评审、基层测评等程序，遴选 10 个培训机构，由农牧厅把培训资金直接统筹到培训机构，确保培训资金及时到位，10 个机构承担全区 6 000 基层农技人员培训任务，重点班 5 400 人、骨干班 600 人，同时实行年度绩效考核，对绩效考核不达标的培训机构，次年取消培训资格。采取专题讲座、实践教学、专题研讨与现场答疑等培训方式，围绕农牧业技术、基层农技推广服务云平台（App）等多领域开展专业知识技能培训，全年组织普通班 116 次培训、达 6 490 人次，组织骨干班

12 次培训、达 1 008 人次，并将培训情况上传中国农技推广信息平台。

三、注重特聘计划实施，助力产业扶贫

聚焦助力产业扶贫，在 57 个贫困旗县开展特聘农技员的招募工作，2020 年共招募特聘农技员 292 人，包联贫困户 2 800 余户，一对一、手把手开展技术服务。组建由 1 112 名技术人员组成的自治区、盟市、旗县三级产业扶贫技术专家组，根据实际对技术人员进行调整充实，下发组建产业扶贫技术专家组文件，对技术专家的工作提出更加明确的要求，推动技术指导员成为产业扶贫的中坚力量。

四、注重信息化建设，提升服务效能

组织全区 113 名补助项目信息管理员开展为期 5 天的实操培训，建立长期稳定的信息员和信息员档案，全面系统提升农技员使用中国农技推广信息平台的能力和及时录入信息的技能。全区农技人员手机 App 使用率达 81.07%，发布日志总量达 447 379 篇，上报农情 105 175 条，评论 18 843 条。及时开展示范主体、特聘农技员"服务大数据"上线工作，制定工作任务，自上而下，层层抓落实，每周定期进行调度和通报，全区示范主体上线率全国第一，特聘农技员计划全面完成。疫情期间，开设网上农技大课堂，组织讲座 100 余次。聘请内蒙古农业大学、内蒙古自治区农牧业科学院专家教授针对脱贫攻坚产业发展需求，开展 43 期蒙汉语言网上产业技术指导员培训，取得较好的效果。

五、注重协同推广试点，加快成果转移转化

突出健康养殖、节水栽培、减肥减药等绿色生产技术，由自治区和盟市 6 个推广机构牵头，联合 9 个科研单位和大专院校的专家，组建 6 个协同推广试点团队，以重大技术为纽带，建立由政府宏观指导、聚集各方力量、围绕共同目标一起发力的链条式服务模式。协同团队组织示范观摩 18 次，指导种养殖企业 260 次、农户 4 365 次。通过协同推广项目，科研人员与一线农技人员、生产人员联系更加密切，技术指导更精准，技术推广更具实效。

河　北

2020 年，河北省在省、市两级成立补助项目领导小组，统筹项目实施协调工作。省级成立项目专家组，负责项目总体规划设计。县级成立项目实施领导小组，落实任务、明确责任，保证项目各项任务有序推进，取得了显著成效。

一、加强组织宣传，提升项目显示度

根据"项目＋任务清单"要求，高标准制定项目实施方案，围绕助力产业科技扶贫、深化推广体系改革、提升推广队伍素质等方面推动项目实施。依托"河北省农业财政项目管理信息系统"，组织对培训基地、农业科技示范基地、特聘计划等重点任务进行督导调度，促进项目实施。中央电视台多次对特聘农技员、农技人员先进事迹进行宣传报道，《农民日报》对农业创新驿站建设典型做法进行报道，河北电视台、《河北日报》等多次报道农技推广服务情况，增强了项目宣传力度。

二、部门协调联动，建立农业科技扶贫工作机制

建立由省农业农村厅牵头、省科技厅等八部门为成员单位的联席会议制度，将农技推广服务与产业扶贫紧密衔接，制定出台一系列科技助力产业扶贫政策文件。建立覆盖全省 9 个涉贫市、62 个贫困县、7 746 个贫困村的省市县乡村五级农业产业扶贫技术服务体系，建立工作台账制度，实现村级产业技术指导员贫困村全覆盖。每个季度组织省级专业团队围绕影响扶贫产业发展的重点问题、影响因子进行分析，预判宏观政策方向，预警市场供需信息，提高贫困县科学决策水平。

三、整合多方资源，提高推广队伍能力素质

组织开展省级骨干调训、市级特色集训和县级就地培训三种模式培训，全省共培训基层农技人员 5 365 人，其中省级调训 2 588 人。狠抓培训基地质量建设，组织培训基地制订周密教学计划，筛选师资力量，加强课程体系建设，提高培训的针对性和规范性。通过远程教育、半脱产学习等方式，对低学历非专业人员分期分批选送到科研院校研修深造，有效破解基层学历层次低、专业匹配度差、人员断层困境。

四、紧扣产业发展，加快先进适用技术推广应用

组织遴选绿色节水、节本降耗等 50 项成熟适用农业主推技术和 10 项引领性绿色技术模式并予以推介发布，指导各市县因地制宜遴选推介发布本地主推技术。省级现代农业产业技术体系创新团队、各级农业技术推广机构、省级现代农业技术培训基地将主推技术和引领性绿色技术模式作为农技人员和农民培训重点内容，充分利用网络、电视等媒介及明白纸、现场会、展示田等途径进行大力宣传。依托全省 339 个示范带动效果明显、长期稳定的示范展示基地推广主推技术 1 695 项，开展农技指导和培训服务 1.6 万人次。

五、创新服务方式，加强农业创新驿站建设

围绕特色产业发展，以企业（园区、合作社等）为运营主体，以全产业链专家团队为技术依托，

采取"十个一"模式，开展科技攻关、技术集成和示范推广，建立专家团队服务新型经营主体和推动区域产业发展的长效机制，全链条推进生产标准化、经营集约化、产品高端化、品牌知名化。建设160个农业创新驿站，吸纳1850多名京津冀全产业链专家、1600多名骨干农技人员，涉及185家企业，建成区面积超过60多万亩，培养乡土专家、农技骨干、青年科技人才3100多名，培育或壮大品牌160多个，辐射带动近10万农户增收致富。

辽　宁

2020年，辽宁省高度重视全国基层农技推广体系改革与建设补助项目，精心组织、突出重点、狠抓落实，各市农业农村部门和各项目县分管领导亲自监管，确保补助项目有效实施，取得了显著成效。

一、强化组织领导，确保项目有序开展

召开专题会议认真研究，在组织调研、广泛征求意见基础上，会同省财政厅联合印发实施方案。省农业农村厅与省财政厅成立以分管领导为组长的项目实施工作领导小组，负责补助项目县申报遴选以及实施方案审定、组织项目实施、开展绩效考评和总结宣传等工作。及时召开项目管理部署会议，进行相关政策解读及部署工作。成立项目实施工作协调小组和推进组，较好地解决项目实施中遇到的矛盾和问题，确保全省项目整体推进。

二、及时调整方案，如期完成农技培训任务

及时印发《关于进一步做好2019年基层农技人员培训工作的通知》，将部分培训任务调整到市、县自行组织实施。灵活采取市级班、县级班、与友邻市联合组班等方式，视情将省级重点班和普通班培训人员整合到市级普通班一并进行。重点围绕培训需求，设置培训内容，选聘授课老师，选定现场实训基地，视情减少室内授课，增加现场观摩实训内容，增强培训针对性和实效性。全省培训基层农技人员7269人，培育农技推广骨干人才405人（种植业289人、畜牧业116人）。

三、注重长远发展，推进科技示范基地建设

在认真总结第一批建平县、盘锦大洼区和义县3个项目县的自有产权示范基地建设经验的基础上，通过组织申报，重点支持第二批凌海市、东港市、喀左县和兴城市4个项目县的自有产权示范基地建设（在正常安排补助项目资金的基础上，增加补助资金30万元，用于自有产权示范基地建设），在项目实施方案中明确用于自有产权示范基地建设的资金不低于30万元，通过支持自有产权示范基地建设，促进全省农技推广工作有效实施。建设长期稳定的农业科技示范基地285个，自有产权示范

基地 70 个，提升全省基地建设整体水平，发挥其示范引领带动作用。统筹推进 4 个国家现代农业科技示范展示基地建设，围绕生产时节开展各类示范展示活动 86 期，共培训农技人员、新型农业经营主体等 1 万余人，接待黑龙江、吉林等外省农技人员、新型农业经营主体等观摩学习和现场实训 5 000 余人。

四、加强遴选推介，加快农业主推技术推广应用

结合本省农业主导产业发展要求和农民技术需求组织遴选推介符合绿色增产、生态环保等要求的主推技术 44 项（种植业 25 项、畜牧业 13 项、渔业 6 项），并形成技术操作规范，落实到试验示范基地、农技人员和示范主体，提高全省农业主推技术的入户率、到位率。经组织推荐、专家评审，共遴选示范推广优质绿色高效技术模式 24 个（种植业 15 个、畜牧业 7 人、渔业 2 个），组建 24 个指导专家团队，遴选 28 个示范县，认真组织对接，明确实施地点及目标、落实指导经费、科学制定方案、全力组织实施。

五、加强培训宣传，推进农技推广信息化建设

通过组织农技推广服务信息化建设培训班，结合农技人员培训班等形式，详细对"中国农技推广"App、全国农业科教云平台进行讲解和演示，省、市利用项目绩效抽评、考评等时机加强检查督导，基层农技人员普遍应用信息化手段进行学习交流和业务指导。全省有 8 974 人安装使用"中国农技推广"App，发布日志量 50 万条、上报农情量 13.77 万条、提问量 22.75 万条、回答量 122.54 万次、评论量 1.46 万余次，使用率达到 84.84%。全省示范主体安装使用"中国农技推广"App 1 955 人，上报工作动态 1 558 篇。

绿色高质高效行动项目 2020 年实施情况

一、基本情况

2020 年是打赢脱贫攻坚战、实现全面建成小康社会奋斗目标的收官之年，也是胜利完成"十三五"、布局"十四五"的关键之年，按照中央部署和农业农村部党组要求，种植业管理司继续深入开展绿色高质高效行动。中央财政安排资金 9 亿元，聚焦三大谷物及大豆、油料、棉花、糖料等重要农产品，在全国打造粮食等重要农产品绿色高质高效行动核心示范区，集成推广 100 多套区域化、标准化的绿色高质高效可持续技术模式，带动粮食等重要农产品生产大面积、区域性均衡发展，促进了种植业稳产高产、节本增效和提质增效。

二、主要做法

各项目省按照农业农村部要求，科学制定方案，强化指导服务，加强项目管理，把绿色高质高效行动作为推动种植业工作的重要抓手、推广生产技术的重要平台。

（一）强化组织领导

各地按照省市县三级联创、以县为主的原则，扎实推进绿色高质高效行动。**领导小组抓落实。**各省均成立了由农业农村部门负责同志任组长的领导小组，项目县均发文成立以政府负责同志为组长的协调小组，制定实施方案，明确责任分工，确保项目出实招、见实效。**专家指导组抓服务。**各项目省依托国家和省级农业产业技术体系，组建专家技术团队，开展技术指导服务。有关市县也参照省里做法，成立由当地首席专家为组长的专家指导组，开展关键技术示范推广、共性技术瓶颈攻关、技术模式集成组装等工作。

（二）强化资金整合

除中央下拨资金外，各项目省还积极筹措相关资金，保障绿色高质高效行动顺利实施。**积极筹措资金。**比如，吉林积极争取省级财政投入专项资金 5 378 万元，其中 2 818 万元拨付绿色高质高效示范县，占资金总量的 52.4%，重点配套用于绿色高质高效技术模式的示范推广。**设立专项资金。**例如，陕西在财政支出压力较大的情况下，安排 4 392 万元省级财政资金，用于全省绿色高质高效模式创建和粮食综合生产能力提升，将以往种子、肥料、农药等物化补贴向节水补灌、小麦宽幅沟播、玉米增密度等关键技术环节延伸。

（三）强化指导服务

各级农业农村部门加强对绿色高质高效行动的指导服务，制定发布技术方案，加强协作攻关，开展巡回指导。**开展培训指导。**各项目省组织专家对有关市县技术骨干开展技术培训，市县技术骨干也采取多种形式对创建区农户开展技术培训。关键农时季节，省市县各级专家深入田间地头，帮助农民因时、因墒、因苗落实田管措施。**创新指导方式。**例如，黑龙江做到省有技术督导组、市县有技术指导组、乡村两级有技术服务组，实现了从省到村、从农户到田间地头的全过程技术服务。**加强信息服务。**各地充分发挥信息引导作用，利用网络平台、手机 App 等新方式，及时发布品种、价格、供求信息，提高农户生产经营效率。

（四）强化项目实施

各项目省加强对项目实施方式的探索创新，力争更好推进绿色高质高效行动，提高实施成效。**创新实施方式。**比如，辽宁统一进行"三区"建设，每县建设 1 个攻关试验区，每个主产乡镇建设 1 个核心示范区，每个核心示范区周边建设 1 个辐射带动区，为项目实施提供了平台和载体。**强化试验研究。**比如，陕西建立 24 个粮油作物技术集成试验示范基地，开展小麦宽幅沟播等各类试验 127 项，示范展示优良品种 35 个，集成各类绿色高质高效技术 25 项。**强化联合攻关。**比如，山东探索建立产研推一体化科技联合攻关工作机制，省农业科学院组织专家团队开展课题研究和新品种、新技术试验示范，成熟研究成果就地大面积转化推广。

（五）强化项目执行

行动县建立健全资金使用台账和工作档案，加强资金监管，做好日常管理，将相关文件和影像资料归档立卷，以备查阅。**加强资金管理。**及时足额拨付资金，建立资金使用台账制度，一些地方农业农村、财政、审计等部门成立联合工作组，对年度资金使用情况进行核查，确保资金使用安全。**规范档案管理。**严格建立项目档案，将省市县有关文件和实施方案、培训观摩现场、示范标牌照片等文字和图片材料分类建档，做到有章可循、有据可查。

（六）强化考核评价

加强项目实施过程的跟踪调度，突出全过程监管，及时掌握实施进展，确保各项工作有力有序推进。**加强工作督导。**各省创新督导方式，确保创建措施落实到位，取得实效。比如，四川每月调度一次项目进展，关键时期由领导带队到示范片开展监督检查，重点检查工作措施和技术措施落实情况。**突出绩效评价。**开展绩效评价，保障绿色高质高效行动规范有序开展。比如，江苏专门印发了交叉互查的通知，组织了各设区市开展交叉互查，掌握各地创建进展，对各市及辖区内各县进行绩效评价。

（七）强化舆论宣传

各省注重舆论引导，为绿色高质高效行动提供助力。**搞好媒体宣传。**及时交流各地开展绿色高质高效行动的好做法、好经验，树立典型、扩大影响。抓好宣传报道，大力宣传创建工作的政策措施、成功经验、先进典型和实施效果。**统一标识标牌**。在创建区设立统一、醒目的标识牌，明确创建作物、创建目标、技术模式、行政及技术负责人，让农户看得到、学得会、用得上，扩大宣传效应，接受群众监督。

三、成效经验

绿色高质高效行动始终以绿色发展为导向，以推进农业供给侧结构性改革为主线，确保实现粮食和重要农产品稳产保供目标，在优质品种推广、技术集成创新、绿色发展等方面取得显著成效。

（一）绿色高质高效模式更加成熟

围绕整地、播种、管理、收获等各环节，坚持把绿色、高质、高效要求贯穿于行动实施全过程，提升科技含量、生产效率和种植效益，优化绿色高质高效模式。**一是集成示范新技术新模式**。据统计，各项目省共集成推广 130 多套绿色高质高效技术模式，其中粮食作物 100 多套、经济作物 30 多套。黑龙江农垦水稻主推"三化二管"栽培技术模式，玉米主推"四精二管"栽培技术模式，大豆主推"大垄密植"栽培技术模式，马铃薯主推"四优一管"栽培技术模式。**二是大力推广绿色生产技术**。各地大力推广科学肥水管理、绿色综合防控等高质高效生产技术，推进绿色高质量发展。广西平桂区紧紧围绕"控肥增效、控药减害、控水降耗、控膜减污"，推行绿色防控、测土配方施肥、秸秆还田等技术。**三是促进全程农机农艺融合**。上海积极探索以自走式机械为重点的机械化施肥和机械化植保防治等技术，全程应用自走式机械进行施肥和植保防治的创建面积约 14.5 万亩，占全部创建面积的 61.8%。

（二）全程社会化服务水平不断提升

各项目省创新社会化服务方式，推动社会化服务组织规模化、标准化建设，服务水平和能力不断提升。**一是强化服务体系构建**。黑龙江依托 26 个新型经营主体推进规模化种植，集中采购投入品，统一种植品种、统一肥水管理、统一病虫防控、统一技术指导、统一机械作业，实现了良田、良种、良法、良机、良制配套。**二是创新农业服务方式**。湖南加大对种粮大户、家庭农场、合作社、龙头企业、社会化服务组织等新型经营主体的扶持力度，推动粮食生产规模化、集约化水平进一步提升，全省共培育带动新型经营主体 2.19 万个，社会化服务面积 350 万亩。**三是探索应用"互联网十"手段**。新疆开发品种溯源平台及籽棉包二维码溯源 App，利用大数据采集 6 万亩棉田各项指标数据，为筛选优质机采棉品种提供依据。

（三）全产业链融合程度不断加深

各项目省大力推广"龙头企业＋创建区""合作社＋创建区"等经营模式，推广优质专用品种，推进订单种植和产销衔接，促进全产业链深度融合，显著提高了综合效益。**一是推广优质专用品种**。河南立足满足市场多元化、专用化需求，积极发展优质强筋、弱筋小麦，建设 40 个优质专用小麦生产基地县，2020 年优质专用小麦 1 350 万亩，占全省小麦面积的 15.9%。**二是推进企业订单生产**。

江西组织加工企业与种子企业、种植主体开展对接，以高于市场价 5％以上的价格签订三方合同，确定订单面积和产品品质，签订水稻订单面积 52.3 万亩。**三是强化优势品牌打造。**福建打造"浦城大米（贡米）""河龙贡米""尤溪再生稻"等公共品牌，提高产业附加值。**四是促进一二三产业融合发展。**天津吸引游客发展认领农业模式，将 1 000 多亩水稻认领种植，收获后按照顾客要求个性化加工并配送，创新订单种植和产销衔接模式。宁夏打造内容丰富、不同模式的稻田画观赏区和农业公园，利用小杂粮梯田种植，形成了"七彩梯田"产业融合发展模式。

（四）绿色生态种养模式持续优化

各地依托绿色高质高效行动，坚持以生态优先、绿色发展为引领，转变农业发展方式，创新发展多种多样的绿色生态种养模式。**一是推进种植养殖结合。**四川大力发展"稻田＋"种植模式，"稻渔""稻鸭""稻虾"生态循环种植模式，一水双收，节肥节药，每亩综合效益平均增加 3 000 元以上。**二是推进用地养地结合。**上海 224 个示范点中，以"绿肥-稻"或"冬耕养护地-稻"为主要茬口模式的休养轮作型示范点 196 个，实施面积 20.3 万亩，占 86.7％。山东推进绿色高质高效创建与耕地轮作休耕制度试点工作有机结合，全省优质高蛋白大豆、高油酸花生面积迅速扩大。

旱作节水农业技术推广项目
2020 年实施情况

一、基本情况

我国旱地面积超过 10 亿亩，约占总耕地面积的一半。发展旱作节水农业对于保障国家粮食和重要农产品稳定供给意义重大。2020 年，农业农村部认真贯彻落实习近平总书记在黄河流域生态保护和高质量发展座谈会上的重要讲话精神，按照《国家节水行动方案》确定的任务，以巩固提升旱区农业综合生产能力和资源利用效率为目标，在河北、内蒙古、山西、辽宁、吉林、黑龙江、山东、河南、陕西、甘肃、宁夏、青海、新疆等 13 省（区）推广旱作节水农业技术，集中连片示范推广蓄水保墒、抗旱抗逆、节水灌溉、水肥一体化等技术，开展新技术新产品试验示范，提高旱区土壤墒情监测能力和抗旱减灾能力，促进旱区农业绿色高质量发展。

二、主要做法

（一）整体统筹，压实任务

农业农村部种植业管理司印发《关于做好 2020 年旱作节水农业技术推广工作的通知》，对项目总体要求、目标任务、实施内容、工作措施等提出具体要求，并明确 2020 年项目农业技术推广任务清单。为降低疫情对工作推进的影响，及时召开旱作节水农业技术推广项目视频调度会，解读旱作节水农业技术方案，针对存在的主要问题，提出整改要求，对旱作节水农业技术推广工作进行了再动员、再部署。各省也加强工作部署，层层对接任务，逐级压实责任。

（二）示范带动，注重创新

支持高效节水技术示范，推动水肥资源利用节约高效。 围绕提高水肥利用效率，实施墒情监测，适时测墒补灌、垄膜沟灌、高效节灌、水肥调控，开展水肥一体化技术、集雨补灌技术、垄（作）膜沟灌技术和测墒灌溉技术示范推广。**支持现代旱作雨养技术示范，提高天然降水利用效率。** 在依靠天然降水进行农业生产的区域，示范等高种植、聚土垄作、深松深耕等耕作措施，提高土壤蓄水能力；示范推广应用保水剂、全生物降解地膜、生物覆盖等物化技术，实行抑蒸保墒，减少无效损失。**支持开展墒情监测，完善墒情监测网络体系。** 积极推动旱作节水农业技术现代化发展，推广墒情监测技术，提升监测效率，为指导农民适墒播种、抗旱保墒、高效节水灌溉提供依据。**支持开展新技术、新产品试验示范。** 在 13 个示范省区，结合各区域水资源禀赋，开展旱作节水农业新技术、新产品、新材料试验示范。

（三）强化技术，宣传指引

为规范项目实施，更好指导各地技术措施落实落地，全国农业技术推广服务中心印发了《2020年旱作节水农业技术方案》。各项目省都制定了实施方案和技术方案，明确推广任务和技术模式。山西、陕西各项目县选聘专家组建技术指导组，指导组至少 10 名专业技术人员，因地制宜制定适合当地推广的技术方案。河南、河北根据本省降水条件、种植结构，因地制宜筛选旱作节水农业技术模式，采用招标采购、购买服务、以奖代补、先建后补等形式，组织技术需求意愿强、配合度高的专业组织或规模经营主体，以示范区建设为重点，突出示范引领的辐射带动作用。据不完全统计，2020年各项目省、县组织旱作节水农业技术培训班、现场观摩活动 2 000 余期，培训技术人员、农户 20余万人，发放技术明白纸 50 余万份。

（四）及时调度，保障实施

创新过程管理。建立每季度一调度、每半年一通报的定期调度制度，及时掌握项目实施进展，督促地方落实任务。对首次承担项目实施的河南、山东两省开展一对一、点对点指导服务，让省级和项目县土肥水技术推广部门熟悉项目实施方式和技术内容。各地制订具体的考核奖惩办法，重奖重罚，以严明的纪律和严格的考核，加大任务落实力度；各级农业部门巡回督导、严格核查，确保任务落实到地。

三、成效经验

旱作节水农业技术推广项目进展总体顺利，有效减少了农业用水量，提高了水资源利用效率，取得了显著的生态、经济和社会效益。

（一）以示范区建设为抓手，带动旱区产业发展

各地以主要作物为龙头，以旱作节水农业技术为抓手，加快示范区建设，大力发展有机旱作农业，着力打造有影响力的知名品牌，带动产业发展。各地按照项目文件及技术方案总体要求，结合地方生产特点，加强与地方农业院校、科研单位合作，同时配套作物栽培、病虫害防治、优良品种等相关技术，集成了一批适合当地生产特点的综合旱作技术模式。据统计，2020 年在全国 13 个省区建立了 285 个示范区，推广旱作节水农业技术 778 万亩，其中示范水肥一体化技术 50 万亩、抗旱抗逆技术 150 万亩、地膜减量增效技术 49 万亩，修建新型软体集雨窖（池）5 万米³。河北省按照地形特点和投资强度，科学实施"三种示范推广模式"。即在山地上推广杂粮、杂豆等雨养抗旱作物；在干旱缺水地区，示范推广沟垄耕作、深松耕等高种植等技术，并在适宜区域采用保水剂、地膜覆盖和集雨补灌技术，提高土壤蓄水保墒能力；在农田基础设施较好、有灌溉条件、农民积极性高的地区，示范推广滴灌、微喷灌、膜下滴灌、渗灌等水肥一体化技术。

（二）以高效节水为重点，实现旱区"两节一减两提"

通过项目实施，项目区实现了节水、节肥、减膜，提高了降水利用率和水肥生产力。以甘肃省为例，示范区在马铃薯、蔬菜、制种玉米、果树等作物上实施垄膜沟灌、集雨补灌水肥一体化技术，实现亩均节水 74.31 米^3，节水率 27.1％。内蒙古自治区核心示范区水浇地节约灌溉用水 30％～50％，同时保护了农田土壤和自然生态环境，促进了农业发展方式由高耗能粗放型向绿色高效集约型转变。河北省承德市番茄水肥一体化项目区，亩均节水 60 米^3，集市项目区亩节水 43.8 米^3。据统计，所有项目区水分生产力均提高 10％以上，其中吉林等省区项目区水分生产力提高 20％以上。

（三）以增产增收为目标，助力旱区扶贫攻坚

项目实施以来，各地围绕"用水、保水、蓄水、拦水、截水"集成技术，千方百计蓄住天上水、保住土壤水、用好地表水，变被动抗旱为主动调整，变传统抗旱为科学应对，有效缓解水资源供需矛盾，破解了长期以来旱作区农作物因旱欠种、减产、绝收的难题，增强了旱作节水农业的可控性和稳定性，构建了抗旱减灾增收的长效机制，大大提升耕地综合生产能力，带动旱作节水农业产业发展，加速了旱作区农民脱贫致富。据统计，项目区普遍实现了增产增收。其中陕西省通过项目实施，总增产 88 318.9 吨，总增收 13 701 万元，带动万余名贫困人口脱贫致富。

果菜茶有机肥替代化肥试点项目
2020 年实施情况

一、基本情况

习近平总书记强调，要调整农业投入品结构，减少化肥农药使用量，增加有机肥使用量。2020 年 4 月，农业农村部、财政部联合下发《关于做好 2020 年农业生产发展等项目实施工作的通知》（农计财发〔2020〕3 号），安排果菜茶有机肥替代化肥试点项目资金 9.8 亿元，在 27 个省（区、市）和 2 个计划单列市果菜茶优势产区遴选 133 个县推进试点，集成推广堆肥还田、商品有机肥施用、沼渣沼液还田等技术模式，采取政府购买服务、技术补贴、物化补贴等方式，扶持壮大有机肥还田生产性服务组织，加快有机肥应用，促进种养结合，实现果菜茶提质增效和资源循环利用。

二、主要做法

果菜茶有机肥替代化肥是一项促进农业绿色发展的基础性、长期性工作。试点工作开展以来，试点省份和示范县（市、区）履职尽责、协同推进，全力抓好各项政策措施落地落实。

（一）强化组织领导，压实责任加力推进

上下协同推进。试点省份和示范县（市、区）成立了由政府分管负责同志或农业农村部门主要负责同志任组长的领导小组和推进落实小组，逐级将试点任务落实到乡到村、到户到田，形成了上下联动、协同推进的工作格局。**明确目标任务。**各省根据部级实施方案，结合区域情况印发省级实施方案，明确目标任务、实施内容、主推技术、补助环节、补助标准、时序进度、绩效指标和保障措施，做到了"主体、作物、面积、目标、责任"五落实。**层层压实责任。**各试点省成立专门协调机构，强化责任落实，将果菜茶有机肥替代化肥任务分解到乡到村到基地。建立进展调度制度，一季一调度、半年一碰头、一年一总结，及时掌握工作情况。

（二）强化统筹协作，聚集力量联合推进

注重农牧结合。注重果菜茶有机肥替代化肥示范县与畜牧大县结合，以果定畜、以畜定沼、以沼促果，推动种养业在布局上相协调、在生产上相衔接，有效促进畜禽粪污、秸秆等农业废弃物资源综合利用。**注重资源聚合。**部分试点县将标准化规模养殖、畜禽粪污资源化利用、绿色高产创建等资金统筹安排，向有机肥替代化肥示范县倾斜，"各炒一盘菜、共办一桌席"。浙江省柯城区通过与柑橘田

园综合体建设、美丽乡村精品示范村建设等农业招商引资项目有机结合，积极探索新型支农模式，引导银行信贷、社会工商资本等投资柯城橘产业。据统计，项目累计撬动社会资本 32 亿元，有效实现了财政资金"四两拨千斤"的杠杆作用。**注重联合攻关**。组织科研、推广等部门力量，开展跨学科、跨领域的协作攻关，突破制约化肥减量增效的技术难点，集成推广了一批肥料施用、病虫害防治、生产作业等综合配套技术模式。

（三）强化技术指导，提升效果示范推进

突出分类指导。各省（区、市）在《2020 年果菜茶有机肥替代化肥技术指导意见》的基础上，结合区域试点作物需肥特点，因地制宜选择适宜的技术模式，做到"一县一策一方案"。江苏省重点推广了"有机肥＋配方肥""有机肥（生物有机肥）＋配方肥＋水肥一体化""有机肥（生物有机肥）＋机械深施""沼液沼渣＋配方肥＋水肥一体化""基质＋水肥一体化""秸秆（尾菜）粉碎还田＋生物有机肥＋配方肥"等技术模式。**突出精准指导**。各地均组建了专家指导组，在关键农时组织专家进村入户、蹲点包片，开展现场观摩、技术培训、巡回指导，落实好各项关键技术。重庆市组建了由地方科研院所和土肥系统专家组成的市级有机肥替代化肥专家组，明确了专家组"与县级专家见面，统一技术模式；与实施主体见面，讲清技术措施；与新闻媒体见面，宣传替代技术；进村入户，到包片点；培训技术，到基地点；监测指导，到试验点"的"三见面、三到点"的专家责任。**突出示范引导**。建立苹果示范县 11 个、柑橘示范县 20 个、设施蔬菜示范县 38 个、茶叶示范县 38 个、其他作物示范县 26 个。各地集中打造了一批果菜茶有机肥替代化肥示范片，树立了一批样板区，让周围的农民看得见、学得会、用得上，有效发挥了示范引领、辐射带动作用。

（四）强化项目管控，有效监督务实推进

项目实施规范化。各地因地制宜实行"八制"：实施方案批复制、实施主体遴选制、补助方式公示制、项目任务合同制、物化补助招标制、实施进度月报制、资金使用审计制、绩效目标考核制。按照遴选规则，将实施主体、作物种类、实施面积、目标任务、责任义务等信息进行登记造册，进行公示，接受社会各界监督。切实做到"五有"：有组织机构、有主推技术、有示范标牌、有质量检测、有工作档案。**监督检查常态化**。各地坚持关口前移、预防在先，多举措、不定期对实施进度进行抽查。山东省威海文登等项目县主动引入社会第三方监理机构，对每个实施主体实施过程进行拍照留影，规范肥料收货、发放记录和财务档案等资料，形成了完整的可追溯档案资料，引入第三方审计机构对项目实施情况进行跟踪审计和绩效评估。**效果监测数据化**。在示范区科学布设监测点位，开展施肥情况调查，定期采集化验土壤样品，跟踪监测土壤有机质及养分动态变化，为科学评价项目实施成效提供数据支撑。

三、成效经验

果菜茶有机肥替代化肥试点项目进展总体顺利，增加了有机肥投入、减少了化肥用量，提高农产品的品质和产量，取得了显著的生态、经济和社会效益。

（一）注重生产与生态统筹，促进了农业绿色发展

一是畜禽粪污资源化利用率提高。 各试点县（区、市）通过采用秸秆、尾菜、畜禽粪便综合处理技术，就地就近利用好畜禽粪便、沼渣沼液等有机肥资源，增加有机肥供应。据统计，示范区有机肥施用量达 239 万多吨（实物量），较非项目区增施有机肥 28% 以上，带动项目县畜禽粪污综合利用效率提高 6 个百分点，有效促进了畜禽粪污循环利用，减轻了农业面源污染。**二是化肥用量减少。** 通过推广有机肥替代化肥技术，以有机肥养分部分替代化肥养分，促进化肥减量增效。示范区化肥用量累计减少 24 万吨（折纯），减幅达 16%，化肥过量施用的问题得到有效缓解。经专家测算，试点县减少的化肥用量，相当于减少氮磷流失 2.2 万多吨（折纯）。**三是地力稳步提升。** 通过增施有机肥，改善了土壤理化性状，增加了土壤有机质含量，提高了地力水平。

（二）坚持减量与增效并重，促进了农业高质量发展

一是产量品质双提升。 据检测，示范区施用有机肥的果园果实外观和内在品质明显提高，果皮花青素含量增加 20%～30%，维生素 C 含量提高 10%～20%。四川省项目区茶叶产品全部符合绿色食品安全国家标准，氨基酸含量增加 2.38%～11.9%。当地农民反映，增施有机肥后种出的农产品，果色艳、口感好、味道醇、余味浓，找回了记忆中的老味道。**二是基地品牌齐创响。** 通过大力推进有机肥替代化肥关键技术，改善果菜茶产地环境，加快建设绿色优质产品基地，增加优质果品供应。示范区果菜茶产品 100% 符合食品安全国家标准或农产品质量安全行业标准。如黑龙江青冈县创响了"青冈玉米糯又甜"区域公用品牌和一批包括大董、云淇、辰旭等地方特色突出、特性鲜明的企业品牌。据统计，示范区作物增产 8.7% 左右，实现农业节本增收 12.7 亿元以上。

（三）坚持生态与经济相协调，充分发挥社会效益

一是效益提升助脱贫。 产量和品质的提高，提升了农产品附加值，种植户收入增加。133 个试点县中有 34 个是国家级贫困县，通过项目实施，产业效益明显提升，有效助力了脱贫攻坚。河南省光山县通过项目实施带动 55 个村 941 户贫困户 2 846 人实现脱贫，贫困户人均年收入达到 5 300 多元。**二是优化结构促产业。** 通过试点，调优肥料投入结构，有机肥施用量增加，带动了有机肥产业的快速发展，试点省有机肥企业数量增加、产能扩大，为畜禽粪污资源化利用奠定了基础。**三是提高了科学施肥意识。** 项目省县组织各类培训班 515 期次，开展田间观摩 194 次，发放技术宣传资料 42 万份，培训各类新型经营主体 6.7 万多个。通过项目实施，提升了经营主体科学施肥意识，促进了有机肥施用量增加和肥料投入结构调优。据统计，目前全国有机肥施用面积超过 5.5 亿亩次，绿肥种植面积超过 5 000 万亩次。

农机深松整地项目 2020 年实施情况

实施农机深松整地有利于改善耕地质量，社会效益、生态效益突出，是保障国家粮食安全和改善农田生态环境、增加农民收入、促进农业可持续发展的重要手段。近年来，党中央、国务院高度重视耕地保护和地力提升，财政部明确通过农业生产发展资金支持农机深松整地作业。《乡村振兴战略规划（2018—2022 年）》（中发〔2018〕18 号）指出要进行土壤改良，实施耕地质量保护和提升行动，提升农业综合生产能力。《国务院关于加快推进农业机械化和农机装备产业转型升级的指导意见》（国发〔2018〕42 号）明确提出，按规定对新型农业经营主体开展深耕深松、机播机收等生产服务给予补助。《农业生产发展资金管理办法》（财农〔2020〕10 号）明确"农业绿色发展与技术服务支出"含"深松整地"等方面。2020 年，全国农机深松整地作业面积达 1.6 亿亩，圆满完成作业任务。

一、基本情况

2011 年起，农业农村部开始规模推广农机深松整地作业，用以取代传统的浅翻、旋耕作业。2014—2016 年，每年都在《政府工作报告》中明确提出具体深松任务目标。2017 年，开始通过"农业生产发展资金"以大专项＋任务清单的方式下达地方统筹安排。2020 年，安排中央资金 20 亿元支持 20 个省（自治区、直辖市）、青岛市和北大荒农垦实施农机深松整地作业，年度实施面积达 1.6 亿亩。"十三五"期间，全国适宜地区累计实施农机深松整地面积 8 亿亩次，有效打破犁底层，改善土壤压实情况，增强土壤蓄水保墒能力，为旱作粮食生产节本增效、稳产丰产提供有力支撑。

二、主要做法

（一）强化组织推动

按照《全国农机深松整地作业实施规划（2016—2020 年）》，"十三五"期间在东北一熟区、黄淮海两熟区、长城沿线风沙区、西北黄土高原区等七个类型区的适宜地区推广农机深松整地作业，明确了全国作业任务和技术路径。2020 年，根据实施规划和农业生产发展资金项目实施方案有关要求，农业农村部指导各地制定并细化农机深松整地年度实施方案，将年度任务目标逐级分解下达，建立秋季深松月报周报制度，层层落实责任，引导带动地方工作顺利开展。

（二）强化装备技术支撑

2020 年，继续加大农机购置补贴政策支持力度，扶持发展大马力拖拉机、深松机、联合整地机等用于深松整地的作业机具，做到敞开补贴、应补尽补。各地积极组织农机深松整地技术指导，通过现场演示、专题培训等方式对农机合作社负责人、机手等人员加强技术指导。山西等地充分利用微信公众号、手机 App 等在线渠道宣传农机深松整地作用，在广大农户和机手中树立农机深松整地的理念。

（三）强化政策带动

《农业农村部　财政部关于做好 2020 年农业生产发展等项目实施工作的通知》明确持续推进农业绿色发展，实施农机深松整地。在具体实施上，要求切实提升农机深松整地作业补助政策的精准性、实用性和有效性，因地制宜确定补助模式，鼓励政府购买服务，补助标准由各地结合实际制定。鼓励依托专业化服务组织开展社会化服务，争取成方连片作业，整乡整村推进。河南依托 4 000 多家农机合作社，通过土地流转、土地托管、订单作业等形式，以村为单位实行联片规模深松作业。2016 年以来，中央和地方财政累计安排中央资金 100 亿元，支持开展深松整地作业达 8 亿亩次。

（四）强化作业监管

指导各地加强作业情况核查，严格补助资金发放管理，严防虚报补助作业面积、降低作业标准、套取财政补助资金等违规行为发生，确保财政补助资金效能。鼓励地方采用"物联网＋监管"等信息化手段，远程监测深松整地作业面积、作业轨迹、作业质量等，提高监管效率和监管精准性，力争信息化监测面积占到补助面积的 90％以上。在秋季大规模深松作业时开展作业调度，将年度任务完成情况作为下年度任务目标安排和政策资金支持的主要依据。

三、成效经验

（一）示范带动作用不断强化

农机深松整地项目有力推动了专项农机化技术由点到面迅速铺开，很多地方实现了整村整乡整县推进。"十三五"期间，全国农机深松整地作业面积年均在 1.5 亿亩左右，年完成深松整地 150 万亩以上的省份达到 12 个，其中黑龙江每年深松整地都在 3 500 万亩以上，吉林、内蒙古、河北、山东、河南每年都在 1 200 万亩以上，很多地方实现了整村整乡整县推进。

（二）机具装备基础持续夯实

目前，国内深松机有凿式、铲式、全方位式等 10 多种类型，能够满足不同区域深松作业需求。通过农机深松整地项目的实施，一大批农机合作社等服务组织通过承担深松作业任务，加快了拖拉机等装备的更新换代步伐，自身发展及服务能力都有明显提升。截至 2020 年底，全国 80 马力（约58.84 千瓦）以上大型拖拉机和深松机具保有量分别达到 143 万台和 30 万台，比 2016 年分别增长约57％和 15％。

（三）信息化监管广泛推行

推广应用信息化监测手段大幅提高了监管效率，降低了监管成本和监管风险，也确保了深松作业质量要求落实到位。目前，黑龙江、吉林等省建立了省级监测平台，辽宁为强化监测平台监管还建立了四方核查机制，杜绝补贴实施漏洞。2020年，信息化远程监测深松整地作业面积占全部补助面积的95％以上，有13个省份已经实现了信息化检测率100％，做到了让农民满意、机手欢迎、政府放心。

（四）深松整地效果持续显现

通过农机深松整地打破坚硬的犁底层，改善土壤压实情况，提高了土壤通透性，增强了土壤蓄水保墒和抗旱防涝能力，经济效益、社会效益和生态效益持续显现。山东监测显示，深松作业能够增加土壤透气性，促进还田的秸秆快速分解，提高了农民秸秆还田积极性，减少秸秆焚烧，促进农田生态改善；实施深松作业整地后，耕地地力提升，每季作物可减少浇水1~2次，深松地块的粮食作物产量较长年不深松地块可增产20公斤，经济作物平均每亩增产也能达到20公斤。东北黑土区推行保护性耕作模式，与春季秸秆覆盖还田播种配套开展秋季农机深松整地，还能进一步提升农作物抗灾抗风险能力。2020年，成功抵御了春寒、夏旱、台风等不利天气因素影响，整体上苗情、长势及产量都要好于传统耕作地块，基本不倒伏或者倒伏角度不明显，充分体现出农机化技术装备推广应用的效果和潜力。

畜禽粪污资源化利用整县推进项目
2020 年实施情况

畜禽粪污资源化利用事关农业绿色发展，事关农村人居环境改善，党中央、国务院高度重视。畜禽粪污资源化利用整县推进项目是中央支持农业绿色发展的重要政策之一，是畜禽粪污资源化利用工作的重要抓手。2020 年，农业农村部会同国家发展改革委、财政部继续整建制推进畜禽粪污资源化利用，共安排中央资金 84.84 亿元支持 417 个县实施整县推进项目，其中续建 297 个，新建 120 个。各地认真贯彻新发展理念，强化工作力量，加大支持力度，加快推动畜禽粪污资源化利用。在项目带动下，累计 11 万余家养殖场户和第三方处理企业改造提升了粪污处理设施，有力促进了全国畜禽粪污资源化利用水平的持续提高。

一、主要做法

（一）压实属地责任

农业农村部组织开展畜禽粪污资源化利用工作延伸绩效管理，对各省（自治区、直辖市）和新疆生产建设兵团农业农村部门进行专项绩效评估，将项目实施情况纳入考核指标体系，提高地方政府和规模养殖场重视程度。组织开展第三方机构评估，客观评价各地畜禽粪污资源化利用水平。建立大型规模养殖场信息公开制度，网上公开粪污处理设施装备配套情况，接受社会监督。

（二）加强宣传引导

各级农业农村部门通过培训班、视频会、现场观摩、技术论坛等多种形式，加强畜禽粪污资源化利用政策法规、路径措施、技术模式、运行机制等宣传。农业农村部组织编制畜禽粪污资源化利用典型案例系列丛书，收录整县推进、种养结合以及集中处理典型案例共计 101 个，为各地因地制宜推进畜禽粪污资源化利用工作提供借鉴。在《农民日报》进行"变迁"系列报道，从不同主体、不同维度展现畜禽粪污资源化利用进程和成效。

（三）加强技术服务

农业农村部畜禽养殖废弃物资源化利用技术指导委员会发挥技术支撑作用，在政策制定、技术集成、推广应用等方面提供技术支持。四川省畜禽养殖废弃物资源化利用科技创新联盟，集聚优势科技资源和推广力量，开展产、学、研、推大联合大协作，为畜禽粪污资源化利用模式创新、技术培训、成果转化、产业发展合作攻关搭建平台。江苏省分类指导做好畜禽粪污资源化利用"种养结合""畜禽粪便堆肥""清洁回用"3个技术规范的应用，因地制宜推进畜禽粪污资源化利用。

（四）强化管理创新

通过农业农村部规模养殖场直联直报信息系统实施监测，实现了全国县级区域和规模养殖场全覆盖。吉林省梨树县建立信息管理系统（手机 App），政府管理人员、收集点管理员根据手机 App 实时监控掌握畜禽粪污收集点粪污储存情况，及时通知中心进行运输，确保"村屯收集，中心转运，集中处理"收储运网络体系运行顺畅。

（五）加强试点探索

在河北围场、黑龙江嫩江、上海松江、江苏赣榆等12个县开展以粪肥还田利用为重点的农业绿色发展综合试点工作，遴选试点种养主体，聚焦液体粪肥就近就地还田利用，探索低成本、低风险还田配套技术、还田机制，总结推广畜禽粪污资源化利用典型模式。

二、成效经验

（一）畜禽粪污处理设施装备水平明显提高

585个畜牧大县整县推进实现全覆盖，通过项目支持和示范带动，大部分规模养殖场配套建设了必要的粪污收集处理设施，基本达到环境保护底线要求。全国规模养殖场设施装备配套率达到97%，大型规模养殖场设施装备配套已全部完成。江苏省如东县依托项目实施，全县创建4个国家级畜禽标准化示范场、59个省级生态健康养殖场、356个市级生态健康养殖场，畜禽养殖绿色发展水平明显提高。

（二）畜禽粪污综合利用率明显提高

2020年，全国畜禽粪污综合利用率达到76%，比2015年提高超过16个百分点，畜禽粪污的资源化属性得到进一步挖掘，有效遏制了粪污直排现象，为农村人居环境整治提供了有力支撑。

（三）社会化服务水平明显提高

一些地区积极发挥项目资金引导作用，培育发展起一批服务、运行类型多样的畜禽粪污处理社会化服务组织，逐步探索畜禽粪污资源化利用的市场机制，总结形成了一些典型经验和模式。全国共有粪污处理专业机构9 000多家，还发展起一批乡间"施肥队"，成为连接种养主体的新兴力量。

（四）畜禽养殖污染物排放量明显降低

清洁型养殖设施和工艺加快普及，畜禽养殖用水量明显减少。根据2020年公告发布的第二次全国污染源普查结果，全国畜禽养殖业水污染物排放量较2007年明显下降，其中，化学需氧量、总氮和总磷排放量分别为1 000.53万吨、59.63万吨和11.97万吨，分别降低了21.1%、41.8%和25.4%。福建省新罗区通过项目实施以及中央环保督察整改，辖区内小流域水质均达到国家和省市考核要求。

第三篇

农业技术
推广服务计划

农技推广服务特聘计划推进情况

为了探索基层农技推广服务新方式、新路径，2017年，农业农村部开始在5省7个贫困地区实施农技推广服务特聘计划试点，主要以政府购买服务的形式为贫困地区产业发展提供人才支撑和科技帮扶，试点工作得到基层部门和广大农民群众的认可。2018年，农业农村部印发《关于全面实施农技推广服务特聘计划的通知》，决定在全国贫困地区实施农技推广服务特聘计划，依托全国基层农技推广体系改革与建设补助项目，通过政府购买服务方式，从乡土专家、种养能手、新型农业经营主体骨干、科教单位招募特聘农技员，强化贫困地区农技服务支撑。近两年，农业农村部在贫困地区不断加大实施力度，推动在贫困地区832个贫困县实施特聘计划全覆盖，累计招募4 200多名特聘农技员，针对贫困地区特色优势产业发展需求，帮助贫困群众切实解决生产技术难题，在52个挂牌督战贫困县及农业农村部定点扶贫县与产业技术顾问制度一并实施，形成了科技帮扶合力。

为贯彻落实中央1号文件"在生猪大县实施乡镇动物防疫特聘计划"的要求，缓解基层动物防疫力量严重不足的矛盾，保障非洲猪瘟等重大动物疫病防控措施的有效落实，农业农村部自2020年起在农技推广服务特聘计划中专门设立特聘动物防疫专员，先行在生猪调出大县全面实施。通过政府购买服务等方式，从科研教学单位一线兽医服务人员、优秀执业兽医和乡村兽医、养殖屠宰兽药饲料诊疗企业兽医技术骨干中招募一批特聘动物防疫专员，专门解决动物防疫难题、保障养殖业健康发展，为有效防控非洲猪瘟等重大动物疫病提供有力支撑。

通过举办特聘计划专题培训、从严把握遴选条件、明确人员要求、规范招募步骤、细化服务任务、加强聘后管理等措施，统一规范《特聘农技员招募办法》《特聘农技员考核管理办法》等规章制度和《特聘农技员协议书》《技术服务合同》等相关协议，特聘计划的管理体系和制度得到进一步完善，服务激励和约束机制逐步建立。

农技推广服务特聘计划服务机制灵活实用，供给来源广泛，在很大程度上弥补了公益性农技服务供给不足的短板，充分考虑地方产业特色和实用性，有效满足了贫困地区特色产业发展的技术指导需求，为贫困县产业发展及贫困户从事生产和增收提供了有效支撑，具备良好的可持续性。2020年，国务院扶贫办组织第三方对贯彻落实《中共中央 国务院关于打赢脱贫攻坚战三年行动的指导意见》措施任务进行的评估中，"在贫困地区全面实施农技推广服务特聘计划"被评为"好"。各地在实施特聘计划的过程中，因地制宜、因地施策，为脱贫攻坚和乡村产业振兴发挥了显著作用，形成了一批卓有成效的发展模式和典型案例，涌现出一批爱农业、懂技术、贴民心的特聘农技员。

河北省农技推广服务特聘计划纪实

河北是全国脱贫攻坚任务重点省份之一。面对脱贫攻坚的硬仗，河北省经过连续三年的拼搏奋战，全省现行标准下农村贫困人口全部脱贫，7 746 个贫困村全部出列，62 个贫困县全部摘帽，首次消除了绝对贫困和区域性整体贫困。

一、农技推广服务特聘计划实施情况

为推进脱贫攻坚和乡村振兴有机衔接，河北省自 2018 年起在全省 62 个贫困县实施农技推广服务特聘计划，于 2020 年向全省其他有需求、有条件的地区延伸，其中每个贫困县遴选特聘农技员数量不少于 5 名，并从补助项目中专门列支 1 550 万元经费进行支持。在工作推进中，专门印发了《河北省农业农村厅关于全面实施农技推广服务特聘计划的通知》，组织 62 个贫困县结合本地扶贫产业和农技推广实际，每县遴选不少于 5 名特聘农技员，指导各县制定了《特聘农技员招募办法》《特聘农技员考核管理办法》等规章制度，完善了《特聘农技员协议书》《技术服务合同》等相关协议，规范了特聘农技员招募、使用、管理和考核的流程。截至 2020 年底，累积遴选特聘农技员 895 人次，为贫困地区产业发展提供了精准指导和咨询服务，有效弥补了贫困地区农业科技服务力量的不足，增强了贫困地区产业发展的科技支撑能力。

二、主要做法

（一）加强组织领导，成立领导小组

印发了《河北省农业农村厅关于全面实施农技推广服务特聘计划的通知》，以补助项目为抓手，成立了由分管副厅长任组长，科技教育处处长任副组长的工作领导小组，加强与省财政厅、省扶贫办等省直单位的沟通协调，加大对各市县的组织指导，协调督导评估特聘计划实施工作。市县级也建立了由农业农村部门牵头，财政、人社等相关部门组成的领导协调机制，研究制定《特聘农技员招募办法》《特聘农技员考核管理办法》等规章制度，统筹协调特聘农技员的招募、使用、管理和考核流程，规范招募、使用和管理程序。

（二）成立省级专家组，不断加强机制探索

将推进基层农技推广体系改革创新、激发农技推广活力作为推动全省基层农技推广体系建设的重大课题，成立省级基层农技推广体系建设课题专家组，由河北农业大学赵帮宏副校长担任专家组长，部分省级推广专家为成员，加强特聘农技员等农技推广体系体制机制探索，对实施过程中出现的问题

及时进行研究解决，不断进行总结归纳，对推进工作提供理论支持。

（三）加强督导协调，统筹推进实施

为推进全省特聘农技员实施工作，省级统一组织实施县及所在市级农业农村局主管同志，先后到其他兄弟省份进行学习交流，借鉴先进经验，促进此项工作开展。2020 年 11 月 18 日，在邢台市任泽区召开了全省产业扶贫技术服务体系建设暨特聘农技员培训会，安排部署科技助力农业产业扶贫和特聘农技员推进工作，对河北省最受欢迎的全省十佳特聘农技员进行表彰。根据疫情防控实际，对各地实施情况实行月报制度，组织各市进行定期交流，组织省级领导小组有关推广单位、课题专家到项目县进行调研督导，指导项目县及时总结、宣传和推广典型做法和典型经验，积极稳妥推进特聘计划实施。

（四）因地制宜实施，规范招募程序

在实施过程中，坚持面向基层、德才兼备、人岗相适、以用为先的选人标准，坚持按照"公开、公平、竞争、择优"的原则聘选，指导各县市根据本地自然资源禀赋、主导特色产业发展需求、基层农技推广机构改革情况、农技人员数量、经费保障等情况科学制定实施数量，明确招聘来源，设定招募方式，招聘全过程公开接受社会各界及有关部门的监督。

三、主要成效

（一）弥补推广不足，为基层注入新动能

通过农技推广服务特聘计划的实施，弥补了贫困地区基层农技推广力量的不足，补齐了农技推广短板，有效解决了农技推广"最后一公里"难题。各县市遴选的特聘农技员基本上都是乡土专家、种养殖能手、新型农业经营主体技术骨干、科研单位科技人员、涉农大学生，他们或具有较高技术专长和科技素质，或具有丰富的实践经验，或具有强烈的责任心、服务意识，普遍协调能力较强，成为连接农业农村部门与广大农民之间的桥梁，补充了基层农技推广力量的不足，拓展了公益性农技推广机构服务范围，极大地提升了基层农技推广能力和水平，为县域特色优势产业提供了科技支撑，培养了一支精准服务产业需求、解决技术难题、带领贫困农户脱贫致富的服务力量。

（二）科学规范管理，为基层注入新活力

将特聘农技员纳入农技推广服务的队伍中，激发特聘农技员服务三农的热情。将特聘农技员按照正式农技人员要求进行管理，参加培训学习，参与村务政务和进村扶贫等工作，开展绩效考核、评先评优，实行精神和物资双激励，激发特聘农技员主观能动性和工作积极性，增强政治荣誉感和工作使命感。通过特聘农技员事迹的宣传报道，营造积极向上的推广服务氛围，增加了体制内农技员的紧迫感和危机感，促使体制内农技员更加积极主动地开展工作。

（三）服务产业发展，为扶贫提供新支撑

贫困地区现有农技人员数量不足、专业不对口的矛盾突出。特聘农技员是按照发展特色产业、带

动贫困农户精准脱贫进行选聘的，有效契合了贫困地区贫困农户发展产业的技术需求。特聘农技员按照聘用协议要求履行聘用合同任务，联系有关专家、对接有关科研单位，展示先进适用技术，对贫困户进行技能培训、提供技术指导、开展咨询服务，为贫困地区产业发展提供了精准技术帮扶，有效解决了产业发展技术难题，扶贫带贫联贫效果显著，得到当地政府和农民特别是贫困户的好评。

重庆市荣昌区农技推广服务特聘计划纪实

重庆市荣昌区是生猪养殖和调出大县，荣昌猪是世界八大、中国三大名猪品种之一。2020 年，荣昌区能繁母猪保持在 15 万头，生猪出栏 85 万头，出栏率达到 150％，生猪养殖规模化率达到 70％，仔猪外销量达到 170 万头，生猪产业集群规模收入达到 120 亿元。根据《农业农村部办公厅关于在农技推广服务特聘计划中设立特聘动物防疫专员的通知》（农办牧〔2020〕17 号）要求，为加强重大动物疫病防控力量，强化畜牧兽医工作，该区利用农技推广服务特聘计划项目充分调动各方积极性，将特聘动物防疫专员及村级动物防疫员项目落实落地。

一、实施情况

贯彻落实 2020 年中央 1 号文件"在生猪大县实施乡镇动物防疫特聘计划"的要求，从当地生猪企业和养猪大村中招募了一批特聘动物防疫专员，以缓解基层动物防疫力量不足，保障非洲猪瘟等重大动物疫病防控措施有效落实。该区专门制定了《特聘动物防疫专员实施方案》《特聘动物防疫专员招募办法》《特聘动物防疫专员考核管理办法》等规章制度，结合特聘动物防疫专员特点，加强招募、使用、考核等工作的规范管理。根据荣昌区的实际，科学合理配置企业防疫专员和村级防疫专员结构，加强村级动物防疫力量，为非洲猪瘟等重大动物疫病防控提供有力科技和人员保障。

二、主要做法

（一）组织有力保障

为保证特聘工作顺利进行，成立了以区农业农村委员会主任为组长，中共重庆市荣昌区委农业农村工作委员会副书记、区畜牧发展中心主任、区农业综合行政执法支队队长为副组长，相关科室负责人为成员的领导小组，加强对此项工作的领导。同时，严格规范评聘程序，建立健全特聘计划实施的工作制度，妥善解决工作开展中遇到的困难与问题，稳步推进此项工作。

（二）深入基层调研

选取 3 个代表性镇街，通过座谈走访，与镇街领导、畜牧机构负责人、乡村兽医等 30 余人深入探讨、交流意见。在此基础上，研究制定荣昌区 2020 年动物防疫专员特聘计划实施方案。

（三）科学有序推进

按照发布需求、个人申请、条件审核、面试考核、研究公示、确定人选、违法犯罪审查、签订服务协议（或服务合同）等程序，面向社会开展特聘动物防疫专员招募工作，特聘动物防疫专员招募全程公开、公正、透明，通过多种方式向全社会进行了公示公告，最终招募 80 人，其中特聘动物防疫专员 15 人，村级动物防疫员 65 人，按照镇街畜禽养殖量等具体情况分配到各镇街，实现 21 个镇街全覆盖。

（四）规范工作管理

畜牧主管部门、镇政府（街道办事处）、特聘动物防疫专员（村级动物防疫员）三方签订技术服务管理协议，明确三方责任权利，实行动态考核和淘汰机制，实现区县拓夯、服务在乡、管理下沉。根据区农业农村委员会的考核指标，制定对特聘动物防疫专员和村级动物防疫员的监督考核办法。根据考核和日常工作完成情况，按季度向特聘动物防疫专员和村级动物防疫员发放工作补贴，由镇街向区农业农村委员会提出人员使用建议以及考核意见。

（五）提升队伍能力

为提高特聘动物防疫专员的动物疫病防控能力，培养高素质基层动物防疫队伍在动物免疫操作、动物养殖生物安全、重大动物疫病和动物常见疾病的诊断防治能力。采用集中培训的方式，对全区特聘动物防疫专员及村级动物防疫员进行为期 3 天的培训，培训内容涵盖综合素养、专业能力、能力拓展等三个专题。课程根据需求调研来统筹安排，包括动物免疫操作实务、非洲猪瘟防控及生物安全、家禽疾病临床诊断技术、家禽疾病防治技术、猪病临床及防治措施、牛羊草食动物疾病防治技术、动物免疫操作技术和人畜共患病防治等。

三、成效及经验

（一）形成了非洲猪瘟有效防控常态化力量

建立完善基层人员工作条件，为动物防疫工作提供了强有力的组织保障，保证了动物防疫责任全部落实到位、到人，促进动物防疫工作扎实有效开展，解决了动物防疫难题，形成服务养殖业健康发展的力量，为有效防控非洲猪瘟等重大动物疫病提供有力支撑。

（二）不断提升队伍业务能力

通过学习提升素质、传授技术、建设队伍，把健全动物防疫体系、加强人员素质建设作为一项基础性的工作，常抓不懈。在业务学习培训方面，进一步创新培训考核方式，把人员素质建设纳入镇街年度考核项目之中，制定培训计划，采取集中培训的方式，系统学习了相关的法律法规和技术规范。

（三）以技赋能提升防疫员社会地位

通过灵活多样的培训和考核，激发了特聘人员的学习兴趣，推动了学习，提高了人员素质，尤其是村级动物防疫员不仅掌握了免疫注射技术，还懂得了一些基本的动物诊疗实用技术，使他们成为农村畜牧生产中的一批"能人"，提高了村级动物防疫员的社会地位，增强了村级动物防疫员从事基层防疫工作的信心。

陕西省眉县农技推广服务特聘计划纪实

近年来，陕西省眉县特聘计划以服务"3＋X"产业发展为主线，以主导产业猕猴桃和特色产业大樱桃、草莓、甜柿子、畜禽养殖为载体，以技术培训、示范引领、解决生产难题为抓手，借助特聘人员接地气、技术实、引领强、沟通好等有效特点，为广大农民特别是贫困群众提供面对面、手把手指导，有效地实现了技术服务与产业发展、农民增收的有机融合，促进了当地特色产业发展壮大，建立了脱贫攻坚长效机制。

一、特聘计划工作开展情况

（一）以培训为抓手，保障常态化技术支撑

2020 年，眉县评选的 14 名特聘农技员通过室内集中授课、田间操作实训、抖音直播培训、陕西广播电台培训、微信服务群实时解惑等灵活多样的形式，为种植户提供了科学、有效的技术培训和咨询指导服务。全年共开展技术培训 1 300 场次，培训人员 22 000 余人次，咨询服务近 2 000 余人次，观摩学习 30 多场次，推广先进实用技术 11 项，解决生产难题 20 多个，进一步有效促进了该县农业产业发展。特聘农技员李凯坚持每天晚上抖音直播交流猕猴桃栽培技术，受到了果农关注和称赞。

（二）以基地为样板，强化新品种新技术示范引领

特聘农技员将自己的示范园或养殖基地作为试验示范样板田，示范推广新优品种、标准化栽培技术和探索新型栽培模式，带动群众共同推进农业产业化发展。特聘农技员孙军平 100 亩葡萄示范园示范带动全县群众发展阳光玫瑰新品种及避雨栽培技术 300 亩，张晓文大樱桃示范园带动齐镇栽植大樱桃 5 000 余亩，李凯带领群众去渭南、汉中等地考察、交流、学习猕猴桃设施栽培技术，切实发挥了特聘农技员"做给农民看、带着农民学，帮着农民干"的示范、引领、服务作用。截至目前，全县建立种植类基地 15 个，养殖类基地 11 个，有效推动了全县现代农业发展。

（三）以服务帮致富，夯实脱贫攻坚产业基础

特聘农技员发挥自身技术、资源、市场等优势，通过为贫困户提供产业发展项目、全程技术指导、就业岗位等形式开展帮扶，助推贫困户稳固脱贫。特聘农技员孙军平、张晓文为贫困户免费提供葡萄、大樱桃苗子，指导规范建园，并定期进行技术指导；杜存怀不仅为贫困户免费提供鸡苗、技术指导、市场价收购，还帮扶有劳力和意愿的贫困户发展肉鸡养殖，增加收入，而且为贫困户提供稳定就业岗位 5 个，助力乡村脱贫攻坚；曹小宁、解彦峰、李凯、包军康等经常深入贫困户果园，免费提供技术服务帮助农民规范性地开展冬剪活动；朱继红积极参与脱贫攻坚工作，他创办的猴娃桥果业专

业合作社获得市级扶贫攻坚先进集体。

（四）以问题为导向，确保产业健康稳定发展

特聘农技员能立足本职工作开展产业服务活动，针对眉县产业发展难点和重点寻求科学、有效、实用的突破办法。针对猕猴桃产业提质增效问题，积极推广"四改五提升"技术；针对禽流感防控问题，免费培训疫情防疫员，组织防疫队，对全县禽类开展禽流感疫苗注射。针对新冠肺炎疫情带来果品滞销、群众卖果难的问题，朱继宏、王岁怀、包军康、李凯、张晓文、孙军平都竭尽所能为群众销售果品，为果农和政府排忧解难，助推产业稳定发展。

（五）以责任显担当，尽责防控新冠肺炎疫情

在新冠肺炎疫情防控工作中，按照省厅统一安排，特聘农技员勇于承担社会责任，积极配合村组开展疫情防控宣传工作，在村组主要路口劝导站值班值守；为村组、镇街、政府疫情防控提供器械、消毒和防护用品；为疫情防控一线人员捐钱捐物，据统计眉县特聘农技员共捐赠现金 4 600 元，水果（猕猴桃）、消毒液、口罩等物资价值 16.68 万元。

二、主要做法

（一）抓遴选，德才兼备是关键

选好特聘农技员是实施好特聘计划项目的关键，**一是**要按照产业种类和发展规模合理分配特聘农技员数量和比例。确保县域产业均有专家进行技术指导。**二是**要坚持两个原则，即"控数量提质量"和"德才兼备以德为先"。既要将懂技术、爱产业、爱服务的高素质技术人员优先遴选，还要结合项目补助资金量，确定遴选人数，确保特聘农技员补助资金的合理性，最大限度调动工作积极性。**三是**注重基层单位推荐，确保特聘农技员既要群众口碑好又要是本行业的领军人物，能真正发挥为产业发展服务的作用。

（二）优考核，日常管理是保证

一是结合眉县实际制定了特聘农技员管理办法，分产业制定特聘农技员服务协议，加强协议针对性；**二是**实行量化指标考核制，按任务完成情况按月进行考核打分，强化管理操作性；**三是**采取月考核制，按月考核兑现补助待遇，提升工作积极性；**四是**创建特聘农技员工作管理群，要求及时上传工作动态，加强管理日常性；**五是**建立特聘农技员档案，一人一档，每个月报送工作日志、总结及培训指导资料等，加强工作积累性；**六是**建立季度例会制，每季度召开专题会，总结经验，相互学习，加强经验交流性。

（三）建机构，组织领导是保障

要想特聘农技员充分发挥作用，关键在管理和领导的支持。该县特聘工作成立了由农业农村局局长任组长，分管局长任副组长，局属 8 个单位主要负责人为成员的项目领导小组，负责协调、督导项

目建设。同时，成立由农技中心主任为组长的特聘农技员考核办，负责特聘农技员的日常工作协调和考核检查。

（四）强宣传，群众认可是根本

一是充分利用中国农技推广信息平台、眉县猕猴桃微信公众号、眉县政府公众信息网等信息平台，大力宣传我县特聘农技员工作，极力提高群众知晓率和认可度。**二是**统一特聘农技员服装、胸牌和帽子，要求亮牌服务，树立良好形象。**三是**鼓励特聘农技员积极参与单位、镇、村举办的各类技术培训班，提升工作影响力，提高群众美誉度。

三、工作成效

（一）有力促进当地特色产业发展

特聘农技员深入村组、田间地头开展技术培训、咨询服务，引进推广新优品种和实用先进技术，提高广大群众的科学种养水平，有效解决了制约产业发展的技术瓶颈。朱继宏、李凯、张晓文分别获得县级科普带头人荣誉。

（二）助力脱贫攻坚长效机制构建

特聘农技员帮扶贫困户发展产业，通过全程提供技术指导服务，提高贫困群众的管理水平，促进了产业增收，助力了脱贫攻坚工作。朱继宏创办的猴娃桥果业专业合作社获得市级扶贫攻坚先进集体。

（三）助力培养培育乡村实用人才

特聘农技员通过技术培训提高从业人员能力、建立示范基地推广先进实用技术，不仅提高了广大群众科技水平和产业发展技能，也为农村培养了一批留得住的实用人才队伍。

（四）助力提升基层农技推广能力

特聘计划的实施有效地改善了基层农技推广单位人员严重不足、力量薄弱的问题，弥补了推广队伍青黄不接、实践经验欠缺的短板，提升了眉县农技推广服务能力。

（五）助力完善社会服务体系建设

在政府支持、引导和特聘农技员积极宣传、出谋划策下，眉县成立猕猴桃托管组织 23 家，托管农户 5 045 户 26 897 亩，为托管户平均每亩增加收入 500 元；成立农业机械化服务组织 14 个，极大地解决了农业生产环节中劳动力不足、作物水平良莠不齐等限制产业高质量发展的瓶颈问题。

内蒙古通辽市科尔沁区农技推广服务
特聘计划纪实

科尔沁区是内蒙古自治区通辽市政府所在地，是传统农业生产大县。自 2009 年开始已连续 13 年实施基层农技推广体系改革与建设补助项目，通过项目实施，完善了服务体系、创新了服务机制、提升了服务能力。科尔沁区早在 2014 年就已尝试聘用乡土专家助力科技入户与农业技术指导工作，从 2018 年开始全面实施农技推广服务特聘计划，到了 2020 年特聘计划已成为基层体系建设的一项重点工作，特聘农技员在科技推广中发挥了重要作用，成效显著。

一、实施情况

（一）围绕主导产业招募人员

目前，科尔沁区的农业正处于传统农业向现代农业过渡转型期，玉米、肉牛、蔬菜是农业生产中的三大主导产业。为助力打赢脱贫攻坚战，立足科技推广实际工作需求，按照内蒙古自治区农牧厅、通辽市农牧局指导性意见，科尔沁区把招募特聘农技员列为 2020 年基层农技推广体系改革与建设补助项目的重要实施内容之一，在种植业、养殖业、蔬菜产业、农机行业等共招募特聘农技员 4 人。

（二）科学合理确定包联对象

2020 年，科尔沁区共遴选 339 户科技示范户，其中包含了 15 户贫困户科技示范户。特聘农技员按照产业每人包联贫困户科技示范户 3 户、种养大户农户 30 户、服务区域内普通农户和小农牧户 300 户以上。针对贫困户及农户生产实际发展优势特色产业，结对开展农业技术服务，为贫困户及农户提供技术指导、开展咨询服务、进行技能培训，解决了产业发展中的技术难题，提高了科学种养水平。

二、主要做法

（一）公开择优选聘

2020 年，科尔沁区坚持民主、公开、竞争、择优的原则，围绕科技扶贫目标，在乡土专家、种养能手、新型农牧业经营主体技术骨干中招募特聘农技员，招募过程做到公开透明，接受群众监督。

（二）严格招募条件

科尔沁区要求特聘农技员拥护党的领导，遵纪守法，热爱农业农村工作，身体健康，责任心强，技术水平过硬,有丰富的农村、农业生产实践经验,具有较高的技术专长和科技素质,有较好的群众基础和影响力,有较强的组织协调、文字和语言表达能力,思维敏捷,思路清晰,善于开拓创新,区域内技术带头人优先聘用。

(三)规范招募程序

科尔沁区农牧局在 10 个镇(苏木)、2 个涉农街道发布招募通知,符合条件的人员进行自愿申请,区农牧局组织项目专家按照产业类别进行评审,最终以产业类别按照分数高低确定入选人员,并对入选人员进行 5 个工作日以上的公示,公示无异议后进行聘用。

(四)聘用后待遇与管理

科尔沁区以购买服务的方式,特聘员每人每月补贴 1 000 元,费用从 2020 年基层农技推广体系改革与建设补助项目进行安排支出。年底科尔沁区农牧局组织专家组对特聘农技员进行年度考核,以服务对象的满意度、是否解决产业发展实际问题、取得的实效等作为主要考核依据,考核合格后一次性兑现补贴,并考虑下一年择优聘用;若考核不合格,补贴进行削减或取消,下一年不再续聘。

三、成效和经验

(一)打破科技推广服务"最后一公里"的瓶颈

特聘农技员来源于基层,服务于一线,是农民群众中优秀技术员代表,由于长期活跃在生产一线,生活在农民群众之中,熟悉当地生产情况,更清楚农业生产中存在的困难,与农民之间形成无障碍沟通,深受农民的信赖和拥护。在长期的生产实践中,特聘农技员积累了丰富的经验,可以将科技成果更为顺畅地传播,可以打破科技推广服务"最后一公里"的瓶颈,让先进、适用的农业新技术快速落地生根,走出一条"用农民解决农民问题、实现农民问题本土化解决"的新途径。

(二)培养带动一批优秀乡土专家

自 2018 年开始,科尔沁区将部分乡土专家纳入特聘农技员队伍之中。到 2020 年,通过特聘农技员带动,培养了一批优秀乡土专家,并且活跃在农业生产第一线。如洋葱种植能手李树祥,年种植面积 1.0 万亩,辐射带动 10 万亩,产品远销十几个国家和地区;半截店牧场种植大户尹玉,每年带动合作社应用水肥一体浅埋滴灌种植技术超过 1 万亩;刘英春野茄子嫁接技术应用面积达到了 2 万亩以上,技术已传播到周边多个省市地区。

(三)有效增强基层农技服务力量

科尔沁区辖 12 个镇(苏木)、5 个国有农牧场、376 个自然村,耕地面积 210 万亩,农业人口 40 万,现编制内县乡两级农技人员共有 300 余人,平均每个村不足 1 人,除基本的业务指导能够得到保障外,个性化技术需求服务无法一一得到保障。特聘农技员针对农户、贫困户个性化需求服务能够有效保障，特聘农技员作为基层农技力量的有效补充，为特色优势产业发展、助力脱贫攻坚、提升推广队伍指导与服务能力提供了技术支持与人才保障。

（四）丰富实践经验发挥中坚作用

当前，基层农技推广工作任务繁重，农技人员承担着多项业务职能，知识结构老化和单一。农技人员普遍存在着理论功底强、实践能力弱、动手能力差的现象。特聘农技员均为"乡土专家"，实践经验丰富、动手能力强、带动力强，往往可以带动整个村脱贫致富，甚至是一个区域产业的兴旺发达。

福建省龙岩市新罗区特聘计划纪实

新罗区紧紧围绕优势特色产业发展需求，立足生猪调出大县实际，认真落实乡镇动物防疫特聘计划，共特聘 9 名动物防疫专员，有力有效推动全区动物疫病防控水平提升，为新罗区畜禽产业发展打下坚实基础。

一、实施情况

新罗区全区共 15 个镇街，按照生猪养殖分布，选聘名额共 9 人，大池、适中、雁石、白沙、苏坂、万安、铁山岩山片区、小池龙门江山片区、西陂曹溪东肖红坊片区各 1 人，经费从年度的基层农技推广体系改革与建设补助项目中统筹安排支出 19.26 万元。

二、主要做法

（一）抓常态管理

新罗区农业农村局组织相关部门专家讨论特聘动物防疫专员事宜，制定了《新罗区特聘动物防疫专员管理办法》方案，研究通过了《新罗区特聘动物防疫专员管理办法》，将特聘动物防疫专员纳入规范化管理。

（二）抓服务技能

2020 年，召集特聘动物防疫专员参加重大动物疫病防控培训班 2 期、高素质农民技术培训班 1 期、牛羊布鲁氏菌病（布鲁氏菌病简称布病）监测流行病学调查采样实操培训 1 期、畜牧兽医推广示范基地观摩培训 6 期，通过培训，特聘动物防疫专员对新知识、新技能的掌握得到强化，极大提高了特聘动物防疫专员的服务技能水平。

（三）抓服务质量

以协议形式协定 2020 年度特聘动物防疫专员任务：一是协助区动物疫病预防控制中心挂钩镇街技术干部开展非洲猪瘟防控排查采样和流行病学调查采样工作。二是配合镇街畜牧兽医站做好春秋季集中强制免疫工作，确保免疫密度。三是配合区动物疫病预防控制中心做好动物疫病监测和流行病学调查工作，确保免疫质量并保证不发生重大动物疫情。四是每个特聘动物防疫专员在 2020 年内帮助指导三个以上养殖场户制定好免疫程序、做好免疫质量追踪反馈等可以提高成活率的技术服务，并积极向养殖农户传授科技致富经验。

（四）抓考核奖励

通过对特聘动物防疫专员日常工作设定考核指标，对 9 名特聘动物防疫专员开展以半年为期的专项考核一次，评出优秀、良好等次。

三、取得的成效和经验

（一）取得的成效

有效保障非洲猪瘟持续常态化防控质量。 特聘动物防疫专员完成 2020 年度对存栏 2 000 头以上的猪场进行全覆盖式非洲猪瘟入场入舍采样监测，存栏 2 000 头以下的规模猪场按照场数 2% 比例抽样监测，完成全区 134 个猪场非洲猪瘟入场入舍 1 860 份拭子的采样以及 5 个无害化处理厂环境及病死猪的样品采样 578 份，确保新罗区非洲猪瘟防控有力有效开展。

有效保障重大动物疫病防控免疫质量。 由特聘动物防疫专员带队村级防疫员组成专业防疫队，对各村散禽进行禽流感免疫工作，对规模场进行免疫指导监管，2020 年畜禽三种强制免疫病种疫苗应免密度都达到 100%，做到了群体免疫密度常年维持在 90% 以上。特聘动物防疫专员配合 2020 年重大动物疫病采样血清抗体监测合计 8 510 份，新罗区畜禽免疫抗体合格率高于国家规定的 70% 的免疫抗体合格率标准要求。

有效推进畜牧兽医技术常态化推广服务。 特聘动物防疫专员积极向周边畜禽养殖场户传授科技致富经验，掌握农业实用先进技术，认真参加学习、宣传《中华人民共和国动物防疫法》《福建省动物防疫和动物产品安全管理办法》等有关动物防疫法律法规，积极参加畜牧兽医实验基地项目技术观摩培训。2020 年，特聘动物防疫专员在日常兽医工作中为养殖户提供动物防疫技术指导与咨询服务 3 000 多次；挂钩精准服务 27 个规模场，辐射养殖专业户和散养户，提供推广养殖新技术，宣传科学的防疫知识。

（二）经验启示

本地实用人才作为重点来源。 招聘的动物防疫专员必须要有丰富的基层工作经验和基本技能知识及农村工作沟通能力，最好是乡土人才。

不断增强特聘人员素质能力。 通过区农业农村局一级推广主体，加大对特聘动物防疫专员新技能培训，确保将新技能及时应用于日常技术推广服务工作中，解决养殖场户技术瓶颈的"最后一公里"问题。

江西省上高县农技推广服务特聘计划纪实

为加强动物防疫体系建设，健全全县基层动物防疫网络，培养一支专业性高、服务能力强的动物防疫队伍，更好解决动物防疫难题，夯实非洲猪瘟等重大动物疫病防控能力，助力生猪稳产保供，保障畜禽养殖健康发展。

一、2020 年实施情况

根据农业农村部在生猪调出大县优先实施动物防疫专员特聘计划的决策部署和省市实施 2020 年农技推广服务特聘计划相关文件精神，上高县狠抓机遇，结合县域动物防疫现状，全面启动实施了动物防疫专员特聘计划，面向全县兽医相关 5 类群体，以公开、公平、公正、竞争、择优的原则，通过自愿申报、资格审查、理论知识和现场技能考试评比等流程，招聘了 14 名动物防疫专员。特聘动物防疫专员实行划片分区管理，10 月全部到各乡镇（场）街道上岗，参与动物疫病防控技术指导与咨询服务，为畜禽养殖户提供防疫技术帮扶，开展春秋防疫巡查、督导，协助县乡两级完成采样等工作。

二、主要做法

（一）加强组织领导，细化招聘措施

成立了上高县动物防疫专员特聘计划工作领导小组，根据全县动物疫病防控工作需求研究制定了招募、使用、管理、考核和保障等一系列措施，印发了《上高县动物防疫专员特聘计划实施方案》《上高县 2020 年动物防疫专员特聘计划技能考核方案》等文件，通过政府网站、微信公众号等发布了《上高县动物防疫专员特聘计划招募公告》，确保了特聘计划宣传到位。考核过程重点对生猪瘟疫苗免疫注射、鸡翅静脉采血、鸡体解剖与采样、猪前腔静脉等实用技能和动物疫病防控理论知识进行测试，确保了特聘人员的专业性。整个招聘流程，严格按照公平、公正、公开的原则进行，严肃了组织纪律。

（二）强化专业培训，提升服务能力

为特聘动物防疫专员更好、更快投身防疫工作，组织了多次技能培训，采用岗前培训和定期在岗培训相结合的方式进行。上岗前，由县畜牧兽医站站长对动物防疫专员讲解了职责任务、动物疫病防疫形势、畜禽生产情况和基本防疫技能等，传授防疫技术，强化责任意识，为后期动物疫病防控的有效开展奠定坚实基础。平时，组织特聘动物防疫专员参加现场观摩实操和定期专业技能交流会，重点

对采样技能和动物疫病初步诊断等进行培训，加大防疫专员之间知识交流，补齐短板，不断提升专业素养和动物防疫能力，更好为养殖户服务。

（三）划片分区管理，防疫职责明晰

为确保全县动物防疫工作有条不紊开展，根据考核成绩高低，立足上高县各乡镇（场）街道基层防疫体系人员分布和防疫任务等基本情况，实行划片分区管理，将14名特聘动物防疫专员分配至各乡镇（场）街道，开展动物防疫工作。主要协助所辖片区开展禽流感、非洲猪瘟、牛结节性皮肤病等动物疫病防控措施和政策文件宣传讲解，以及动物疫病监测、春秋防巡查督导、防控技服务指导等工作，提高畜禽养殖生物安全性，促进健康高效养殖。

（四）建立长效机制，强化防疫提效能

制定并完善了上高县特聘动物防疫专员管理办法，加强平时监督检查，对防疫专员工作进行跟踪、督促，对任务完成好、工作成绩突出的人员给予表彰奖励，对工作较差的人员进行通报批评，确保防疫专员在服务期内圆满完成服务内容。全县各乡镇（场）街道也因地制宜根据防疫相关政策，制定了相应的防疫措施，并认真贯彻落实，让养殖户受益。为加强基层防疫体系建设压实了工作责任，做到年初有部署、平时有督查、年终有考核。

三、成效和经验

面对当前动物防疫严峻局势，县委县政府始终把基层动物防疫工作摆在突出位置，以农技推广服务特聘计划为突破口，特聘14名动物防疫专员，进一步缓解全县基层动物防疫人员青黄不接状态，充实了基层动物防疫力量，提升了防疫水平，切实抓好生猪稳产保供工作，促进全县畜禽养殖高质量发展。上高县2020年秋季重大动物疫病防控作为江西省唯一县级代表接受了农业农村部检查，并获得肯定。2020年被省突发重大动物疫情应急指挥部评为全省非洲猪瘟防控先进集体。

（一）积极肯干，做畜禽养殖户的"贴心人"

特聘动物防疫专员自上岗以来，牢记使命，扎根基层，日常深入群众、走村入户，熟悉养殖情况，开展防疫技术指导等一系列工作。在动物防疫过程中，特聘动物防疫专员发挥了重要作用，特别是在春秋两季重大动物疫病防控集中行动中，坚守岗位，开展巡查、指导工作，涌现了黄兴国等责任意识强、专业素质高的能手，确保了全县高致病性禽流感和口蹄疫群体免疫密度保持在90％以上。上岗以来，特聘动物防疫专员共协助采集样品500余份，合格率达100％，提升了免疫效果，降低了养殖风险，有力促进了全县畜禽养殖高质量发展。

（二）宣传得力，做政策措施的"宣贯人"

加大动物防疫知识宣传力度，特聘动物防疫专员配合县、乡两级动物防疫部门负责所辖片区内非洲猪瘟等重大动物疫病防控和生猪复养等政策文件宣传，发放了《养殖场户生物安全七项措施》等防

疫技术资料 5 000 余份，同时利用新媒体，宣传推广一些好的防疫经验做法，鼓励提升养殖户防疫意识，生猪复养增产信心不断增强，努力营造全社会共同防控动物疫病的良好氛围。

（三）勤于学习，做防疫工作的"内行人"

特聘动物防疫专员自上岗以来，坚持学习与实践相辅相成原则，平时自觉掌握疫情防控形势，积极参与定期防疫技术培训，防控知识水平明显提升，专业实践技能也显著提高，基层动物防疫体系专业服务能力进一步增强，更好为全县防疫工作作贡献，为乡村振兴添动力。

农业重大技术协同推广计划推进情况

2018 年，在财政部的支持下，农业农村部选择内蒙古、吉林、江苏、浙江、江西、湖北、广西、四川等 8 个省（自治区），开展农业重大技术协同推广计划试点，针对先进适用技术区域性供给不足、技术成果供需双方信息对接不足、农科教体系协同不足等问题，以重大技术推广为主线，探索建立优化资源配置、集中力量办大事的协同推广新机制。通过构建科技推广的需求关联机制和利益联结机制，全方位统筹成果、人才、基地等要素资源，有效集聚推广机构、科教单位、涉农企业、服务组织等各类力量，推动"省市县三级"纵向协同和"政产学研推用六方主体"横向协同，把科技优势更好地转化为产业优势和经济优势。

2020 年，农业农村部在 8 个省（自治区）试点工作的基础上，进一步扩大实施范围，提升协同推广计划的影响力，黑龙江、重庆、河北等都自主按农业重大技术协同推广计划要求开展协同推广工作。在各地方、各单位、各部门和广大农技推广工作者的共同努力下，农业重大技术协同推广工作形成了"有抓手、有方向、有队伍、有潜力"的良好工作格局。

内蒙古自治区：玉米大豆带状
复合种植技术协同推广

玉米、大豆是内蒙古两大主要粮食作物，2020 年种植面积分别为 5 736 万亩和 1 803 万亩，分别占全区粮食作物种植面积的 56％和 17.6％。2020 年起，内蒙古协同推广计划试点项目安排开展了玉米大豆带状复合种植技术示范推广。项目通过核心示范区建设、开展试验示范、加强指导服务，在推进内蒙古绿色生产技术模式集成示范、加强农科教产学研协同合作、探索农技推广新机制等方面取得显著成效。

一、基本情况

玉米大豆带状复合种植技术协同推广项目由内蒙古自治区农业技术推广站牵头，与呼伦贝尔市农牧科学研究所大豆科研科、包头市农牧业科学研究院、内蒙古民族大学、内蒙古农业大学等科研院所和高等院校协作，在包头市、呼伦贝尔市、兴安盟等全区 7 个玉米和大豆主产盟市的 16 个旗县市建设核心试验示范区 40 个，建立以玉米大豆带状复合种植技术为核心的高质量、高标准示范基地 9 100 亩，辐射带动面积 32 160 亩，超计划任务 7.2％。各示范基地围绕玉米大豆不同带型模式对比，适宜复合种植玉米、大豆品种筛选，除草剂选用等共开展试验示范 46 项次；集成、完善、筛选了适宜不同生态区域的玉米大豆带状复合种植技术新模式 6 个，适宜复合种植的玉米新品种 4 个、大豆新品种 3 个。

二、主要做法

（一）加强组织领导，明确任务分工

为确保项目有序推进、落地落实，自治区、盟市、旗县各级均成立了由分管领导任组长的项目领导小组和推广首席任组长的技术指导组。领导小组负责示范区建设的组织领导、部门协调、人员调配等工作；技术指导组负责项目方案制定、试验示范安排、生产技术指导等工作。

（二）强化研讨调研，科学制定方案

自治区农业技术推广站通过"两下两上"完善细化实施方案。自治区首先下达方案纲要，各项目旗县提出核心示范区落实地点和建设内容，自治区统筹考虑后制定全区方案并上报科技教育处，方案批复后下发各项目旗县。各项目旗县再制定项目具体实施方案并上报自治区农业技术推广站备案。各

项目旗县在制定具体落实方案时，也经多次讨论，深入调研。如包头市在制定方案前，先后组织召开了 3 次专家研讨会，并组织相关种植大户、合作社负责人、市县（旗）相关技术人员赴四川农业大学与杨文钰教授对接技术细节，讨论完善方案，确保项目符合实际。

（三）组建技术团队，强化服务指导

项目实施充分发挥推广和科研的各自优势，以双首席为领队组建专家团队，既保障了集成技术模式接地气、宜推广，又保障了技术制约瓶颈有攻关、能突破，实现纵横联合、优势互补，提供一站式服务。全年全区共有 224 名区、盟、旗三级农业技术推广和科研人员下乡开展技术研究、指导服务，其中具有副高级以上职称的科技人员 126 名，蹲点工作时间长达 1 060 天，面对面技术指导 3 442 人次。举办各类技术培训班 65 期次，培训新型经营主体和农牧民 6 828 人次，印发技术资料 15 900 册（份）。召开各类现场观摩培训会议 53 期次，现场观摩人数 3 990 人次。其中，自治区农业技术推广站分别在包头市和兴安盟举办了 2 次自治区级现场观摩培训会，共计 130 多人参加，促进了相互学习交流。

（四）发挥新主体动能，突出示范引领

项目落实以新型经营主体为重点，充分发挥示范带动作用。各项目旗县共有 39 个新型经营主体参与项目落实。其中，包头市落实带状复合种植示范推广面积 2.4 万亩，全部由 18 个新型经营主体承担。此外，包头市还积极与内蒙古北辰饲料（集团）有限公司对接，开展"企业＋基地＋订单"的产销对接模式，承诺秋季将玉米高于市场价 0.02 元/斤、大豆高于市场价 0.2 元/斤收购，保障了农户的种植收益，调动了积极性。

（五）落实观察记载，总结分析完善

项目实施中，充分发挥协同推广各部门的优势，落实试验示范田的观察记载、测产、分析和总结工作，有针对性地对"2＋3"青贮玉米和大豆复合种植混合青贮的饲养饲用效果，适宜复合种植的玉米和大豆品种、除草剂、除草机械及保苗技术的筛选、研究，以及"4＋3"鲜食玉米＋鲜食大豆高效模式的成本效益等做好数据采集和总结分析，为完善技术模式和标准，加快引进技术的本土化进程，提高新型经营主体和农牧民种植收益打好理论基础。

三、取得成效

（一）创新集成绿色高效新模式

项目实施将创新集成适宜内蒙古自治区示范推广的玉米大豆带状复合种植模式作为重点内容之一，在四川农业大学"2＋3"模式基础上，因地制宜进行了技术模式的集成创新和本土化。

1. 玉米＋大豆"2＋3"模式

在以包头市、巴彦淖尔市为代表的玉米主产区，将玉米"一穴双株"技术与带状复合种植技术模式有机结合，有效保障了玉米种植密度不降低，为增收一季大豆奠定基础，同时将大豆单粒精播改为

多粒穴播，提高出苗率。**其中**：包头市井灌区籽粒玉米平均亩产量 810.5 公斤，大豆平均亩产量 101 公斤；黄灌区玉米平均亩产量 727 公斤，大豆平均亩产量 82.5 公斤。复合种植玉米与清种玉米产量持平，每亩多收大豆 82.5～101 公斤。

2. 玉米（浅埋滴灌）复合种植大豆（大垄密植浅埋滴灌）种植模式

在以兴安盟、呼伦贝尔市为代表的大豆主产区，结合土地规模化程度高、新型经营主体种植面积大、耕作机械以大型农机具为主的特点，将大豆大垄密植浅埋滴灌技术、大豆垄上三行窄沟密植技术与带状复合种植技术模式相结合，开展不同带型复合种植模式比较，探索最优投入产出比，力争在实现大豆不减产的基础上增收一季玉米。**其中**：兴安盟扎赉特旗集成示范的玉米（浅埋滴灌）复合种植大豆（大垄密植浅埋滴灌）种植模式，平均亩产玉米 589.53 公斤、大豆 40.43 公斤，比清种玉米亩增效 150 元以上，且提高了玉米抗倒伏能力。

3. 青贮玉米与大豆复合种植模式

结合农牧交错带"为养而种"的区域特点，开展了青贮玉米＋饲用大豆、青贮玉米＋常规大豆和鲜食玉米＋鲜食大豆等不同模式的积极探索，取得了很好的经济收益。**其中**：包头市试验结果显示，鲜食玉米与鲜食大豆"4＋3"复合种植模式中，亩产值为 3 765 元，可比籽粒玉米复合种植大豆亩增效 1 000 元以上。

（二）探索建立协同推广新机制

通过协同推广项目的实施和双首席专家团队的组建，有效构建了推广与科研协同合作的工作机制。科研人员不再局限于实验室和理论研究，开始深入田间地头，更加关注生产实际；推广人员也不再就技术谈技术，进一步关注到技术模式的理论支撑，安排试验更有针对性，数据采集更科学规范。科研人员将生产中遇到的实际问题作为科研选题，技术人员将研究结论作为技术模式改进完善的依据，形成了高效协作的农技推广新机制。

（三）培育壮大农技推广新队伍

农业重大技术协同推广项目也成了农技人员发挥作用、体现价值的平台。通过加强纵横联络，促进相互学习，共同提升，培养了一支集技术研究、示范推广、人才培养、市场对接等多种功能于一体的协同推广队伍，编织一张集行业专家、乡土专家、新型经营主体等各类技术人员于一体的农技推广服务网；加快了研究成果的转化利用，提高了农技推广服务人员的素质和能力，培养了一大批基层农技人员和高素质农民。

吉林省：人参产业技术协同推广

人参源自中国，在我国已有 5 000 多年的应用历史。"世界人参看中国，中国人参看吉林"，吉林省作为我国和世界的人参原产地域，以其独特的冷凉环境、悠久的应用历史和深厚的人参文化造就出最优质"长白山人参"。2018 年，农业农村部开展了农业重大技术协同推广计划试点工作，人参产业作为吉林省 5 个重点产业承担了此项工作。

一、基本情况

（一）主推技术

1. 优良种子和种苗生产技术

人参留种地和留苗地的培育和管理技术，种子、种苗分等选育及配套种植技术。

2. 化学农药和化肥减施技术

已经登记人参用农药及配套施用技术，生物有机肥替代化学肥料技术。

3. 延迟采收技术

根据 4 年生人参种植环境及生产情况，强化土壤的生物养护、控水控肥等技术，延长种植年限。

4. 野山参（林下参）繁衍护育技术

推广国家标准《野山参人工繁衍护育操作规程》（GB/T 22531—2015）。

（二）推广范围

在人参核心产区的长白、抚松、靖宇、通化、集安、敦化、珲春、桦甸等 15 个县（市）开展了技术示范推广工作。

二、主要做法

（一）开展技术培训

为充分把握每年年末和春节后的两段技术培训最佳时段，集中力量全力开展主推技术的培训工作，在项目实施县（市）累计举办各类技术推广培训班 120 余场（次），培训参农 8 500 人（次），累计推广面积达到 19.18 万亩。受新冠肺炎疫情影响，转变线下培训方式，与吉林省电视台《乡村四季 12316》栏目合作，开设"人参大讲堂"专题栏目，开展主推技术电视培训，前五期的累计观看人数达到 13 万人（次）。同时，利用直播、短视频、公众号等多种形式开展技术推广服务，并适时发放技术资料。

（二）建设生产示范基地

围绕当前面临人参种植模式由伐林种参向林下参、非林地种参转变的趋势，在抚松、长白、通化、集安、敦化、珲春、桦甸等县（市）累计建设了 8 个人参良种繁育基地、36 个人参生产示范基地、2 个林下参护育基地，示范基地面积达到 10 377 亩。重点强化人参良种繁育和非林地种参生产示范基地建设，着力解决品种退化、参地退化问题，强化示范基地带动作用，全面提升全省人参产业标准化水平。

（三）创新结合方式

一是管理与服务相结合。在项目的实施过程中，一方面在项目进度、经费使用、计划完成等方面加强管理，确保项目按计划如期完成。另一方面，在保证组织实施好协同项目的基础上，从人才、技术、信息、物资等方面提供了全方位的一体化服务，营造良好的实施氛围。**二是**技术支撑与物资支持相结合。技术支撑单位在重点集成示范重大技术的基础上，深入基层为种植户进行技术指导，强化物化补贴在生产示范基地建设中的作用，使关键技术成果的集成示范真正落到了实处，实现了技术示范与物资配套的结合。**三是**示范与创新相结合。通过项目实施，在示范应用成熟、适用先进技术的基础上，依靠人才、技术和资源优势，开展联合攻关研究，进行技术集成与创新。项目执行期间，先后审定人参新品种 3 个，制定标准 8 项，鉴定科技成果 1 项。通过示范与创新相结合实施，为当地人参产业可持续发展提供了可靠的技术储备。

三、取得成效

（一）全面提高参农种植技术和意识

在项目的实施过程中，通过技术培训、示范推广、观摩学习等措施，参加活动的参农在种植技术、科技认知、质量安全意识等方面均有较大提升。**一是**全面了解掌握了人参良种繁育、农药和生物菌肥施用等关键技术。**二是**了解到新技术应用对人参种植的推动作用，特别是新品种选育、农药减施配套及延迟采收等技术的应用。**三是**通过示范基地观摩，参农对生产过程中土壤改良、投入品管理等方面的认识显著提升。

（二）质量收益全面提升

在 2020 年的全省人参产品质量监测中，人参产品质量合格率由 2017 年末的 89.3％提高到 96.4％。虽然受市场因素影响，人参价格较低，但低农药残留和高年生人参较同类产品市场价格高出 20％～30％，参农收益显著增加。

（三）打造形成专业技术服务团队

通过项目的逐渐深入，加强了行业主管部门、农技推广部门、科研院所、高校之间的紧密协作。以服务产业、服务种植户为目标，充分发挥科研院所的科技创新能力，以及管理部门、新型农业经营主体等的市场组织作用，构建了"政产学研推用六位一体"的协同推广平台，打造了一支由省级科研院所、推广部门、基层研究单位、乡土专家和种植能手组成的技术过硬、反应迅速、运行高效的人参种植技术推广服务团队。

（四）提升社会化服务组织作用

完善公益性和经营性农技服务融合发展机制，构建多元互补、高效协同的农技推广体系。全力支持长白山人参种植联盟建设，创建了"基地共建、品牌共享、市场共赢"的产业发展模式，实行全程技术服务和物资配套，提高种植联盟的凝聚力和辐射带动能力，推动新型人参经营主体走向联合。目前，服务全省参农 1.9 万户，占全省参农的 80％以上，服务我国人参（西洋参）产区（吉林、黑龙江、辽宁、山东等省）的参农近 50％。

江西省：新余蜜橘地膜覆盖提质增效技术协同推广

一、基本情况

为了促进新余蜜橘着色均匀、提早成熟，提高果品品质，增加果农收入，结合江西省农业农村厅果业重大技术协同推广计划，开展新余蜜橘地膜覆盖提质增效技术应用的示范与推广工作。2020年，分别在产业集中区罗坊镇、姚圩镇七里山果业带各选择一个果园开展项目核心区的试验示范，并与两个企业签订了项目合作协议。新余市海明种养农民专业合作社七里山果业带新余蜜橘基地示范面积180亩，渝水区隆兴果业农民专业合作社罗坊高速路口新余蜜橘基地示范面积60亩。以项目核心区240亩示范基地为技术依托，开展技术培训与学习展示，在全市推广1 000亩。

二、主要做法

（一）严格落实"五制、五化、五率"工作要求

一是项目严格实行"五制"要求，即"双首席制（推广首席和技术首席）""合同制""树牌制""季报制"和"考评制"。二是技术示范达到"五化"，即主推品种特色优质化、主推技术实用标准化、示范基地规范化、培训内容实况化、培训对象主体化。三是项目推广效果达到"五率"，即主导产区覆盖率高、重大技术到位率高、果品优质率高、果农增收率高、经营主体满意率高。

（二）以项目核心示范区为载体强化技术推广

一是在产业集中区，选择1~2个带动作用强、示范辐射作用强的合作社或企业；二是与企业签订项目合作协议，共同参与示范项目的实施与推广工作；三是在示范区开展技术培训与参观学习，让果农听得懂、看得见、学得会。

（三）首席专家与协同单位专家紧密联系指导项目实施与推广

加强首席专家、协同单位专家与项目实施企业的联系与沟通，把项目技术的要点、关键点把握好、宣传好、实施好。该项目实施过程中，省经济作物技术推广站、江西农业大学、省农业科学院园艺研究所、市果业局等机构的果业专家深入项目基地指导达40多人次，在选择项目地点、项目实施前准备、覆盖反光材料的选择、项目的实施等方面给予了重大的指导和帮助。

三、取得成效

（一）增产效果显著

2020 年 10 月 29 日，江西省经济作物推广站、技术首席等组织省市专家对试验处理区进行了测产。全园覆盖白色反光漏水地布处理的蜜橘亩产为 4 023.84 公斤，相比对照区增产 26.1%，全园覆盖银灰色反光膜处理的亩产 4 196.16 公斤，相比对照区增产 31.5%。

（二）商品性显著提升

从内在品质看，地布、反光膜处理与对照相比都增加了果实的含糖量；反光膜处理与对照相比可溶性固形物含量增加了 1.9 个百分点，维生素 C 含量每 100 毫升增加了 2.23 毫克，含酸量每 100 毫升降低了 0.12 克，极大地增加了果实的内在品质。同时，反光膜处理的果实横径、纵径、果形指数、果皮厚度都更小，粗皮大果的比例降低了 9%，商品果率提高了 9%。因此，反光膜处理不仅增加了树体内堂的光照，还控制了树体土壤的含水量，在推广应用中效果最好。

在品质提升效果方面，完成了任务书中的任务：促新余蜜橘提早成熟，可溶性固形物含量增加 1 个百分点，商品果率提高 5%。并超额完成任务：可溶性固形物含量多增加了 0.9 个百分点，商品果率多提高了 4%。

（三）经济性显著改善

应用技术企业和果农采用覆盖反光膜后，提前 10 天采摘（保留了部分试验用果），批发价在 2.80～3.20 元/公斤，相比其他果园批发价提高了 0.30～0.60 元/公斤，亩均增收 600 多元，相比 2019 年提前 20 天销售完毕。

（四）满意度显著提高

应用企业主体新余市海明种养农民专业合作社、渝水区隆兴果业农民专业合作社、渝水区盛康果业农民专业合作社、分宜县济优果业农民合作社以及合作社果农都表示："新余蜜橘地膜覆盖提质增效技术应用项目是带着果农干、做给果农看，让我们看得见、听得懂，得到了实惠，我们非常满意"。

江西省：广丰马家柚产业重大技术协同推广

广丰马家柚是江西省上饶市广丰区农业主导产业，纳入全市"五大"农业产业布局和全省农业产业"大盘子"，2020 年入选第三批中国特色农产品优势区，在发展上具有规模优势、政策优势、技术优势和群众优势。

一、基本情况

2018—2020 年，依托马家柚产业连续三年实施果业重大技术协同推广试点，广丰区农业农村局作为项目实施单位，江西农业大学、江西省蚕桑茶叶研究所作为协同单位，新建马家柚示范园，开展绿色生态生产试点、示范、推广和培训工作，制定果业生产技术操作规程。2020 年，主推省力化树体管理、果园生物覆盖和银黑反光膜技术，示范区核心面积 100 亩，辐射推广面积 2 000 亩。

二、主要做法

（一）构建产学研合作机制

一是强化组织领导，示范点成立重大技术推广领导小组，确定专人负责，制定实施方案，负责协调项目资金的落实和管理，协调组织项目实施、解决项目实施过程中遇到的问题等。二是强化技术支撑，江西农业大学、江西省蚕桑茶叶研究所在专家力量上给予高度重视和大力支持，与项目实施单位签订了任务合同书，保障了技术支撑能力。三是强化基地管理，项目实施单位和示范基地经营主体签订了合同，明确了双方责任。政府主管部门、科研机构、产业基地经营主体三方相互合作，共同制定了科学可操作的实施方案，为新技术试验开展、构建产学研合作机制奠定基础。

（二）遴选示范经营主体和示范基地

示范经营主体的管理方式、生产水平和示范基地的自然条件直接关系到试点工作能否顺利开展。在试点开展前，项目实施单位在江西农业大学和江西省蚕桑茶叶研究所的指导下，按照基础较好、交通便利、便于观摩和双方自愿的原则，综合考虑基础设施条件、经营主体水平、种植管理基础等情况，开展经营主体和示范基地遴选。2020 年，选择广丰区新荣种养专业合作社和广丰区鹏云生态种养合作社马家柚基地作为试验示范基地，合作社基地属广丰山地果园代表，种植树龄为 9 年的柚树。两家合作社均为市级以上农民专业合作社，曾实施过中央财政支持的现代农业生产发展资金柑橘项目，合作社基地被确定为全国基层农技推广示范基地，在经营管理、发展、技术水平、基础设施、制度建设等方面具有一定优势。

（三）突出关键技术培训和指导

紧盯省力化树体管理、果园生物覆盖和银黑反光膜技术等重大协同推广技术，开展技术培训，提升技术水平。一是"请进来"教。对接协同单位和产业技术合作单位，邀请果业专家实地培训指导，产学研三方共同举办技术培训班，共培训农技人员和果农约600人次。在春梢萌发、花蕾、开花、夏梢萌发、果实膨大等柚树生长关键环节，采取线上和实地指导的方式，指导做好柚树施肥、修剪、病虫防治、疏花疏果、枝梢培养、果实套袋等关键期管理。加大新技术试点示范，在省力化树体管理方面，联合福建平和琯溪蜜柚技术人员共同开展春季修剪，简化整枝修剪方法，培养马家柚轻剪树形；果园生物覆盖方面，春季时，在柚园行间播种白三叶草，落实果园行间生草技术；铺设银黑反光膜方面，在10月柚果着色期，于柚树树冠下铺盖银黑反光膜，便于柚果增糖增色。二是"走出去"学。积极参加省厅组织的果业重大技术协同推广培训班，交流经验做法，参观其他县市示范基地。同时，组织技术员、果农到柑橘、柚类产区参观学习，了解新技术，开阔新视野，增强新能力。

（四）坚持规范管理和标准实施

示范基地做到规范化管理、标准化实施，实现"三统一"：统一标识标牌、统一技术规程、统一生产管理。示范基地严格对照实施方案进行生产管理，技术应用上聚焦管理关键节点，主推省力化树体管理、果园生物覆盖和银黑反光膜技术，编印技术手册，坚持做到主推技术标准化。

（五）实地公开测产结果

数据最有说服力，产量和品质才是硬道理。技术是否有效、能否推广，关键看效益。在马家柚采摘期，项目实施单位、技术协同单位、示范基地经营主体共同组成测产专家组，同时邀请果农监督见证，分别在经过"马家柚轻简树形""果园生物覆盖技术""银黑反光膜使用"技术处理的示范区和未经过技术处理的"马家柚自然树形及当地普遍采用的土壤管理制度"的对照区，随机选取生长势及产量基本一致、能代表果园管理水平的柚树，随机取果，现场测产。同时，依照马家柚的分级标准，按四个不同重量等级分别随机抽取10个柚子，由江西农业大学果树专家团队对马家柚品质进行检测。

三、取得成效

通过实施果业重大技术协同推广试点工作，在技术推广、服务指导、培训研究多方协同推广机制方面进行了有益探索，对加快广丰马家柚新技术推广应用、产业提质增效提供了有力支撑。总体来看，通过开展新技术示范推广，有助于提高马家柚产量、提升果品品质，增加产业收入，助力乡村振兴。

一是提高了产业效益。通过测产，示范区平均单株产量60.75公斤，对照区平均单株产量46.92公斤，增产2.28%，亩增产500公斤以上（按40株/亩）；可溶性固形物含量平均增加1%左右，达到10.5%以上，有效提升品质。

二是提升了重大技术推广水平。主推技术辐射推广面积达2 200亩，比计划任务2 000亩增加了

10%；总结形成"马家柚轻简树形""果园生物覆盖技术""银黑反光膜使用"等 3 项实用技术，编写了技术手册、简易操作规程，利于果农学习、操作、掌握。

三是保护了生态环境。果园连年种植三叶草，可提高土壤有机质含量和营养元素的有效利用率，调节土壤湿度温度，提高水分利用率；能增加害虫天敌数量，抑制杂草生长，减少农药特别是除草剂使用，降低农残。

浙江省：加州鲈产业技术协同推广

加州鲈学名大口黑鲈（*Micropterus salmoides*），原产于北美，于20世纪90年代引入浙江。"十三五"以来，浙江省水产技术推广总站牵头，联合科研院所、高校、企业，发挥基层推广体系效能，对加州鲈在品种选育、苗种繁育、模式创新、疾病防控、质量安全、品质提升等方面进行全产业链协同创新与推广，取得了积极成效。

一、基本情况

"十三五"期间，浙江省水产技术推广总站围绕加州鲈这一特色品种，承担了国家特色淡水鱼产业体系、"十三五"新品种选育、设施化养殖等国家重大科研项目，以及浙江省产业链协同创新项目、"三农三方"农业科技协作项目等多个省级项目，促进了优鲈1号、优鲈3号等优良新品种引进及浙鲈系列新品种选育，突破了规模化育苗和早繁技术、土池和室内工厂化苗种驯化技术、配合饲料优化和全程应用技术、"跑道"和工厂化循环水等设施化养殖技术，强化了病害防控、质量控制和品质提升等技术研究，形成了加州鲈养殖技术规范、苗种繁育技术规范、池塘内循环水养殖技术规范等省级地方标准，促进了加州鲈养殖业迅猛发展。全省养殖规模从"十二五"末的2.1万吨猛增到"十三五"末的8.5万吨，增加了3.05倍，产业总量占全国的17.9％，排名全国第二位。加州鲈养殖产业已成为"十三五"期间浙江省水产养殖中最具发展潜力的新兴特色产业。

二、主要做法与成效

以加州鲈产业发展需求为导向，聚焦制约产业发展的技术难题和"卡脖子"问题，在浙江省水产技术推广总站的牵头和统一部署下，各项目组认真研究、积极试验，在品种选育、苗种繁育、养殖模式、疫苗研发、质量安全、品质提升等全产业链各环节均取得明显突破。

（一）聚焦本地新品种选育和苗种生产能力提升

在积极引进推广优鲈1号、优鲈3号等新品种基础上，浙江省水产技术推广总站主持开展了以本地水库加州鲈种群为基础群体的加州鲈浙鲈系列选育工作，目前已开展至F5代，并已显示出良好的生长性能。

同时，强化亲鱼早繁技术研究，利用空气能恒温技术，实现加州鲈本地早繁提早近一个半月，保障了当年苗种便能养成商品规格。开展大规格苗种培育技术研究和示范，建立了土池培育和工厂化循环水苗种培育技术，探索了"跑道"养殖条件下苗种驯化培育技术，在保障正常养殖用苗需求的同时，为全年实现苗种提供了技术保障。目前，全省建设良种场 1 家、苗种场 40 余家，苗种供应量达 75 亿尾，实现批量化生产供苗。

（二）创新多种绿色高效养殖模式助力产业转型升级

创制池塘生态养殖、"跑道"养殖、"数字＋设施化"三段式养殖模式等多种养殖模式，制订了苗种生产和养殖技术规范，提升了标准化和工业化生产水平。

建立池塘生态养殖模式，选择配套有"三池两坝"尾水处理技术的养殖池塘，实现区域内养殖水循环利用，加州鲈放养密度增加 20％～30％，亩产量从 750 公斤提高到 1 000～1 400 公斤，平均产值 2.5 万～3 万元。

构建加州鲈"跑道"养殖技术模式，内循环养殖系统池塘水体经过三级处理后，悬浮物含量降低 89.56％、总磷含量降低 73.81％、总氮含量降低 46.33％、高锰酸盐指数降低 59.10％、氨氮含量降低 49.36％，养殖周期内水实现循环利用。全省辐射推广加州鲈"跑道"养殖 300 条以上，面积 2 000 亩以上。

（三）积极推广配合饲料替代冰鲜幼杂鱼技术

成立水产动物营养与饲料科技服务团队，在投喂冰鲜鱼加州鲈致病率高、品质不佳的背景下，形成"科研院所试验研究—饲料企业生产研发—推广机构辐射推广"的产学研推一体化协同推广机制，摒弃传统冰鲜冷冻鱼虾、动物内脏饵料等投喂方式，推广养殖全程配合饲料投喂技术。

重点开展配合饲料在不同养殖品种、不同养殖模式、不同饲料种类、不同投喂策略下的应用效果评估，确定适宜各种养殖模式的饲料筛选与投喂技术；开展了加州鲈饲料中蛋白与碳水化合物含量研究、高淀粉饲料中添加植物甾醇效果研究、加州鲈适宜投喂量与投喂频率研究。通过省-市-县-乡四级联动，浙江省加州鲈配合饲料替代覆盖率从"十二五"末的 15％提升至目前的全覆盖，并协同促进浙江省加州鲈饲料企业在加州鲈饲料研发生产方面取得长足进步。

（四）疫苗研制领衔病害综合防控技术

针对近年来由虹彩病毒、弹状病毒等引发的加州鲈疾病高发，给养殖带来巨大损失的情况，浙江省水产技术推广总站牵头，成立省级加州鲈病害研究团队，对病害发生原因、治疗办法、防控措施、阳性处置等开展研究。

针对加州鲈不同养殖模式，在不同养殖地区设置监测点，开展了加州鲈虹彩病毒和弹状病毒的流行病学调查，基本掌握加州鲈虹彩病毒病携带、传播规律。通过分离培养，攻毒实验，获得了加州鲈虹彩病毒在内皮祖细胞上传代培养的病毒，并以此为基础筛选灭活条件，测定最小免疫剂量，研制疫苗并进行免疫示范，开展疫苗安全性、有效性评价。开展了弹状病毒最适感染温度、弹状病毒侵染进程以及最佳水体消毒方法的研究，确定了 25 ℃为最适感染温度，高锰酸钾为最佳水体消毒剂。

（五）质量安全风险管控与品质提升技术并进

开展加州鲈质量安全状况调查，检测成鱼、养殖环境及投入品中微生物、兽药、重金属等有毒有害物质残留情况，从全产业链角度分析质量安全风险点产生原因，提出防控措施。通过对不同养殖模式（包括传统池塘高密度养殖、循环水生态养殖方式和工厂化养殖模式）加州鲈成鱼肌肉中营养成分、风味口感等品质指标差异的检测分析，初步构建加州鲈品质检测与评价技术体系；研究养殖环境、投入品质量对产品品质的影响相关性，确定高品质产品生产技术关键控制点并示范应用。采用四级杆—飞行时间质谱方法，筛查未知风险因子，形成加州鲈质量安全风险分析报告、品质分析研究报告以及全程质量安全生产监控规范草案并示范应用。

河南省：南乐现代农业科技综合
示范县协同推广

为深入贯彻落实国家及河南省关于推动农业高质量发展和乡村振兴战略实施的决策部署，河南省农业科学院与南乐县人民政府开展深度科技合作，实现优势互补、共同发展，提升科技合作水平，加速科技成果转移转化，解决制约经济社会发展的重大农业科技问题，共同推动南乐县农业科技进步和农业高质量发展。经过双方充分协商，达成协议，合作共建现代农业科技综合示范县。

一、基本情况

南乐县是国家重要商品粮生产基地县之一，也是全国粮食生产先进县。小麦、花生、胡萝卜是该县主导农业产业，但其发展中存在缺乏优质品种、种植模式需要调整、产业链短、产业融合尚处于起步阶段、产业特色不明显、品牌效应不强等问题，限制了产业的进一步发展。

根据南乐县发展需求，围绕南乐农业传统优势产业，重点针对产业发展中存在的主要技术问题，对标农业"规模化种植、标准化生产、产业化发展、品牌化建设"的高质量发展目标，整合国家省市县四级农业技术人才资源，加强栽培、植保、土肥、机械、加工等多学科团队的协作和联动，设置了优质胡萝卜绿色高产技术集成示范专题，以建立古寺郎为核心的优质胡萝卜生产基地为主，建立绿色高效生产体系，完成地标产品的生产溯源工作，丰富胡萝卜产品，拓宽产品销路、提高市场占有率，打造乡村振兴示范样板。

二、主要做法

（一）因地制宜制定实施方案

为确保项目顺利有序进行，建立了由河南省农业科学院、南乐县人民政府、农业科学院科技成果示范推广处领导及项目专家组成的工作领导小组，下设办公室、专家委员会、协调机构、共建项目组；成立了河南省农业科学院南乐县成果转移转化中心，下设栽培技术组、种质改良组、品牌创建组、品质分析组，成员由国内、省内知名专家组成，整合了国家、省、市、县四级力量，涵盖了经济作物研究所、农副产品加工研究中心、植物营养与资源环境研究所、植物保护研究所、农业经济与信息研究所、农业质量标准与检测技术研究所等6家院内机构。

为保证院县共建的顺利开展，解决产业发展的实际问题，省农业科学院经济作物研究所组织专家，于2020年6月10—11日对南乐县元村镇等地进行了实地考察调研。通过调研座谈，提出了胡萝卜发展以南乐县尚农胡萝卜种植专业合作社联合社为依托，以优质农产品生产为核心，以产前产中产后技术服务为重点，以三产融合发展为目标，打造"一村一品""一乡一业"到"品牌农业"的乡村振兴示范样板。制定 3 年及当年的共建实施方案，并通过了省农业科学院科技成果示范推广处组织的专家论证。

（二）建立标准化、机械化示范基地

对接南乐县尚农胡萝卜种植专业合作社联合社，积极联系中国农业科学院、郑州市蔬菜研究所有关专家，在元村镇古寺郎村和王庄村建立优质胡萝卜示范基地 3 000 亩，示范以起垄绳播种植技术、垄上滴灌技术等在内的多项技术措施。采用起垄绳播种植技术和垄上滴灌技术，通过机械化编制种子，降低了用种量，保证了株距，实现了机械化播种和管理，有效解决了当地出苗差、定苗难、机械化配套差等问题。同时，利用县里配套资金，建立了 12 座温室大棚，为下一步的提纯复壮和周年种植提供了设施基础。

（三）多措并举促进新品种、新技术推广

为了推广先进栽培技术，专家组采取灵活多样的形式进行技术指导和示范，实施过程中对新型农业经营主体及示范村镇实行全程技术服务，为他们提供常态化技术指导。充分发挥四级技术优势，适时举办技术培训班，开展古寺郎胡萝卜组培快繁、周年种植等技术应用，加速品种的提纯复壮、保证产品的周年供应。到田间指导、发放技术资料，做到种植户有求必应，使先进实用技术落地生根。

（四）提高农产品绿色化优质化率

坚持优质品种的绿色化生产、品牌化建设，在推广古寺郎胡萝卜国家地理标志农产品的同时，引进展示中誉 1749、郑参百天红等在内的 7 个胡萝卜优质新品种。针对胡萝卜种植和管理水平落后、产品产量和精品化率低的问题，河南省农业科学院 2020 年重点示范了起垄绳播技术、垄上滴灌技术、以防代治技术、绿色防控技术等，提高了标准化种植水平，减少了病虫害的发生，减少了用药次数，通过新技术的应用，保证了产量和农产品安全，提高了产品的精品化率。

（五）在提升品质基础上提高品牌影响力

河南省农业科学院对古寺郎胡萝卜和中誉 1749、郑参百天红等 7 个品种的胡萝卜及胡萝卜缨等进行了全营养分析，结果表明古寺郎胡萝卜在蛋白质、维生素 C、铜、锌、锰、钙、硒等含量上表现尤为突出，胡萝卜缨在钾和 β-胡萝卜素含量上表现尤为突出。帮助其设计形象和外包装，建立农产品质量安全追溯系统，利用京东、天猫、美团、每日优鲜等电商平台，拓宽古寺郎胡萝卜的销售渠道。《河南日报》《河南科技报》、学习强国、今日头条等媒体分别以"河南省农业科学院与南乐县牵手——千年古寺郎胡萝卜焕发新活力""'走南闯北'的古寺郎胡萝卜"等题目宣传报道 6 次，加速了品牌推广，为下一步申请国家名特优新农产品奠定了基础。

三、工作成效

（一）推广新型生产技术，打造标准化生产基地

2020 年，在元村镇建立优质胡萝卜千亩示范方 3 个，种植面积较 2019 年增加 2 000 亩，示范推广了胡萝卜起垄绳播种植技术、垄上滴灌技术、病虫害以防代治技术等多项技术，解决了胡萝卜生产中机械化率低、病害防治不到位等问题。

（二）优化品种、产品结构，提高优质品种占有率

引进中誉 1749、郑参百天红等在内的 7 个胡萝卜优质新品种，使南乐县优质胡萝卜品种占有率由 20％增加到 50％。通过新技术的应用，元村镇千亩优质胡萝卜示范田在 2020 年遭遇 60 年来最严重的雨涝灾害情况下，亩产仍达近 5 000 斤，取得了较好的示范效果。

（三）打造"一村一品"的品牌农业乡村振兴模板

通过规模化、标准化种植，提高了精品化率和产品品质，得到了市场的认可。示范方内胡萝卜每斤较往年高 0.5 元，亩增收 2 500 元，社员人均增收 500 元以上。目前，已覆盖了附近 4 个村，包含社员 1 786 人，2020 年新增入社人员 546 人。通过院县共建的对接，产品已入驻上海联华超市，还特供给了海南驻岛部队及河南省"两会"。

目前，元村镇"一村一品"的发展模式和品牌化建设已初显成效，2020 年，元村镇古寺郎胡萝卜专业村被列为濮阳市"一村一品"示范村，古寺郎胡萝卜被评为河南省知名农产品品牌。通过挖掘品牌自身潜力、提高产品品质、提升品牌影响力等工作，实现"小生产"与"大市场"的有效对接，打造"一村一品"的乡村振兴示范典型。

第四篇
重大引领性
技术集成示范

玉米籽粒低破碎机械化收获技术集成示范

一、技术内容

（一）技术概述

玉米籽粒低破碎机械化收获技术以实现收获期籽粒含水率低、田间倒伏倒折率低、机收籽粒破损率低的"三低"为目标，集成配套选用籽粒脱水快的品种、高产抗倒伏栽培和低破损收获机械三大关键技术，解决了制约玉米生产全程机械化的瓶颈，有效满足了节本增收、高效低损、集约环保等重大生产需求，促进玉米规模化生产、集约化经营，推动我国玉米生产方式变革，提升产业竞争力。

（二）技术要点

1. 优选良种

选择经国家或省级审定、在当地已种植并表现优良的耐密、抗倒、适应籽粒机械化收获的品种，收获时籽粒含水率不高于 25%、倒伏倒折率之和在 5% 以下，产量与当地主栽品种相当。

玉米籽粒低破碎机械化收获技术优选良种

2. 配套农机

根据种植行距及作业质量要求选择适合的收获机械，核心技术指标：籽粒破碎率低，不跑粮，收获时落粒落穗率低，总损失率低于 3%；杂质率低于 5%；作业效率高；割台设计科学；动力充足；秸秆粉碎均匀。

玉米籽粒低破碎机械化收获技术收获机械遴选

3. 科学施肥

重点抓好大喇叭口期补钾强茎和后期控氮促脱水。根据各地玉米产量目标和地力水平进行测土配方施肥，在当地推荐配方的基础上，氮肥总施用量以测土配方的推荐量为上限并可适当减少，钾肥总施用量以测土配方的推荐量为下限并可适当增加。

4. 化控降高

根据示范的具体品种特点，选择使用适宜的化控技术，调控降低玉米株高和穗位高，增强茎秆抗倒伏能力。

5. 防控病虫

把好三关：一是种子包衣促壮苗；二是孕穗期盯防玉米螟；三是中后期盯防茎腐病。其他防控措施同当地大田生产。

玉米籽粒低破碎机械化收获技术病虫防控

6. 适时收获

在生理成熟（籽粒乳线完全消失）、籽粒含水率降至 25% 以下时收获。东北地区综合考虑当前玉米品种的后期脱水性限制以及玉米市场收购现状择机收获；黄淮海地区一般在 9 月底或 10 月初收获。

玉米籽粒低破碎机械化收获技术适时收获

7. 秸秆还田

玉米秸秆使用联合收获机自带粉碎装置粉碎，茎秆切碎长度≤100毫米，切碎长度合格率≥85％，抛撒均匀。

（三）技术流程

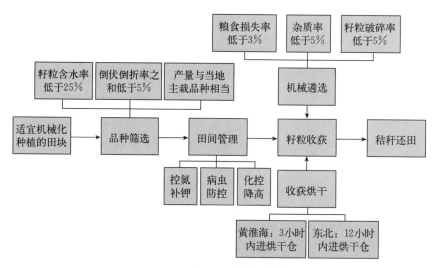

玉米籽粒低破碎机械化收获技术流程

（四）技术应用载体及服务模式

服务对象	应用载体	服务模式
• 普通农户 • 种植大户 • 农业园区 • 规模农场	• 选用籽粒脱水快、抗倒伏的品种 • 高产抗倒栽培技术 • 低破碎、低损耗收获机械 • "三低"（收获期籽粒含水率低、田间倒伏倒折率低、机收籽粒破损率低）	• 现场观摩 • 农技培训 • 机手培训 • 商业模式

二、集成示范推广情况

（一）建立示范基地

吉林省公主岭市示范点主要承担东北地区种子机具的试验示范展示和评价工作，品种示范面积135亩，选择经过行业筛选、通过国家（省级）审定或进入生产性试验的籽粒机收代表性品种28个，机具测试示范面积120亩。山东省泰安市岱岳区示范点主要承担黄淮海地区种子机具的试验示范展示和评价工作，品种示范面积120亩，选择经过行业筛选、通过国家（省级）审定或进入生产性试验的籽粒机收代表性品种10个，机具测试示范面积30亩。

（二）组织观摩交流活动

2020年10月中旬，在山东泰安组织召开了全国引领性技术玉米籽粒机收现场观摩交流会，邀请专家就玉米机械粒收技术和我国玉米粒收技术装备现状与发展趋势做了专题报告。

玉米籽粒低破碎机械化收获技术现场观摩活动

（三）扩大宣传引领

在全面总结我国玉米籽粒机收发展情况的基础上，组织专家编写并发布了《全国引领性技术玉米籽粒机收技术发展报告》，系统梳理了我国玉米籽粒机械化收获的历程，明确了玉米籽粒机收技术由穗收向粒收转变、由北方向南方拓展、由产中向产后延伸、由示范向推广迈进的发展趋势，提出了下一步发展的目标、方向和措施。

三、取得的成效和经验

（一）筛选了一批机收品种及配套机械

在山东省泰安市岱岳区示范点，组织专家组分别开展品种评价和机型评价，推介适宜籽粒机收的品种和配套收获机械。品种评价采用同一收获机收获，重点对含水率、破碎率、杂质率、落粒率、落穗率和产量 6 个指标开展评价，山东省岱岳区 10 个品种基本能够满足当地籽粒机收需要。机型评价重点对自走式籽粒收获机作业效果进行综合测评，玉米籽粒收获机收获损失率、杂质率均已达标，籽粒破碎率接近国家标准要求，机具装备基本成熟。

（二）完善了一套技术模式

玉米籽粒低破碎机械化收获技术围绕收获期籽粒含水率低、田间倒伏倒折率低和籽粒机收破碎率低的"三低"目标，集成优选良种、高产栽培、化控防倒、病虫害绿色防控、籽粒机收等配套技术，配"三良"——良种、良技、良机，提"三度"——提高种植密度、出苗整齐度、籽粒成熟度，降"三率"——降低玉米籽粒含水率、机收破碎率、田间损失率。试验示范中又进一步验证了种子包衣促壮苗、化控降高、大喇叭口期补钾强茎秆防倒伏、孕穗期盯防玉米螟防风折、后期控氮防贪青促脱水等玉米籽粒机收关键技术，形成了标准化的技术解决方案。

（三）建立了一套推广机制

探索与建立"农技＋农机＋良种"共同支撑、相互配套的推广模式，实现了农机农艺的有效融合。通过围绕玉米籽粒低破碎机械化收获技术，各部门合力制定了整套技术方案，以不同品种特性为基础搭配不同农业机械类型，提出了产业链融合协同发展的推广理念，充分调动了种植大户、合作社、农业企业等多方主体共同参与的积极性，促进了"农民种植增收、企业服务盈利、国家粮食安全"的全产业链合作共赢。

苹果免套袋优质高效生产技术集成示范

一、技术内容

（一）技术概述

针对我国苹果套袋栽培用工量大、成本高、品质下降等突出问题，系统开展了苹果免套袋栽培、主要病虫害防控及果实外观品质提升技术研究，以主要病虫害预测预报为先导，农业、生物、生理防控为核心，进行精准药剂防控，配套着色品种选择、高光效树形与整形修剪及提高土壤有机质含量、改善土壤理化性状等技术，建立了苹果免套袋优质高效生产技术体系，使虫果率低于0.5%，病果率低于1.0%，果实外观品质等同于套袋果，内在品质优于套袋果。该项技术具有省工省力、节本增效等突出优点，在我国苹果主产区有广阔应用前景。

（二）技术要点

1. 选择着色好的优良品种

选择品质优、上色快、着色度和光洁度均高、抗病（果实轮纹病、炭疽病等）抗逆性强的中、晚熟优良新品种，优先选用烟富3、烟富10、元富红、秦脆、瑞雪、美味、明月、寒富等优良新品种进行示范。

优良着色品种免套袋情况下的着色表现

2. 无害化病虫害防控技术

在预测预报的基础上，了解掌握病虫害发生的基本规律，掌握用药时机和方法，选用安全、低毒、不影响外观品质的药剂。利用天敌防治害虫，重点推广灯诱、色诱、性诱、食诱防治害虫技术，并选择使用高效、低毒、低残留的环保型农药，重点防治轮纹病、梨小食心虫、棉铃虫、绿盲蝽等病虫害。合理使用生物菌肥，利用白僵菌、青虫菌等微生物杀虫剂以菌治虫。

a.性诱剂　　　　　　　　　　　b.太阳能诱虫灯　　　　　　　　　c.诱虫带

无害化病虫害防控技术

3. 提高土壤有机质含量技术

以行间生草、树盘覆盖为主要方式，增施有机肥，提高土壤有机质含量，改善土壤理化性状，增强树势，配合中微量元素肥料，防止缺素症及生理病害发生，提高果品质量。按照果园目标产量，根据土壤肥力、土壤灌溉条件、土壤化验数据和叶片矿质营养元素含量、叶片水分蒸腾量确定水肥用量。

a.苹果园行间生草　　　　　　　　　　　　　　b.树盘覆盖

提高土壤有机质含量技术

4. 高光效树形与整形修剪技术

矮砧密植模式苹果园：要求果园行间作业带在1.5～2.0米，亩留枝量3万～4万，果园覆盖率控制在60%左右，树冠透光率达到35%以上，亩产量在3 000～5 000公斤，优质果率达到80%以上。根据栽植密度的大小，采用细长纺锤形或高纺锤树形。

乔化成龄苹果园：要求果园行间作业带在1.0～1.5米，亩留枝量5万～6万，果园覆盖率控制在75%左右，树冠透光率达到25%以上，亩产量在3 000～4 000公斤，优质果率达到75%以上。

矮砧密植模式苹果园

5. 果实着色优化提升技术

建立良好的树体结构，保证果实生长发育期间获得充足的光照。叶面喷施硅钙为主的多元素复合肥，采收前 1 个月，分 2～3 次适当摘除果实周围的遮光叶片，转果 2 次。在树冠下部铺设反光膜，促进果实萼端部位着色。

a.摘叶片及垫果　　　　　　　b.行间铺反光膜　　　　　　　c.转果

果实着色优化提升技术

（三）技术流程

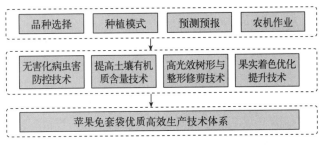

苹果免套袋优质高效生产技术流程

（四）技术应用载体及服务模式

服务对象	应用载体	服务模式
• 种植大户 • 农业园区 • 规模果园	• 优良品种 • 虫情测报灯 • 天敌 • 性诱剂 • 色板 • 电动割草机 • 自走式喷药机	• 产品培训 • 技术培训 • 现场观摩

二、集成示范推广情况

（一）示范地区不断扩大，逐渐引起各地重视

初期仅在山东烟台开展示范，随着技术成熟，示范区域逐步扩大，2020 年已在山东莱州、蓬莱、荣成、文登、栖霞及陕西洛川、河北保定等地相继开展示范，示范点分布密度在逐年增加。

（二）示范面积逐步增加，带动效应明显

初期示范时面积多以 10 亩为 1 个单元，最初仅有 30～50 亩示范点，随着示范工作的有序推进，全国农业技术推广服务中心和山东省果树研究所建设或指导的示范基地已超过 5 000 余亩。据不完全统计，仅山东和陕西累计种植应用 12 000 余亩，其中山东 8 000 余亩，陕西 4 000 余亩，并呈现迅速增加的趋势。

（三）示范观摩效果良好

2020 年，在山东组织开展了示范观摩活动，河北、山西、辽宁、山东、河南、陕西、甘肃 7 个苹果主产省份的技术推广人员、科研教学专家、种植主体 50 余人，观摩了苹果免套袋优质高效生产技术现场。山东省果树研究所也开展了不同形式的示范观摩活动，在生产过程中及时加强调研指导，通过现场讲解和感官体验，苹果免套袋优质高效生产技术在行业体系的"声音"迅速加强。

三、取得的成效和经验

（一）改善了果园生态环境

苹果免套袋优质高效生产技术应用生草栽培、秸秆覆盖、种养结合等综合防控措施，改善了土壤团粒结构，丰富了生物群落结构，使得病虫害得到有效控制，同时提高了果园雨天抗涝、伏天抗旱能力。免套袋后无纸袋垃圾，减少环境污染。

（二）提高了苹果产量和品质

根据示范点反馈，免套袋苹果亩产量、单果重均高于套袋苹果，如山东蓬莱示范点免套袋苹果亩产增加了 172 公斤/亩，单果重增加了 21 克/个。免套袋栽培生产的苹果色泽浓厚，风味醇正，苹果可溶性固形物含量提高 17.7%～21.2%，果肉硬度提高约 5%，糖酸比提高 4% 以上，还可提高芳香物质含量，增加果实风味。

（三）实现了节本增收目标

变革苹果栽培模式，解决规模化果园管理投入成本高、用工量大、机械化水平低的发展瓶颈，生产出优质安全、风味浓郁、内在品质高的果品，为苹果产业现代化发展提供引领技术和示范模式，为果农增收提供技术保障。每亩节省人工成本约 65%，节省纸袋成本约 1 500 元，每亩净收益增加 3 665～5 650 元。

（四）总结与优化技术模式，为大面积推广奠定基础

摸清当地的病虫害发生规律，总结出适应不同地区的生产技术模式，在山东、陕西示范推广中，逐步总结出桃小食心虫、梨小食心虫、棉铃虫、轮纹病、炭疽病等苹果园易发、高发病虫害的关键绿色防控措施，有针对性的绿色防控不仅提高了防控效率，而且大大减少了化学农药使用量，同时丰富了生草技术、菌根培养、种养结合等模式在免套袋果园的应用推广。

蔬菜规模化生产人机智能协作技术集成示范

一、技术内容

（一）技术概述

以现代化农机农艺融合、人类经验与机器智能协作为主线，以智能化管理技术为支撑，通过天空地立体化监测传感网络、农业大脑和智能作业集群研发，针对不同品种、不同生产模式、不同生产区域条件等应用场景进行科学组配和集成应用，集中实现蔬菜规模化生产全生育期的人机智能协作管理，大幅降低水、肥、药及人力投入，提高蔬菜产量和品质，提升蔬菜生产效率和资源利用率，改善产区周边生态环境，全面提高蔬菜生产规模化、智能化、科学化管理水平，促进产业的绿色高效可持续发展。

（二）技术要点

1. 天空地一体化高通量网络监测技术

构建以卫星、雷达、无人机、传感器等为载体的天空地立体化监测传感网络，形成蔬菜规模化生产人机智能协作感知中枢，实现水土气、作物长势、虫情、天气等农情的高带宽、低时延、广接入的感知传输，基于5G测控网络实现蔬菜全生育期各生产要素信息的精细化监测和实时化汇集，支撑农

天空地一体化高通量网络

情信息实时分析和预警决策及智能农机装备的启停、行驶、转向、避障等人机智能协作管控，实现各类感知设备、作业设备、农田设施的精准定位、主动关联感知、工作质量与运行状态等信息跟踪，形成安全高效的农业实时化监测技术体系。

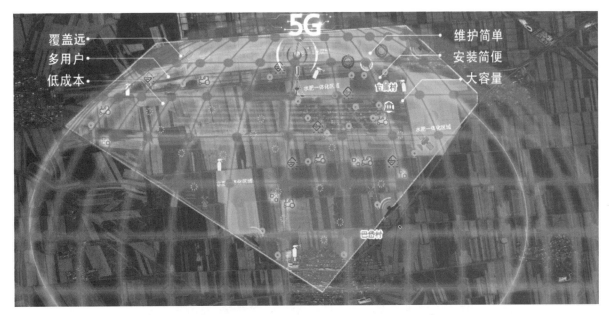

蔬菜规模化生产 5G 测控网

2. 大数据驱动的智慧大脑决策技术

构建以天空地一体化监测数据软总线、云端决策管控平台、智能化作业装备控制总线等为载体的蔬菜规模化生产人机智能协作智慧大脑，实现大数据驱动的蔬菜规模化生产人机智能协作决策管控。面向蔬菜生产的耕整地、播种/育苗、移栽、植保、灌溉施肥、收获等关键环节，基于天空地一体化高通量网络实现信息采集汇聚，构建气象、土壤、基肥、病害、农机、市场等蔬菜生产底数资源池，利用环境调优控制、病虫害智能诊断、营养状况分析、施药配方生成、植保作业路径规划、采收量规

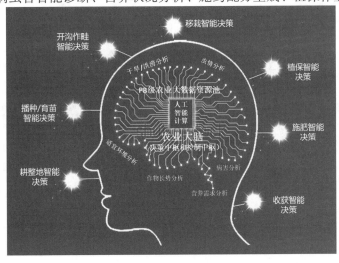

蔬菜规模化生产人机智能协作智慧大脑

划等模型方法，制定蔬菜不同品种、不同气候条件、不同生长阶段的适宜生产管理方案，向智能作业集群下达自主作业指令。通过农机农艺融合、人类经验与机器智能协作，实现蔬菜生产全流程智能化预警、分析、决策以及智能装备自动配置与精细化参数调优作业。

智能与装备集群作业示意

3. 蔬菜规模化生产人机智能协作装备集群作业技术

以蔬菜规模化生产人机智能协作农机及其他智能化装备为载体，面向蔬菜规模化生产的耕整地、播种/育苗、移栽、植保、灌溉施肥、收获全环节智能化管理与作业需求，打造人机智能协作执行中枢，无缝对接农业大脑的种植标准化、精细化管理规程，构建服务于蔬菜规模化生产的智能作业装备集群，实现蔬菜生产的人机智能协同作业。

基于北斗导航的人机智能协同作业

蔬菜生境智能巡检机器人

（三）技术流程

蔬菜规模化生产人机智能协作技术

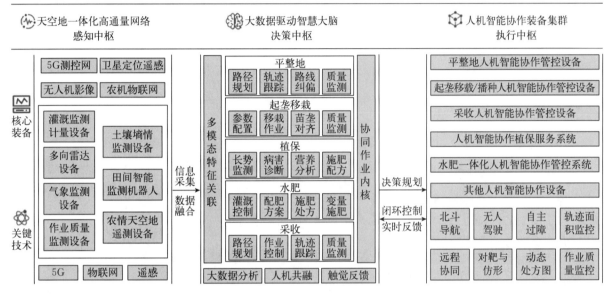

蔬菜规模化生产人机智能协作技术体系框架

（四）技术应用载体及服务模式

服务对象	应用载体	服务模式
• 种植大户 • 农业园区 • 规模农场	• 蔬菜生产智慧决策管理平台 • 无人驾驶平整地农机 • 蔬菜水肥一体化智能管控系统 • 蔬菜无人植保机器人 • 蔬菜智能移栽机 • 蔬菜智能收获机	• 产品销售 • 服务租赁 • 技术培训 • 技术指导

二、集成示范推广情况

（一）融合试验和集成应用

在北京昌平小汤山国家精准农业研究示范基地、河北石家庄北方农业科技园开展了农机、农艺和智能化技术的融合试验与集成应用，无人作业示范面积101亩。通过多个茬口技术应用表明，作业精度控制在2厘米以内，亩产提高8％，成品率提高10％，较人工作业效率提高8～12倍，总成本降低 55%。在北京房山、天津、河北赵县、山东临淄等国家级和省级现代农业产业园大面积推广应用，提高示范点及周边蔬菜生产智能化水平，实现人力投入和农资投入"双减"、蔬菜品质和产量"双升"。

（二）做好总结宣传

在北京、石家庄等地举办 4 次大型现场观摩活动。工作成果先后得到了央视频道、新华社等多家主流媒体的关注和报道。

蔬菜规模化生产人机智能协作技术装备及现场观摩活动

三、取得的成效和经验

（一）突破了露地蔬菜生产无人化作业核心技术

突破了多传感器感知、北斗导航定位、5G 信号传输、作业路径规划、机具协同控制、多机集群协作、复杂系统控制等核心技术。通过农机、环境、作物全息感知技术，实现了露地蔬菜生产机械化无人作业过程立体化监测和快速反馈，创新了自主路径规划、无人驾驶、机具控制、智能避障、双机协作等技术体系，实现作业方案自动生成、耕作与掉头灵活选择、机具协同控制和立体化安全避障。研发成果获得 2020 年中国人工智能学会优秀成果奖。

（二）研制了露地蔬菜生产无人化作业智能农机具

以甘蓝为产业对象，通过集成项目组研发的智能控制模块，完成了传统农机具的智能化升级改造，在实现农机具自适配不同应用场景的情况下保证了种植密度基本不变，从而保障了新技术应用不以降低产量为代价；集成研发了露地蔬菜无人作业技术及系统，实现了作业路径规划、机具协同控制、苗垄精准对行、田间障碍识别、智能避障启停、作业质量监测、多机集群协作和全天候连续作业，在国内首次开展了覆盖平整地、起垄、移栽、水肥、植保和收获等环节的甘蓝生产全程无人作业，填补了关键环节技术装备空白；形成了露地甘蓝耕整地、灌溉施肥、植保、采收无人化技术方案及春秋两季的露地甘蓝关键环节无人作业智能控制技术模式和作业规程，为露地甘蓝无人化作业在其他地区的推广应用提供了标准依据。

无人起垄作业

双机协同无人采收作业

北斗导航支持下的智慧麦作技术集成示范

一、技术内容

（一）技术概述

智慧麦作技术面向麦作生产耕、种、管、收等主要环节，通过麦田信息感知、麦作处方设计、作业路径规划、智能导航和无人作业的有效集成和无缝衔接，以北斗导航支持下的小麦无人播种收获技术、无人机支持下的小麦精确施肥喷药技术和物联网支持下的小麦智慧灌溉技术为核心，以栽培方案图、长势分布图、肥水处方图、产量品质预测图等为主要应用形式，构建集信息采集、差异分析、处方生成、路径规划、无人作业等功能为一体的智慧麦作技术。

该技术体系无人化、数字化、智能化程度高，实现了小麦播种、施肥、喷药、灌溉、收获等关键作业环节的定量化和智能化管理，有效推动小麦生产管理从粗放到精确、从有人到无人的方式转变。随着该技术成果的转化推广，小麦生产精确管理以新型技术形式和应用载体，为发展现代农业生产、保障国家粮食安全等提供引领性技术和示范模式。

（二）技术要点

1. 北斗导航支持下的小麦无人播种收获技术

以装配北斗导航系统的小麦精确播种施肥、收获智能装备为载体，以麦作管理决策模型为支撑，基于精确栽培处方图和北斗导航路径图相融合，实现小麦精确播种施肥一体化无人作业、小麦籽粒的精确收获和产量品质在线检测成图。

北斗导航支持下的无人播种施肥一体机（左）和无人收获机（右）

2. 无人机支持下的小麦精确施肥喷药技术

构建以无人机等为应用载体的"天眼地网"，实现农业信息获取的立体化感知，面向田块、园区、区域等不同应用尺度，快速监测麦田土壤、苗情、病虫草情等信息，构建小麦苗情和病虫情指数的动态空间分布图；进一步利用长势诊断调控模型，为不同田块设计出适宜的小麦追肥施药管理方案，采用智能化追肥装备和智能植保无人机，实施基于实时苗情的小麦变量追肥作业和基于病虫草情的变量施药作业。

无人机支持下的小麦长势实时监测与变量追肥机

3. 物联网支持下的小麦智慧灌溉技术

以麦田智慧灌溉物联网为应用载体，面向田块、园区实时监测土壤剖面-小麦植株水分等信息，自组织无线传感网络，远程传输至智慧灌溉云平台，耦合麦作水分管理模型，自动控制麦田智能化灌溉设备，实现无人值守下麦田远程智慧化灌溉。

物联网支持下的麦田自动灌溉机器人

（三）技术流程

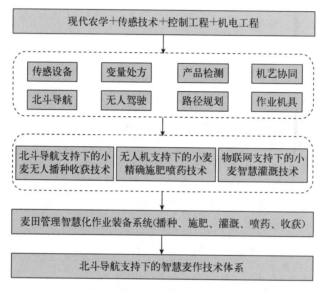

北斗导航支持下的智慧麦作技术流程图

（四）技术应用载体及服务模式

服务对象	应用载体	服务模式
• 种植大户 • 农业园区 • 规模农场	• 小麦精确播种施肥一体机 • 无人驾驶植保无人机 • 智能化变量追肥机械 • 麦田智慧灌溉系统 • 小麦智能联合收割机	• 产品培训 • 机手培训 • 商业模式

二、集成示范推广情况

（一）开展技术集成熟化与示范展示

由南京农业大学牵头，联合农业农村部南京农业机械化研究所、广州极飞科技股份有限公司等单位，开展技术集成熟化与示范展示。在江苏省临海农场和河北省藁城区国家农业科技园建立了示范基地，分田块系统比较智慧麦作技术实施田块（示范区）与当地常规麦作技术实施田块（对照区）。示范区针对智慧麦作关键技术，开展小麦精确播种、精确施肥、精确施药、精确灌溉、精确收获等农机作业操作，实现小麦生产管理精确化作业；对照区根据当地栽培习惯进行种植管理，并于成熟期综合评价技术实施后的经济、社会和生态效益。

北斗导航支持下的小麦无人收获技术现场观摩会

小麦无人播种施肥技术现场观摩会

（二）组织集中宣传

及时总结发现在技术集成示范中取得的好成效、好经验，通过网络、广播、电视、报纸等新闻媒介进行宣传，扩大项目的行业影响，营造良好的社会氛围。中央电视台《新闻联播》《焦点访谈》《朝闻天下》和江苏卫视《时空报道》及《人民日报》《农民日报》《科技日报》《新华日报》《中国科学报》《江苏农业科技报》、今日头条等多家媒体宣传报道百余次。

三、取得的成效和经验

（一）构建基础农情数据库及管理系统

面向江苏及其周边省份收集整理了典型小麦农作区多年的大田试验和生产数据，建立了作物精确管理模型和作物生长指标监测模型参数库，并集成构建了综合性基础农情数据库，包括不同生态点气象资料、土壤特性、品种特征、栽培管理措施、农情遥感影像以及不同条件冠层反射光谱和基本农情信息等7类数据，最后开发了作物生产基础农情信息管理系统，从而为小麦精确管理技术的推广应用提供了良好的数据支撑。

（二）研发实用化小麦精确管理软硬件产品

为有效推广应用小麦精确管理技术，在所构建的小麦精确管理模型基础上，结合硬件工程，研制了便携式、车载式和无人机平台的作物生长监测诊断设备，开发了基于无线传感网络的农田感知节点；与软件工程相结合，开发了作物精确管理决策系统、作物生长监测诊断应用系统和农田感知与智慧管理平台等，为小麦精确管理技术的推广应用提供了有效载体。

（三）创新信息化小麦精确管理技术推广模式

通过"技术培训—示范应用—辐射推广—效益比对与宣传"的推广应用流程，采用以点带面的推广形式，将智慧麦作技术进行推广应用，并注重技术的科学性、广适性、实用性、可操作性，形成了如下推广应用方法与模式：一是以农业专家工作站、企业研究生工作站等为依托，注重技术试验示范推广基地的建设，以点带面，试验示范推广同步，充分发挥基地的展示宣传作用；二是建立了"高校—农推部门—合作社（企业）—农户（家庭农场/种粮大户）"新型技术推广模式，大力推广应用成果产品，提高技术的经济效益和影响力；三是开发"江苏稻麦生产服务"等智能化小程序，建设"农田感知与智慧管理"微信公众号，通过线上方式进行推广。

水稻机插缓混一次施肥技术集成示范

一、技术内容

（一）技术概述

　　水稻机插缓混一次施肥技术是以水稻机插侧深施肥和专用缓混肥为核心，结合穗肥精确诊断，达到水稻"一次轻简施肥、一生精准供肥"技术效果，实现水稻高产、优质、高效、生态和安全生产综合目标的轻简高效管理技术。水稻侧深施肥技术是通过插秧机加装施肥装置，在机插秧作业的同时，一次性完成开沟、施肥、覆土等作业，把肥料施在秧苗侧部一定深度土壤中的机械化生产技术，一般施肥位置为根际侧 5 厘米，深 3～5 厘米。缓混肥料技术是根据水稻生长阶段的需肥规律，将不同释放速率的缓控释肥进行科学组配，使得肥料养分释放规律与水稻二次吸肥高峰同步。

（二）技术要点

1. 缓混肥料的选用

　　选用由多种缓控释肥科学组配的水稻专用缓混肥，氮释放特性与当地高产优质水稻需氮规律同步；要求粒型整齐、硬度适宜、吸湿少、不漂浮，适宜机械侧深施肥；根据测土配方施肥结果确定缓混肥的氮磷钾比例，肥料氮含量 30% 左右。

水稻专用缓混肥

2. 机插侧深施肥

精细平整土壤，耕深达 15 厘米以上，选用气吹式侧深施肥装置的插秧机，船板上有刮片，施肥后刮土盖住肥料；根据田块长度调整载秧量和载肥量，实现肥、秧装载同步；每天作业完毕后清扫肥箱，第 2 天加入新肥料再作业。

水稻机插侧深施肥技术

3. 精确诊断穗肥

水稻倒 3 叶期根据叶色诊断是否需要穗肥：如叶色褪淡明显（顶 4 叶浅于顶 3 叶），则籼稻施用 3 公斤左右氮肥、粳稻施用 5 公斤左右氮肥；如叶色正常（顶 4 叶与顶 3 叶叶色相近），则不用施用穗肥。

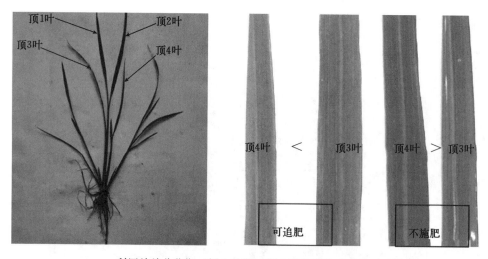

利用幼穗分化期（倒 3 叶期）顶 3 叶和顶 4 叶叶色对比诊断

（三）技术流程

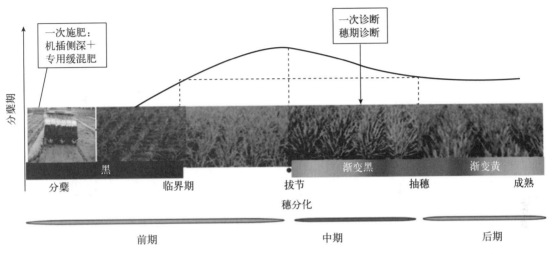

水稻机插缓混一次施肥技术流程

（四）技术应用载体及服务模式

服务对象	应用载体	服务模式
• 种植大户 • 农业园区 • 规模农场	• 水稻专用缓混肥 • 水稻插秧机 • 气吹式侧深施肥装置	• 技术培训 • 机手培训 • 商业模式

二、集成示范推广情况

（一）建立示范基地

针对长三角地区的常规粳稻和杂交籼稻分别制订示范方案，形成同田对比、技术示范和辐射推广三级示范机制。在江苏省不同生态区的 20 个市县继续开展同田对比试验，在浙江省和安徽省增加 16 个示范点开展同田对比试验。据不完全统计，2020 年技术推广总面积约 50 万亩。

（二）组织技术研讨会和现场观摩活动

项目举办技术研讨与总结会 2 次；举办全国性现场交流会 2 次，省级现场交流会 2 次，各地市现场观摩会多次。

江苏省水稻机插缓混一次施肥技术现场观摩会

（三）组织技术培训和强化宣传效果

组织线上、线下等多样化形式的培训 20 余次，线下技术培训大户 3 000 余人次；"农技耘"App
平台的技术培训浏览量超过 15 000 人次。同时，新华社、《科技日报》《农民日报》、学习强国及江苏
省内的《新华日报》《扬子晚报》等各类媒体和平台都对技术进行了宣传报道，有利于提高技术的社
会认可和示范应用。

全国现场会专家考察示范片

三、取得的成效和经验

（一）制定水稻机插缓混一次施肥技术规程

集成建立的水稻机插缓混一次施肥技术规程，获得江苏省市场监督管理局立项。适应不同品种和生态区的专用缓混肥研发快速发展，水分精确管理和穗肥精确诊断获得关键参数，对完善水稻机插缓混一次施肥技术在不同生产条件下普遍应用起到重要支撑作用。

（二）同田对比试验效果显著

增产：试验结果表明，除浙江临海减产 1.6％外，其他地区均表现增产，增产 1.0％～11.5％，平均增产 4.5％。

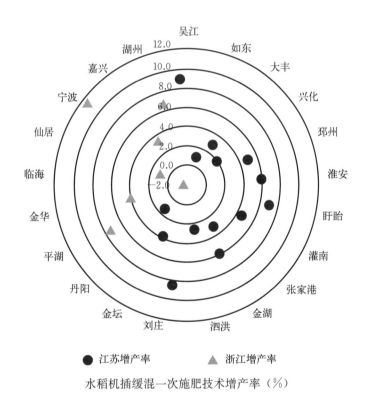

水稻机插缓混一次施肥技术增产率（％）

提质：提高稻米糙米率与整精米率，垩白度平均降低 13.9％，降低直链淀粉含量和直链/支淀粉比以提升稻米蒸煮品质。

绿色高效：施肥次数减少 3～4 次，氮肥施用量减少 25％，氮肥利用率平均提高 16.5 个百分点，每亩肥料成本降低约 10 元；综合节本增效 100 元/亩以上。江苏丹阳田间试验结果表明，与常规分次施肥相比，水稻机插缓混一次施肥技术全生育期每亩无机氮（$NH_4^+ - N$、$NO_3^- - N$）淋溶损失减少 42.8％；氨挥发损失为 19％～20％，降低 35％左右；碳排放减少 30％左右。

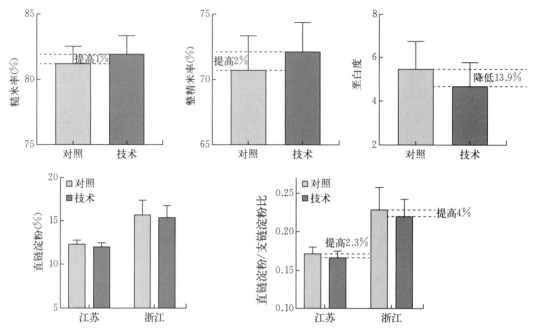

水稻机插缓混一次施肥技术对品质的影响

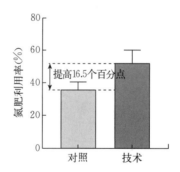

水稻机插缓混一次施肥技术对氮肥利用率的影响

（三）积累一批示范典型案例

典型案例 1：江苏省张家港市杨舍镇农义村水稻超高产攻关百亩示范方面积 105 亩，引进大穗高产杂交水稻品种甬优 1540，同时首次应用水稻机插缓混一次施肥技术进行高产攻关，总施氮量 17.5 公斤/亩，经过实割实测，平均亩产达到了 994 公斤，其中最高田块单产达到 1 036.7 公斤，创下 2020 年太湖稻区丰产新纪录。该案例是技术在水稻超高产上的应用。

典型案例 2：江苏省常熟市海虞镇徐桥村水稻百亩示范方，示范应用水稻机插缓混一次施肥技术，种植常规粳稻常农粳 11 号，经过实割实测，平均亩产达到了 746.9 公斤，其中最高田块单产达到 758.2 公斤；比当地常规水稻减氮 25％左右，增产 100 公斤/亩。该案例证明，大面积常规粳稻应用该技术可以达到显著的增产增效效果。

典型案例 3：江苏如东拼茶方凌垦区，袁隆平"海水稻"团队和江苏省农业技术推广总站采用了水稻机插侧深施肥一体化技术，减少肥料损失，全生育期施氮量比常规盐碱地水稻减氮 50％ 左右。经过实割实测，超优千号耐盐水稻的平均亩产达到了 802.9 公斤，创下盐碱地水稻高产新纪录。

典型案例 4：张家港宁香粳 9 号优质稻水稻机插缓混一次施肥技术示范方生产的稻米参加"海峡两岸优质稻米品比"，通过盲评，获得品质比赛第一名。该案例再次证明，该技术有利于提高稻米品质。

棉花采摘及残膜回收机械化技术集成示范

一、技术内容

（一）技术概述

实现棉花采摘机械化的前提是采用 76 厘米等行距种植和通过化控塑造适宜机采的棉花株型，配套适宜的采棉机开展田间采收作业；残膜回收机械化是在应用宽膜覆盖、膜下滴灌、精量播种等整套高效地膜覆盖栽培技术的基础上，在棉花机械收获后，通过抽取滴灌带、粉碎秸秆，配套先进适宜的新型回收机进行残膜回收作业，实现农田残膜污染治理。实施棉花采摘及残膜回收机械化技术集成示范，对于推进我国农业绿色高效发展、加快棉花产业转型升级具有重要的现实意义。

（二）技术要点

1. 品种选择

根据机采棉的技术要求，选择早熟性好、果枝短、株型紧凑、抗病抗倒伏、吐絮集中、含絮力适中、纤维强度高、对脱叶剂比较敏感等适合机械化作业、特性相对较好的棉花中长绒品种。种子净度要达到 99％以上，发芽率在 98％以上，含水量不得高于 8％。同一种植区域应尽量选择同一品种。

2. 机械化精量播种

机械化精量播种包括宽膜覆盖、膜下滴灌、卫星导航、精量播种等整套高效地膜覆盖栽培技术，即在适播期内（新疆棉区适当早播、黄河流域适当晚播），选用厚度为 0.01 毫米地膜，选配 1 膜 3 行、

76 厘米等行距精准播种

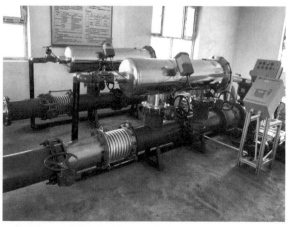

水肥一体化管理

2膜6行、76厘米等行距的膜上打孔播种机进行播种作业。有条件的地区，播种同时铺设滴灌带。播种要求为下籽均匀，播深2.5厘米左右。种子覆土厚度合格率达90％以上，空穴率不超过4％，孔穴错位率不超过1％。播种后遇雨土壤板结，要及时破壳，助苗出土。

3. 机械化田间管理

通过打顶、水肥管理与化控有效结合，即苗期微控、蕾期轻控、头水前中控、花铃期重控、打顶后补控等技术，塑造第一果枝高度18～20厘米、主茎节间长度6～7厘米、株高70～90厘米、株型紧凑适宜机采的棉花。

4. 机械化脱落叶

采用高效精准喷雾机械进行脱落叶剂机械化喷雾作业，亩喷液量25～30公斤/亩，脱叶率90％以上。高效精准喷雾机械应选择高地隙拖拉机和高架喷雾机，离地间隙应在80厘米以上，最佳选择为吊杆式喷雾机和风幕式喷雾机，行走轮必须安装分禾性能良好的分禾器，尽量减少刮倒棉花。在吐絮率达到40％以上并依据最低温度（12℃）和日平均温度（18℃）的下限喷雾标准，提前7天左右进行喷雾作业。

精准施药

5. 机械化采摘

棉株经过化学脱叶催熟作业后，棉花吐絮率达到80％～90％、脱叶率达到90％时，即可进行采收作业。采用摘锭式采棉机进行收获作业时，应避免跨播幅机采，田间作业速度控制在4～5千米/时，合理制定行走路线，以减少撞落损失。采收质量标准要求采净率达90％以上，总损失率不超过7％，含杂率在12％以下，含水率在12％以下。

机械化采摘收获

6. 机械化残膜回收

采用残膜回收机一次性完成秸秆还田、起膜、上膜、清杂、脱膜、残膜打卷或装箱等全套作业程序。当年铺放地膜回收率 90％以上、耕层残膜回收率应大于 65％、秸秆粉碎长度合格率达到 85％以上。残膜回收应尽量降低回收地膜的含杂率，为地膜的回收再利用提供条件。

机械化秸秆粉碎与残膜

（三）技术流程

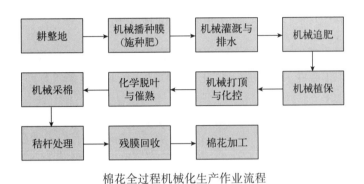

棉花全过程机械化生产作业流程

（四）技术应用载体及服务模式

服务对象	应用载体	服务模式
• 规模种植合作社或农场 • 周边小农户	• 棉花采摘机械化技术 • 残膜回收及秸秆还田机械化技术 • 北斗导航机械化平地技术 • 北斗导航棉花精量播种技术 • 北斗导航对行深施肥、化控与病虫害防治、水肥一体化灌溉精准农业技术 • 机械打顶技术	• 对比试验与生产考核 • 机具遴选、技术集成、模式提炼 • 技术培训与示范演示

二、集成示范推广情况

（一）扎实开展棉花生产全程机械化示范基地建设

示范区认真做好棉花生产的地块选择、铺膜播种技术标准化规范化实施、合理化控和适时施肥，加强农机农艺融合，不断熟化棉花生产技术模式和全程机械化解决方案，总结提出了适合每个作业环节的操作规程，以合作社为基地，积极开展棉花生产机械化作业服务，扩大了示范推广效果。连续3年试验示范，山东、河北两省4县核心示范面积3 000亩，辐射推广面积4万亩。

（二）开展棉花机械化生产关键环节机具对比试验与遴选

2020年9月，陈学庚院士团队在新疆石河子对国内企业最新研制的4种不同的植保机械进行了棉花脱叶催熟剂喷雾性能测试和对比试验，推进了企业产品的改进。10—11月，在新疆石河子总场、阿拉尔、沙雅等地，开展了人工采摘、国产三行采棉机、进口约翰迪尔CP690不同机具棉花收获对比试验，分析比较几种采棉机及人工采收的效率、质量及经济效益，推进了国产采棉机的技术进步。

在江苏常州完成了 10 台残膜回收机的试生产，在新疆棉区进行了 1 万亩地的试验考核，进一步验证产品的技术性能和工作可靠性，为 2021 年残膜回收机的批量生产奠定基础。

（三）举办全国棉花机采作业观摩暨全程机械化推进活动

活动集中展示了黄河流域棉花生产全程机械化技术模式，现场演示了棉花采摘、棉秆处理、残膜回收机械作业，组织参观了棉花种植水肥一体化智能管理系统和棉花智能纺纱生产车间。

全国棉花机采作业观摩暨全程机械化推进活动

三、取得的成效和经验

（一）建设了一批全程机械化示范基地

3 年来，一共建设了 4 个试验示范基地，包括河北省南宫市、曲周县和山东省滨州市滨城区、无棣县。黄河流域的机械采收展示效果明显，引导和带动了河北省的南宫市国营棉花原种场、南宫市润农粮棉果蔬种植专业合作社、曲周县银絮棉花种植专业合作社，山东省的无棣县景国农机服务专业合作社、滨城区农喜棉花专业合作社等一批棉花种植合作社和植棉大户接受并试验示范棉花生产全程机械化技术。

（二）示范基地棉花单产得到显著提升

3 年连续测产，每年增产 10% 以上。2020 年，河北省、山东省两地示范基地单产达到 400 公斤。其中，河北省南宫市示范区亩产籽棉 424.8 公斤，比 2019 年提高了 11 个百分点；山东省滨城区示范区亩产籽棉 409.3 公斤，比 2019 年产量提高了 15 个百分点。

生猪精准繁育生态养殖技术集成示范

一、技术内容

（一）技术概述

生猪精准繁育生态养殖技术，坚持问题导向，紧跟非洲猪瘟防控、畜禽粪污治理等新形势新要求，立足于我国生猪产能不足、稳产保供压力增大的现状，聚焦母猪批次化生产与高效繁殖、精准营养与个体精准饲喂、生物安全与疫病防控以及清洁生产与生态环保等重大需求，贯穿育、繁、料、管、病、粪及设施设备等一系列重要环节，进行全产业链技术组装集成，为我国生猪产业提档升级和产能恢复提供技术模式，为非洲猪瘟防控和粪污资源化利用提供技术支撑。

（二）技术要点

1. 母猪批次化生产与高效繁殖技术

集成母猪发情自动鉴定、同期发情与定时输精、子宫内深部输精和定时分娩等技术，推广批次化生产和严格的全进全出生产管理方式，提高母猪的情期发情率、情期受胎率和窝产仔数，缩短非生产天数。

母猪批次化生产：同期发情、集中配种、同期分娩

2. 精准饲喂技术

根据不同类群和阶段猪只的营养需要，结合个体体况测试评定，应用智能化精准饲喂设施设备，给予不同类型和用量的日粮，实现个体营养的精准供给，以最低成本实现猪只生产性能的最大化，可提高母猪产仔数、仔猪初生重和母猪断奶发情率。

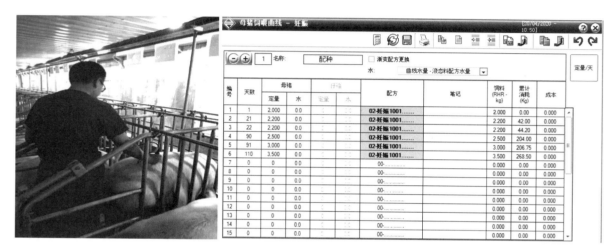

妊娠猪背膘监测（左），参照背膘指数，个性化精准饲喂母猪（右）

3. 生物安全与疫病防控

通过疫病综合防控与安全用药、猪场消毒、疫病净化、疫病快速诊断和监测等技术的示范推广，提升猪场生物安全水平和猪群健康状况，减少猪只损失，提高养殖效益。

4. 清洁生产与生态环保技术

坚持源头减量，采取低蛋白氨基酸平衡日粮、无抗养殖、养殖废水和粪尿中氮磷元素减量等技术，使猪群氮减排 10％以上，极大减少抗生素和微量元素的使用量和排放量，使猪排出的粪污变成粪肥，实现清洁生产、绿色发展。

多级智能人脸识别门禁系统与生物安全管控系统相结合

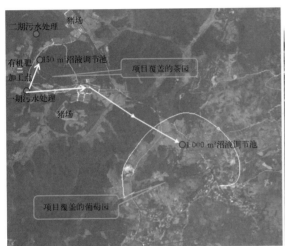

猪场、污水处理、沼液农灌水覆盖的茶园和葡萄园卫星图

（三）技术流程

现代养猪技术＋现代畜牧装备＋智能化技术

批次化生产	同期发情技术	商品猪个体精准营养模型	母猪个体精准营养模型	猪场生物安全硬件升级	低蛋白氨基酸平衡日粮技术
	定时输精技术			猪场生物安全智能管控	无抗日粮配方与无抗养殖技术
	深部输精技术	商品猪多阶段精准饲料配方	母猪测膘精准饲喂技术	疫病快速诊断监测技术	氮、磷及微量元素减排技术
	定时分娩技术	精准饲喂设施设备与饲喂技术		综合防控与安全用药技术	粪肥处理与资源化利用技术

母猪高效繁殖技术 目标：增产	个体精准营养与精准饲喂技术 目标：节本（少吃快长）	生物安全与疫病防控技术 目标：节本（健康少死）	清洁生产与生态环保技术 目标：绿色发展

生猪精准繁育生态养殖技术体系（实现提产能、降成本和绿色化的目标）

生猪精准繁育生态养殖技术流程图

（四）技术应用载体及服务模式

服务对象	应用载体	服务模式
• 规模猪场 • 中小养殖场（户）	• 母猪批次化生产与高效繁殖 • 个体精准营养与精准饲喂 • 生物安全与疫病防控 • 清洁生产与生态环保	• 技术指导 • 人员培训

二、集成示范推广情况

（一）建立示范点

2020 年 6 月和 7 月分别在重庆市和贵州省都匀市建立技术推广示范点。

（二）制订技术规程和操作示范视频

制订了《母猪批次化生产与高效繁殖技术规程》《各类猪只精准营养与个体精准饲喂技术规程》《猪场生物安全与疫病防控技术规程》《猪场清洁生产与生态环保技术规程》各 1 套。

制作完成了《母猪发情鉴定》《子宫内深部输精》《定时分娩》《母猪测膘给料》操作视频 4 个。

（三）组织技术研讨会

2020 年 11 月 10 日在黔江召开全国畜牧总站生猪养殖技术培训班，来自四川、湖南、河南、湖北、云南、广西、广东、河北等 8 个生猪养殖大省，以及重庆、贵州的 80 余家单位（企业）120 余人参加，围绕"生猪精准繁育生态养殖技术"开展技术讲座与经验交流活动。

三、取得的成效和经验

生猪精准繁育生态养殖技术集成示范实践表明，现代养猪技术、现代畜牧装备和智能化等关键技术装备集成，极大地提高了养殖效率，降低了养殖成本，为非洲猪瘟防控和粪污资源化利用提供了技术支撑，是实现生猪养殖绿色化、可持续发展的引领性技术。

（一）经济效益显著

重庆市六九畜牧科技股份有限公司示范基地种猪性能测定 4 547 头、繁殖性能记录 1 879 窝，2020 年每头母猪年提供的猪肉量增加 102 公斤，每头育肥猪年提供猪肉量增加 2.12 公斤，育肥猪饲料转化率提高 2.1%，饲养成本降低 5.6%，2020 年通过项目实施经济效益增加 870 万元。

（二）社会效益显著

示范基地指导带动 58 个养殖户应用生猪精准繁育生态养殖技术模式，组织带动 250 个养殖场户到示范基地进行实际操作学习。推广优良种公猪精液共 18 万头份、祖代种猪 1.1 万头。

（三）生态效益显著

通过精准营养、精准饲喂、低蛋白质氨基酸平衡日粮、污染物减量减排、高氨氮猪场废水处理和猪场粪尿资源化利用等技术，处理后养殖污水氨氮含量在 15 毫克/升以下，总磷含量在 0.5 毫克/升以下，主要污染物减少 5.5%，粪污及病死动物资源化率提高 31.7%。

"集装箱＋生态池塘"高效养殖与
尾水高效处理技术集成示范

一、技术内容

(一)技术概述

"集装箱＋生态池塘"高效养殖与尾水高效处理技术以生态池塘为依托,在岸基上搭建集装箱养殖装备进行循环养殖,通过与生态池塘进行水循环,实现养殖尾水净化。并配套物联网控制系统,监控养殖全过程及水质变化、尾水处理效果等,实现养殖生产信息化管理。水循环的开端,先用水泵(浮台式)将生态池塘上层富氧水不断抽至集装箱养殖设备中,并利用鼓风机曝气提高箱内水体溶氧量,保障高密度集约化养殖。在箱体内模拟仿生态环流,保持最优流速,促进鱼健康生长和品质提升。养殖产生的尾水,经斜面集污槽排出箱外,保持箱内水质清洁。养殖尾水排出箱后,经固液分离装置过滤(120目筛网,去除90%以上大颗粒杂质),分离出的残饵粪便可作为有机肥料;过滤后的水流入多级生态池塘,进行尾水净化。养鱼过程不接触池塘底泥,避免了土腥味,有效提升了水产品品质。整个养殖过程不再向池塘中投喂饲料,池塘底质不会变脏变臭,可实现水体循环使用,池塘从养殖功能转变为生态湿地功能,实现了传统养殖向休闲渔业、观光农业的转型发展。

(二)技术要点

1. 构建"养殖箱体—生态池塘"一体化循环水养殖系统

采用工业化标准设计的 20 英尺(约6.096 米)陆基推水集装箱养殖箱体,将集装箱养殖设备安装在池塘边,从池塘抽取上层高氧水,注入养殖箱体内进行流水养殖,养殖尾水返回生态池塘进行生态净水,池塘养殖功能转

集装箱＋生态池塘场景

变为生态净水功能。

2. 构建高效集污和尾水生态化处理耦合系统

通过箱内"斜面环流集污"和箱外"固液分离"，实现固体粪污收集率达 90% 以上；通过多级生态净化池塘厌氧反硝化和好氧反硝化新工艺，高效去除水中氨氮，实现尾水零排放、养殖水体循环利用。

固液分离装置

3. 构建智能可控健康养殖系统

通过建立四级病害防控屏障、三级生命通道供氧保障、物联网智能监控，实现控温、控水、控苗、控料、控菌、控藻，养殖的智能化、精准化水平显著提升。

数字监控机器人

4. 构建产品质量和品质管控系统

建立绿色养殖生产标准体系，应用便捷无伤的收获技术，减少运输环节质量风险；通过仿生态环流，提升产品的肉质口感；通过生态池塘流体剪切力抑制蓝藻暴发；整个养殖过程不接触土塘底泥，有效去除养殖水产品的土腥味。

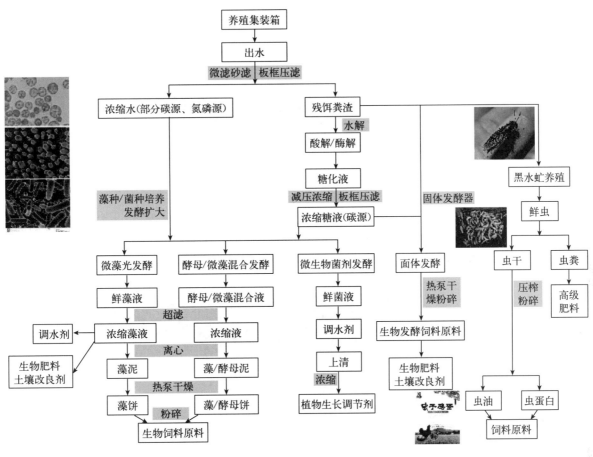

固体粪污处理工艺图

5. 构建生态池流体力学系统

通过底部设置数根进水管道，或者引表层水直入，保证每个截面均有低流速区域存在，有效确保水流能够停留，粒径较大颗粒有效沉降，实现养殖尾水多级生态池塘高效处理，达到净化水体的目的。

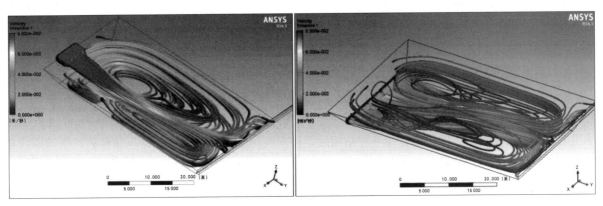

流体力学模拟图

（三）技术流程

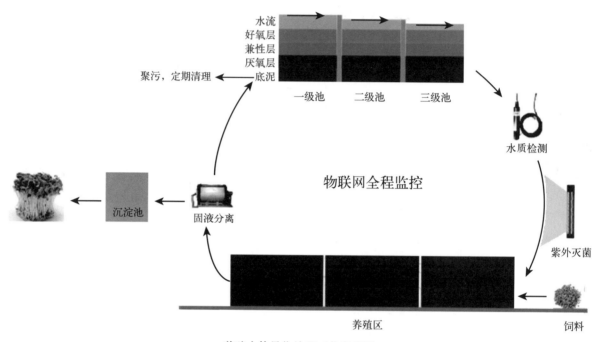

养殖水体异位处理工艺流程图

（四）技术特点

1. 为水产养殖业突破资源瓶颈提供了新模式

资源节约是集装箱养殖技术的最大优势，主要表现为"四节"：节地，可节约土地资源 75%～98%；节水，较传统养殖可节水 95%～98%；节力，节省劳动力 50%以上；节料，精准投喂，减少饲料浪费，提升饲料利用率。

2. 为水产养殖业提质增效提供了新手段

提质增效是集装箱养殖技术的最大亮点，主要表现为"四减"：减病，建立了四级绿色防病体系，病害发生概率大幅减少；减药，可大幅减少药物使用，防止药残污染；减脂，养殖对象肉质含脂量低、弹性好、无土腥味；减灾，可以有效抵御自然灾害和极端天气，减少养殖风险。

3. 为水产养殖尾水生态治理提供了新方案

环境友好是集装箱养殖技术的显著特色，主要表现为"四融"：物理净水与生态净水相融，可分离 90%以上养殖固体粪污，有效降低水中氨氮，实现高效经济净水；生产和生态相融，促进资源循环利用，能有效实现生态减排；养殖与种植相融，将集装箱养殖与稻田综合种养和鱼菜共生等模式相结合，资源综合利用；养殖与休闲相融，通过将养殖池塘转化为生态净水湿地，促进水产养殖生态化、景观化、休闲化。

4. 为水产养殖工业化发展提供了新路径

智能标准是集装箱＋生态池塘养殖技术的显著特征，主要表现为"四化"：规模化，单个箱体年产量比传统养殖池塘效率提高 10～50 倍；标准化，养殖过程标准可控，大幅降低了劳动强度；精准化，实现了水质在线监测和设备自动控制，生产精细化管理；品牌化，以绿色品牌为导向，构建水产品质量安全追溯体系，实现产加销一体化经营。

二、集成示范推广情况

（一）组织观摩活动

2020 年 6 月 10 日和 7 月 23 日，分别在广西桂林、安徽太和举办"集装箱＋生态池塘"高效养殖与尾水高效处理技术集成示范观摩活动。

现场观摩活动（左广西桂林、右安徽太和）

（二）组织技术培训

针对集装箱养殖系统集成技术熟化、集装箱养殖技术生产操作规范以及集装箱优化关键技术等各个养殖生产管理环节，全国水产技术推广总站联合技术研发单位组织专家、技术人员开展多层次、多样式（技术、产品）的培训活动和现场指导，协助做好鱼种、水产专用药物等的培训和指导；提供了企业标准版养殖手册，制定了集装箱养殖规范流程，监督养殖企业做好养殖记录和生产管理，做好水产品的追溯监控；监督好养殖环境，提供三级生态池塘的治理和水质控制措施等建设性意见。

（三）加强技术宣传

为更好地发挥该技术在乡村振兴战略中的支撑作用，推动渔业绿色高质量发展，组织制作宣传片 1 部（时长约 10 分钟）。

三、取得的成效和经验

经三年试验示范和技术研发，该技术所用设备更新 3 代；2020 年共示范推广集装箱近 360 个，目前该模式已在全国 24 个省（区、市）推广应用，养殖集装箱达 3 000 多个。该技术在罗非鱼、乌鳢、加州鲈、草鱼等 10 多个品种试养成功，并推广到埃及等"一带一路"国家。

该技术已经得到充分认可：一是农业农村部立项设立两项集装箱养殖行业标准，其中《陆基推水集装箱式水产养殖技术规范通则》于 2021 年 1 月 1 日起正式实施；二是成立中国集装箱式水产养殖产业技术创新战略联盟，构建了"政产学研推用六位一体"的联合推广机制；三是农业农村部立项"池塘养殖转型升级绿色生态模式示范项目"，已在全国打造 7 个高水平的集装箱养殖示范基地；四是由农业农村部推荐，广东省肇庆市鼎湖区农业农村局和广州观星农业科技有限公司共同申报的"国家新型水产养殖标准示范区"，获得国家标准化管理委员会批准的第十批国家农业标准化示范区项目。

"零排放"圈养绿色高效养殖技术集成示范

一、技术内容

（一）技术概述

  "零排放"圈养绿色高效养殖技术是一种生态、环保、安全、高效的全新绿色养殖技术。在池塘中构建圈养装备，把主养鱼类放在圈养桶内养殖；通过圈养桶特有的锥形集污装置高效率收集残饵、粪污等废弃物，废弃物经吸污泵抽排移出圈养桶、进入尾水分离塔；固废在尾水分离塔中沉淀分离，收集后进行资源化再利用；去除固废后的废水经人工湿地脱氮除磷后再回流到池塘重复使用，实现养殖废弃物的"零排放"。该项技术具备清洁生产、提升养殖容量，降低病害发病率、提升产品质量，降低人力成本、提高饲料转化利用效率，养殖尾水回用、节约水资源等多重优势。

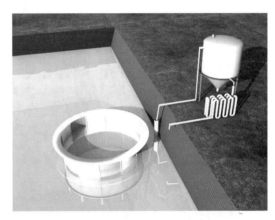

"零排放"圈养绿色高效养殖技术模式图

（二）技术要点

1. 圈养设施建设

  一亩池塘安装建设一组圈养设施。每组设施包括4个圈养桶、1个尾水分离塔和3个尾水处理桶等设备。上述设备均为标准件。圈养桶直径4米、高3米，上部圆柱形、下部圆锥形，总容积30米^3，由食品级聚乙烯（PE）材料制成，壁厚5毫米。尾水分离塔直径1.8米、高1.9米，上部圆柱形、下部圆锥形，总容积6米^3，由食品级PE材料制成，壁厚3毫米。尾水处理桶高80厘米，容积1米^3，平底圆柱形。在安装圈养桶的区域加深池塘深度至正常水位线下3米，开挖土方可堆放在池塘其他区域以形成区域利于底层水草种植。采用不锈钢管支撑方式在指定区域安装圈养，并建人行通道。圈养桶底部安装110毫米口径排污管，连接到岸上自吸水泵后进入尾水分离塔，尾水分离塔连接三级尾水处理桶。圈养桶采用"鼓风机＋微孔增氧管方式"增氧。

2. 动力配备

  每组圈养桶配备1台4千瓦自吸式水泵以及1台1.1千瓦旋涡式鼓风机。

3. 池塘改造与管理

  圈养池塘圈外挂生物刷2 000个/亩，种植底层水草（100～120公斤/亩），选择苦草等四季常青型水草，放养鲢鳙等滤食性鱼类 80~100 尾/亩以提升池塘自净能力。禁止放养吃食性鱼类；养殖过程中，圈养池塘不施肥投饵，只饲喂圈养桶内养殖对象。

4. 投资及产能

每亩圈养系统改造投入约 6 万~8 万元/亩，池塘单产可提升到 0.5 万公斤/亩以上。

圈养池塘自净能力提升处理

（三）技术应用载体及服务模式

服务对象	应用载体	服务模式
• 普通养殖户 • 养殖合作社 • 养殖公司	• 养殖捕捞系统 • 增氧推水系统 • 集排污系统 • 固液分离净化系统	• 设备安装 • 技术培训 • 技术服务

二、集成示范推广情况

（一）推进圈养设施标准化

完成了圈养平台研发工作，形成了标准化的圈养平台和安装流程；起草的农业机械专项鉴定大纲

《装配式水产养殖圈养设施》（DG42/Z 004—2020）已正式发布；完成了 1 项圈养设施省级地方标准立项工作，推进了圈养设施标准化进程，为圈养技术推广应用奠定了良好基础。

第三代：钢格珊、双立柱、1×1模块、1×4模块、三角模块

第一代：钢格珊、单立柱、1×1模块、1×2模块、三角模块

广东佛山标准化圈养平台示范工程

第二代：玻璃钢格珊、双立柱、1×2模块、1×3模块、三角模块

标准化圈养平台

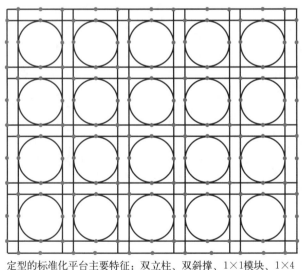

定型的标准化平台主要特征：双立柱、双斜撑、1×1模块、1×4
模块、1.75×1.75三角内弧模块、1×1钢格栅、1×2钢格栅

标准化圈养平台平面布置图

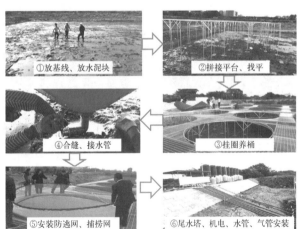

①放基线、放水泥块　　②拼接平台、找平
④合缝、接水管　　③挂圈养桶
⑤安装防逃网、捕捞网　　⑥尾水塔、机电、水管、气管安装

圈养平台安装流程图

（二）积极示范展示

在湖北省枝江市渔丫头水产养殖专业合作社、湖北茂源水生态资源开发有限公司、广西盛博渔业

有限公司等地建设示范展示基地，集中展示该项引领技术，带动池塘"零排放"圈养绿色高效养殖技术面向全国示范推广。截至 2020 年 12 月，在湖北、四川、江西、江苏、广东、河北等省份新增 32 处 750 个圈养桶，扩大了圈养模式的推广应用范围。其中。湖北省新增圈养桶 549 个，其他省份合计新增 201 个圈养桶。

（三）组织"线上＋线下"技术培训

充分采用网上授课、现场技术培训等多种形式，积极宣传项目技术，营造了良好的社会氛围。2019—2020 年度，参与培训人员累计近 80 万人次。

圈养技术培训与现场观摩

三、取得的成效和经验

（一）建立标准化圈养设备和技术规范

采用"零排放"圈养绿色高效养殖技术定型的标准化平台，可节约安装时间和安装人工成本 50％以上。通过总结圈养关键技术，编写了《池塘"零排放"圈养技术明白纸》，湖北省地方标准《池塘圈养设施规范》和《加州鲈鱼池塘圈养技术规范》，以及宜昌市地方标准《长吻鮠池塘圈养技术规范》已立项，推进了圈养技术标准规范化工作。

（二）研发并形成了鱼粪堆肥技术与工艺

利用圈养系统收集得到的养殖鱼类粪便为原料，补充玉米秸秆与豆渣或稻草与肉骨粉为外加碳源、氮源，调节碳氮比后通过好氧发酵制成符合《有机肥料》（NY 525—2012）标准的优质有机肥料。

（三）实现向绿色高效健康养殖模式转型

圈养模式固废排出效率高达90%以上，优于其他模式，养殖固废资源化再利用以及养殖水体循环利用减少水等资源消耗，该模式下单位产品能耗低，节能减排效果显著；圈养模式单产可达1万斤/亩以上，将池塘养殖容量提升4倍，并且简化捕捞操作，节约劳动力成本，节本增收效果显著；实现清水养殖，产品药残和土腥味低，品质更高，提质增效效果显著；圈养模式适用于不用池塘规模、不同水源等多种应用场景，技术适用性广。

秸秆炭基肥利用增效技术集成示范

一、技术内容

（一）技术概述

通过生物质亚高温热裂解工艺将秸秆转化为稳定的富碳有机物质即生物炭，以秸秆生物炭作为功能性载体，通过精量配伍养分制成秸秆炭基肥料，并系统配套轻简易行的田间施用措施。该项技术融合了"炭化联产、专肥专用、健康栽培"等增效要点，兼顾作物高产优质栽培和耕地土壤质量提升双导向，为进一步强化秸秆资源在农业生产领域的循环利用提供了可行方案。该项技术成果的转化推广，契合现代农业建设的绿色发展理念，为保障国家粮食安全和改善农业生态环境提供了引领性技术和示范模式。

（二）技术要点

1. 炭化联产增效

通过亚高温热裂解工艺，在相对缺氧、700 ℃以下的条件下，将秸秆转化为生物炭，作为炭基肥料功能性基础介质，炭化过程同时联产可燃气，还可选择联产木醋液等多种副产物。其中，可燃气可用于炭化设备的辅助自加热，有效减少能耗，余气还可实现供暖供热；木醋液具有防虫、防病、除臭和环境消毒作用，具有开发为多种绿色农业投入品的前景。

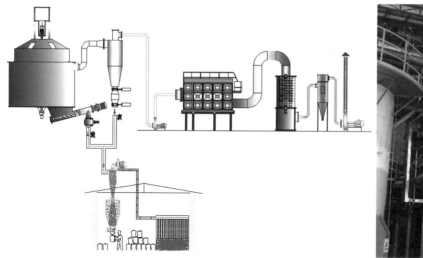

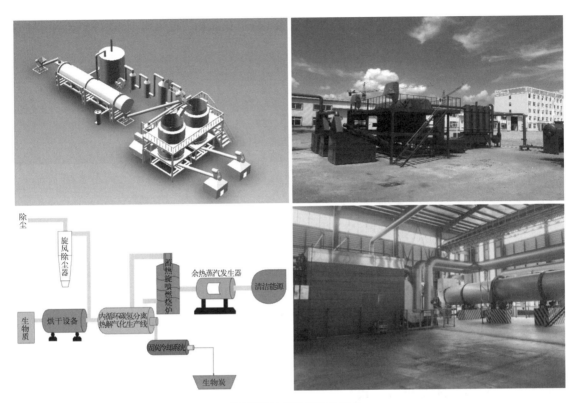

除尘

旋风除尘器

生物质

烘干设备

内循环碳氢分离热解气化生产线

热裂解旋喷煅烧炉

余热蒸汽发生器

清洁能源

固炭冷却系统

生物炭

不同规模的多联产炭化设备

2. 专肥专用增效

利用秸秆生物炭材料蓄肥缓释的良好性能，充分考虑作物需肥规律，以化肥减量为前提，精确组配氮、磷、钾、钙、镁、锌、硼、钼等无机养分和（或）有机物料，满足作物全生育期养分需求，创制了一批适用于玉米、水稻、马铃薯、花生、烟草等各类作物的专用肥料，并配套了以土壤肥力情况为基础的、适宜机械化作业的技术模式，做到轻简易用、减肥增效。

3. 健康栽培增效

秸秆生物炭具有 pH 高、孔隙度高、容重小、比表面积大、吸附力强等特性，具有良好的环境相容性。秸秆炭基肥料可在确保高效供给植物营养的同时兼顾土壤改良，秸秆炭基土壤调理剂更可缓解

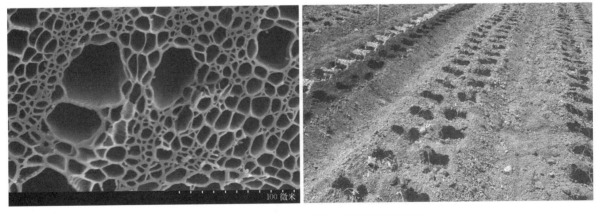

100 微米

秸秆生物炭微观结构及炭基肥料的健康栽培应用

部分耕地存在的酸化、板结、黏重、污染等轻度土壤质量退化问题，促进实现以改善土壤质量和提升作物品质为目标的健康栽培。

（三）技术流程

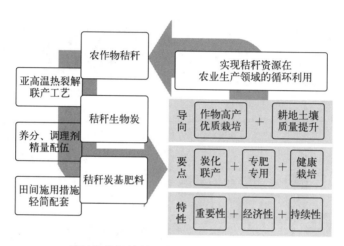

秸秆炭基肥料利用增效技术流程理念示意

（四）技术应用载体及服务模式

服务对象	应用载体	服务模式
• 各类种植业生产者 • 肥料生产企业 • 农业产业园区 • 规模化生产主体	• 秸秆炭基肥料产品 • 秸秆炭化及炭基肥料生产装备 • 秸秆炭基肥料健康栽培全流程技术方案	• 出售产品 • 出让装备 • 技术咨询

二、集成示范推广情况

据不完全统计，秸秆炭基肥利用增效技术示范推广面积已超过 30 万亩。云南省在花卉、蔬菜、魔芋等高原特色作物及土壤高强度耕作区开展示范，2020 年示范推广面积约 10 万亩，实现秸秆炭基肥料（炭基缓控释肥、炭基有机肥、炭基有机无机复混肥等）销售收入 1 906.00 万元。同时，充分挖掘秸秆炭基肥料利用增效技术"专肥专用""健康栽培"的技术要点，建成了 7 个长期稳定的核心示范区，累计核心示范面积 2 130 亩。

三、取得的成效和经验

（一）秸秆炭基肥具有显著的节肥、提质、稳产作用

云南省农业技术推广总站联合云南威鑫农业公司，分别在曲靖、祥云、保山、红河等开展了技术

集成示范，主要在黄瓜、番茄、叶菜上开展秸秆炭基肥料、水肥一体化、作物健康栽培等技术的集成示范综合试验。试验结果表明，减肥 30％的情况下，所有示范作物产量保持稳定，品质显著提升，其中，黄瓜、番茄的产量也得到显著提升。

（二）秸秆炭基肥料有利于改善农业生态环境

以秸秆生物炭为基础，采用水肥一体化技术，以化肥减施和土壤改良为目标，配合生物炭土壤调理剂和微生物制剂的应用，通过比较不同处理的土壤理化性质、土壤微生物群落结构、作物品质和产量、病害，验证"秸秆炭基肥料＋微生物制剂＋水肥一体化"综合技术在农业生产中减肥增效的作用及其效果，筛选出适宜云南高原特色农业绿色发展的秸秆炭基肥料集成技术。通过技术集成，秸秆炭基肥料可有效抑制病害、提升作物品质、改善土壤微生态，同时可有效缓解减农业源氮、磷污染物的排放。

第五篇

农业技术推广
服务典型案例

　　党的十九届五中全会提出，要加快构建以国内大循环为主体、国内国际双循环相互促进的新发展格局；要优先发展农业农村，全面推进乡村振兴，加快农业现代化，保障国家粮食安全，提高农业质量效益和竞争力。2020 年是决胜全面建成小康社会、决战脱贫攻坚之年，不但要做好脱贫攻坚与实施乡村振兴战略有机衔接，还要不断为增进人民群众福祉、促进经济社会持续健康发展作出贡献，农技推广服务在其中发挥了重要作用。农技推广服务在助力产业扶贫、建强农技推广体系人才队伍、创新农技推广机制方式、建设国家现代农业科技示范展示基地、组织农业科技社会化服务等方面的工作都取得了良好的成效，充分展现农技推广服务对提高农民收入、促进农村生产力发展和全面推动乡村振兴的意义。

宁夏回族自治区："三百三千"农业科技服务行动结硕果

一、基本情况

2020年，宁夏回族自治区农业农村厅启动"三百三千"农业科技服务行动，宁夏回族自治区农业技术推广总站围绕优质粮食产业，以质量兴农、绿色兴农、品牌强农为重点，以创建"三百三千"示范基地为抓手，创新了农技推广服务方式，进一步提升了能力素质，打通了农技推广服务"最后一公里"，为保障粮食安全和绿色高质量发展提供了有力科技支撑。

聚焦农业生产突出问题，结合专业特长，组建了粮油、土肥和植保植检三个服务组，共15名技术干部服务4个新型经营主体、6个生产基地，开展从种到收全程技术服务500多人次，解决农民群众急难愁盼、产业发展、基层困难等问题，提升了农技推广服务能力。

二、主要做法

（一）强化基础监测，及时为新型经营主体提供大田生产技术指导

开展粮食作物生长发育监测、土壤墒情监测、病虫害测报、植物疫情监测、马铃薯病毒检测等10多项基础监测工作，发布《植保情报》26期、《墒情简报》25期，为大田生产提出指导意见。建立宁夏农业技术推广信息化云平台和手机移动端App"宁农宝"，向各级农业生产经营主体提供墒情信息、耕地信息、病虫害预警防治信息等内容。

（二）开展农资生产销售摸底调查，保障农资平稳供应

积极应对新冠肺炎疫情，对全区春耕备耕化肥、农药贮备、市场价格及企业复工复产等情况进行调查摸底，上报调查报告6篇，指导农业企业复工复产；协助农业农村厅为71家肥料生产经营企业和113家农药生产经营企业出具保供调运证明，保障农资运输畅通。

（三）开展"两个专项服务"，解决企业技术难题

开展"植保服务进百家"服务活动，指导全区300多家专业化防治组织开展病虫害统防统治和绿色防控380万亩次；开展"测土配方施肥个性化服务"活动，指导全区113家农业综合服务站生产配方肥5.6万吨。

（四）与实施重大项目相结合，进一步扩展"三百三千"服务范围

将粮食作物绿色高质高效、化肥农药减量增效等 13 个重大技术推广项目列入主要服务内容。以专家组牵头，负责组织协调和督促落实，组织召开培训观摩会，开展项目总结验收及绩效考核，突出行业技术指导，确保任务落实到位、技术措施到田，高质量完成项目目标。通过采取理论教学与现场观摩相结合的方式，开展粮食作物绿色高质高效技术、化肥减量增效技术等培训班 15 期，培训技术干部和新型经营主体带头人 1 400 人次。

三、取得成效

（一）推动了粮食产业绿色高质量发展

在栽培模式方面，重点推广春麦复种两熟、水稻保墒旱直播轻简栽培、旱作节水农业、优质小麦绿色增效等栽培模式，新品种新技术到位率达 96% 以上，耕种收综合机械化率达 88%。在化肥减量增效方面，主推测土配方、水肥耦合、一次性施肥、有机肥替代化肥等技术，主要粮食作物测土配方施肥与化肥减量增效技术覆盖率 93% 以上，当季化肥利用率 40% 以上，实现"五连增"，化肥使用量实现"四连降"。在农药减量控害方面，重点推广高效低毒农药、现代植保机械及科学用药技术，农作物病虫长期和中短期预报准确率分别达到 87% 和 93% 以上；统防统治覆盖率 47%，绿色防控覆盖率 45%，农药利用率实现"四连增"，农药使用量实现"五连降"。在旱作节水方面，主推抗旱高质品种、全生物降解地膜和抗旱抗逆制剂、集雨补灌等水肥高效利用技术，水分生产力提高 10%。2020 年，旱作区粮食作物平均单产达到 268 公斤/亩，比 2016 年增加 31.8%，旱作区对全区粮食贡献率从 39.9% 提高到 44.9%，为全区粮食"十七连丰"作出积极贡献，成为名副其实的"宁夏粮仓"。

（二）攻克了重大技术瓶颈

围绕盐碱地改良、枸杞用药登记、瓜类果斑病等关键难题，与北京师范大学、宁夏大学、宁夏农林科学院等科研院所、基层推广部门、新型经营主体协作，开展科技攻关和试验研究，形成多项技术成果。《宁夏耕地土壤绿色培肥技术集成与推广》《宁夏盐碱地改良多维场景信息管理系统开发与应用》《基于 3S 技术的宁夏耕地土壤与耕地地力研究》和《宁夏主要粮食病虫草害农药减量控害技术示范推广项目》获自治区科技进步奖，发布了《食品安全地方标准　枸杞干果中农药最大残留限量》等地方标准。

（三）创新了农技推广方式方法

通过"三百三千"农业科技服务行动，构建起"专家服务团队＋基层技术人员＋新型经营主体"服务新模式，区市县联合建立综合示范园区，集成推广绿色高质高效新品种、新模式、新技术，做给农民看、带着农民干，确保技术落地见效；形成突出各级农技推广机构重点、分工协作、密切配合的工作合力，确保技术到田到户。

（四）提升了新型经营主体发展内生动力

开展"测土配方施肥个性化服务"，建立宁夏农业技术推广信息化云平台和手机移动端 App"宁农宝"，向各级生产主体提供墒情、耕地、病虫害预警防治等内容。通过举办专题培训班、召开现场观摩会、田间实地指导等多种形式，全程指导生产，有效解决了新型经营主体缺乏技术支撑的致命"软肋"，实现增产增收和发展壮大。

（五）提升了技术人员服务能力

通过蹲点指导、巡回服务等方式，开展"一对一""一对多""多对一""多对多"服务，组织现场观摩和科技下乡 50 多场次，培训技术干部和新型经营主体 1 000 人以上，提高了技术人员调查研究、应急处理、落实推进、总结提升和解决复杂问题的能力，有效适应了新时期产业转型升级、推广工具更新、经营主体多元的农技推广服务新需求。培养青年拔尖人才 7 人、自治区学术带头人 6 人，锻造了一支能战斗、打硬仗、接地气、实践经验丰富的农技推广队伍。

湖北省：绿色养殖技术助力水产高质量发展

一、基本情况

水产绿色高质量养殖技术协同推广项目以重大水产技术为主线，联合农业科研、教学、推广单位和龙头企业，实行省、市、县、乡贯通，实现农技推广多位一体、多层联动、资源共享、深度合作，促进科研基地、示范基地、乡镇农技推广机构、新型经营主体衔接融合，加快推广稻虾生态种养技术、河蟹分段生态养殖技术、池塘网箱生态养鳝技术、池塘工程化循环水养殖技术，以汉川和潜江作为核心示范区域，以河蟹和小龙虾产业为牵引，带动黄鳝等淡水鱼养殖产业升级，富裕农民，提振水产业，促进湖北省渔业产业结构转型升级，实现水产业的提质增效和绿色发展。

二、主要做法

（一）组建院士专家团队，创新科技服务模式

项目由桂建芳院士领衔，华中农业大学李大鹏担任技术负责人，湖北省水产技术推广总站易翀担任推广负责人，与相关大专院校、科研院所、市州推广机构等单位联合协同推广水产技术，稳固"负责人＋技术专家＋基层推广员＋经营主体"的四级链式推广团队，形成"农业科研基地＋区域示范基地＋基层推广站＋新型经营主体"的"两地一站一体"链式农技推广服务新模式和"院士领衔、多元互补、团队负责、专家对接、部门协调、主体实施、产业发展、农民受益"的科技服务新模式。团队成员以分片包干、分类包干的形式，深入基层一线成立"专家工作站"，与基层推广站和经营主体协同合作，全程负责技术的落地和示范推广，不断提升农业技术推广效能和科技成果转化率、覆盖率，确保农渔民稳定增收。

（二）加强全面技术指导，促进产业绿色发展

一是开展技术培训和指导。全年省级组织开展专家科技下乡、指导等活动 15 次，各地共计举办培训班 97 次，培训 10 900 余人次。指导示范基地制定技术规程，示范关键技术，充分发挥辐射带动作用。二是编印技术资料和每月工作简报。编印《水产标准化生产养殖日志》《虾稻共作养殖技术明白纸》《虾稻共作病害防治明白纸》等技术资料，发放各类技术资料 4.6 万余册。每月编制渔业科技服务工作简报，包括工作动态、培训交流和典型案例等。三是组织观摩经验交流。团队先后组织技术观摩活动 7 次，促进了各市县区、单位和企业间互相借鉴、共同提高，推动全省渔业新旧动能转换，助力湖北省水产产业集群发展。四是积极采取措施应对新冠肺炎疫情和暴雨洪灾。在疫情期间无法开

展集中培训，创新培训模式，组织专家拍摄短视频 20 个，通过云上垄上-荆楚农时课、今日头条、抖音、QQ、微信等平台，开展线上授课和线下专家基地现场"传经"相结合的技术培训方式；组织专家赴受灾严重地区开展暴雨洪灾灾情调研和技术指导，协助做好抗灾复工复产。

（三）打造示范推广典型，宣传推广辐射各地

通过《湖北日报》《长江日报》《农村新报》、湖北长江垄上传媒、中国水产养殖网、各地电视媒体以及当地各类新闻媒体平台等进行宣传报道，并对典型养殖户和养殖案例进行了专题宣传。同时，通过召开现场会、观摩会等方式进行宣传推广，将示范技术辐射推广到各地。

三、取得成效

（一）稻虾生态种养新模式显著提升综合效益

潜江市楚稻虾虾稻共生专业合作社：转变传统的虾稻共作繁养一体化生产模式，开展虾稻共作繁养分离种养、虾稻共作立体综合生态种养、虾鳝稻共作等新模式试验。虾稻共作繁养分离种养模式试验田块，产出的大规格（35 克以上）商品虾占比达到 50%，较传统的"虾稻共作"大规格虾占比提高将近一倍；开展虾鳝稻共作模式试验的田块，产出的大规格商品虾占比达到 60%；开展虾稻共作立体综合生态种养模式试验的田块，病害发生率降低约 50%。

（二）池塘工程化循环水养殖技术带动农民发家致富

枝江市渔丫头水产养殖专业合作社应用池塘工程化循环水养殖技术，扩建池塘圈养系统 64 套，实现了模块化安装和标准化养殖，固形废弃物排出率高达 90%，饲料成本节约 15%～30%，实现养殖尾水"零排放"、养殖环境"零污染"。通过合作社的示范作用和社会化服务组织带动，宜昌市养殖户安装圈养系统 300 多套，促进农民养殖经济效益显著提升，平均每亩池塘的利润达 4.0 万元以上。

（三）以"订单农业＋全程服务"方式促进河蟹分段生态养殖技术落地生花

汉川市南河古渡生态农业发展有限责任公司按照"公司＋基地＋农户"产业化经营模式，以"订单农业＋全程服务"方式，依托项目的技术力量，直接带动 100 多名农户应用池塘"3＋5"分段养蟹技术，推广面积 6 410 亩，平均亩产河蟹 129.7 公斤，较传统技术亩平均增产 10.6 公斤，亩增效 950 元以上。通过互联网技术和协同推广服务，以订单形式保障农民养殖收益，以全程技术服务、标准化养殖、电商带货的形式实现产供销一体化管理，促进了养殖综合效益的提升。

四川省：强化农技服务指导助力决胜脱贫攻坚

一、基本情况

2020 年，四川省持续深入实施万名农技人员进万村技术扶贫行动，通过农科教部门横向联合，省、市、县、乡、村纵向互动，促进科技人才要素向贫困地区聚焦，农业科技成果向贫困地区转移转化，助力决胜脱贫攻坚。全省 20.95 万建档立卡贫困户实现脱贫，其中，9 万建档立卡贫困人口依靠农业产业发展实现脱贫，占 43.06％。至此，全省累计实现 672.6 万贫困人口脱贫，161 个有脱贫攻坚任务的县建档立卡贫困人口全部脱贫，11 501 个贫困村全部退出，88 个贫困县全部清零。

二、主要做法

（一）加强组织领导，形成帮扶合力

四川省农业农村厅印发《关于进一步做好农业产业扶贫技术帮扶工作的通知》《关于四川创新团队进一步做好农业产业扶贫帮扶工作的通知》，对全省科技扶贫帮扶工作进行统筹安排部署。各级农业农村部门高度重视，农业科研院所、涉农院校通力合作，建立部门联动机制，实施对口帮扶。国家"三州三区"科技服务团及四川省农业科学院、四川农业大学、四川省草原科学研究院分别对口联系帮扶凉山州、甘孜州、阿坝州，四川创新团队、农业重大技术协同推广团队每个团队对口联系帮扶不少于 5 个贫困县。

（二）按需选派人员，健全帮扶队伍

围绕贫困地区特色产业发展需求，建强农业科技服务体系，用科技力量支撑决胜脱贫攻坚。一是健全贫困地区基层农技推广体系。深入贯彻落实四川省人民政府办公厅《关于进一步健全基层农技推广服务体系的意见》，扩大基层农技推广事业单位人事自主权，贫困地区农技推广事业单位专业技术人员空缺率由 35％下降到 20％左右。二是实施万名农业科技人员进万村开展技术扶贫行动。四川省农业农村厅选派约百名农业专家、市（州）农业农村部门和农业科研单位选派约千人、县（市、区）农业农村部门和乡（镇）基层农技推广站选派 1.2 万余人，深入全省 88 个重点贫困县的 11 501 个贫困村开展"一对一"技术帮扶。三是组建农业产业综合技术指导专家服务团和巡回服务小组。面向"插花贫困户"，整合省、市、县三级专家 7 522 人组建农技专家服务团 890 个，统筹农业专业技术人员、种养大户、田秀才和土专家等 14 166 人组建技术巡回服务小组 3 069 个，实现贫困县、贫困村和有贫困户的非贫困村科技帮扶全覆盖。

（三）聚焦深度贫困地区，攻克深度贫困堡垒

贯彻落实习近平总书记在深度贫困地区脱贫攻坚座谈会上的讲话精神，紧盯 66 个国家级贫困县和 45 个四川省深度贫困县，坚持扶贫同扶智、扶志结合，实施深度贫困县农业人才振兴工程，授人以渔、育人才。一是实施深度贫困县"一村一名农技员"提能培训计划、农村实用人才免费定向培养计划。累计提能培训村农技员 4 000 名、定向培养农村实用人才 3 000 人，为深度贫困地区培养一支"永久牌"人才扶贫力量。二是实施深度贫困县科技扶贫万里行活动。组织农业科研、教学和推广单位 180 余名科技人员，组建 36 个专家服务团，深入深度贫困县（区）开展点对点结对帮扶。国家"三区三州"科技服务团深入四川彝区藏区，开展集中培训 600 余场次、现场技术指导 1 700 余场次，加快了当地特色蔬菜、水果、畜牧等特色农业产业的发展。三是实施农技推广服务特聘计划。通过政府购买服务方式，从农业乡土专家、种养能手、新型农业经营主体技术骨干、科研教学单位一线服务人员中，为 66 个国家级贫困县招募特聘农技员 340 人，支撑贫困地区走出一条贫困人口参与度高、特色产业竞争力强、贫困农户增收可持续的产业扶贫路径。

（四）开展精准帮扶，强化绩效管理

一是开展"五个一"科技帮扶行动。即协助编制一个农业产业扶贫规划、积极推广一批主导品种和主推技术、帮助培育一批农业科技示范户、指导培育一批新型农业经营主体、助推发展一个主导产业。2020 年，四川省在贫困地区培训基层干部、农技人员 2 万余人次、农牧民 30 多万人次，发放技术资料 200 余万份，培育科技示范户 4 万余户，培育高素质农民 2 万余人，推介农业主推技术 80 余项。二是落实支持保障。全省农业科教项目资金 80％以上安排 88 个重点贫困县，66 个国家级贫困县占 78.92％。省财政将驻村农技员按政策规定增加的支出需求，纳入省对市县均衡性转移支付和县级基本财力保障奖补资金保障范围，确保贫困村驻村农技员下得去、待得住、干得好。三是强化绩效考核。制定考核办法，对日常考勤、技术服务等进行考核，对考核优秀的给予正向激励，对考核不合格的进行问责。

三、取得成效

（一）帮助明晰了产业发展定位

科技服务团、农技帮扶人员深入对口帮扶地区生产一线、田间地头、生产基地，详细了解当地社会经济发展需求、产业技术、资源禀赋、市场空间，形成调研报告 75 篇，为深度贫困县的产业定位、区域规划、发展路径建言献策，形成了一批有价值的意见建议，为当地产业振兴厘清了脉络主线。

（二）着力破解了关键技术难题

坚持问题导向、需求导向，按照实用、实效、实际的原则，采取送教上门、按需施训的现场培训和远程指导相结合的方式，开展实用技术培训指导。科技服务团针对产业发展技术难题，全年开展集中培训 408 场次、现场技术指导 1 104 场次，破解了一批技术难题，巩固了当地群众产业实用技术

水平。

（三）着力培养了农村专业人才

采取面对面、手把手的方式开展人才培养，引领基层农技员、田秀才、土专家等本土人才成长，培养了一批留得住、带不走、干得好的专业化技术人才，为增强受援地造血功能夯实人才队伍基础。科技服务团为贫困地区培养科技示范户 576 户、培养骨干技术人才 2 538 名，为接续推进脱贫攻坚与乡村振兴有效衔接提供了技术人才保障。

（四）发挥了成果转化应用示范效应

在贫困地区建设农业科技示范基地 607 个、粮油基地 150 万亩、现代经作产业基地 60 万亩。科技服务团在深度贫困县指导建立科技示范基地 303 个，推广示范新方法、新技术、新模式 518 项，为贫困地区群众依靠科技发展产业增产增收提供了典型示范。

新疆维吾尔自治区：延伸基层农技服务触角 打通服务群众"最后一公里"

一、基本情况

2019 年至今，在农业农村部的大力支持下，在新疆维吾尔自治区党委政府的关心关怀下，累计投资 1.919 亿元，用于基层农业技术综合服务站试点建设。综合服务站按照"政府搭台、市场运作、综合服务、互利共赢"的建设思路，坚持以人民为中心，群众满意为根本，聚焦产业需求，从当地农业乡土专家、种养能手、新型农业经营主体技术骨干、高素质农民、优秀毕业生中招募一批专业知识、专业技术过硬的优秀人才系统培训后吸收为特聘农技员，围绕农业生产全过程开展技术服务和农民实用技术培训，以此培育一支源自本土、服务本地、稳得住、留得住的村级农业技术服务队伍，为产业发展注入新动能，为农民增收、助力乡村振兴提供有力的技术支撑和人才保障。同时，以村级服务站为载体，以农业技术服务为主体，探索建立公益性与经营性服务模式，支持特聘农技员提供技术增值服务并合理取酬，融合邮政、通信、电子商务、农资销售、货运物流、农业保险等业务进村到户，村民可实现足不出户就能享受到更便利、更优质的生活服务，助力乡村全面振兴。截至 2020 年底，全区已建成标准化基层农业技术综合服务站 250 个，拥有特聘农技员 400 名。2021 年，计划建成 200 个村级服务站，招募特聘人员 400～600 名，于 9 月底前完成建设并投入使用。

二、主要做法

（一）标准化的硬件配备

村级农业技术综合服务站建设根据县（市、区）的农业发展水平、各乡镇和村的产业布局、地理位置、资源禀赋、人文环境、群众所需等因素综合考虑，选取具有典型代表性和示范带动能力强的村率先开展村级农业技术综合服务站建设。所有村级农业技术综合服务站按照"四个统一"标准（即统一机构名称、统一标识标牌、统一仪器设备、统一档案管理）进行打造和建设，办公场所按照功能划分为办公区、实验区和工具区三大区域，配备农残、兽残、抗生素残留、土壤肥料养分快速检测仪器以及适应各村农牧业生产所需的各类农技服务器械、防护服等防护工具。

（二）专业化的人员配备

村级农业技术综合服务站紧紧依托特聘农技员，聚焦产业需求、大力发展农业科技社会化服务，主要参与当地农业技术咨询服务、农作物病虫害防治、农产品质量安全快速检测、农田废旧地膜残留监测、配合县农技中心开展当地农民培训等服务活动；建立了农技员聘用制、目标责任制、考评激励制等管理制度。由县农业农村部门负责对村级农业技术综合服务站业务指导和上岗人员的年度考核，村委会负责管理村级农业技术综合服务站的日常运行。

（三）多元化的服务模式

全区已初步形成了农业农村部门牵头、各有关部门协作、齐抓共建、互利共赢的合作模式。依托村级服务站平台，形成了地、县、乡三级技术干部定点包联服务机制，推动技术力量下沉到田间地头，使农民群众生产中遇到的技术问题能够及时解决。为保障村级服务站更好运行，探索建立了公益性与经营性服务融合发展模式，坚持"公益性服务为主体，社会化服务保运转"的运营原则，围绕基层农技服务主阵地，搭建"1＋N"服务模式。配强服务力量，融合邮政、通信、电子商务、农资销售、农业保险等多项便民服务业务，拓展农业生产社会化服务功能、农产品销售服务功能、农资直销服务功能、农村便民业务代办服务功能等多项有偿服务，为农民群众提供优质服务，打造功能齐全、服务便捷的村级服务站，让农民不出村就能满足基本生产生活需求。通过探索"以商养站"服务新模式，保证村站正常运行。

（四）信息化的管理模式

积极探索"互联网＋农业技术服务"新手段。2020 年，新疆维吾尔自治区农业农村厅积极与中国电信公司合作，量身定制研发了"信息田园"信息平台和配套 App，以村级服务站为抓手，通过"信息田园"初步实现了咨询求助、服务任务分配领取及特聘农技员服务日志、考勤打卡、服务对象满意度评分、绩效考评等环节的全过程信息化管理模式，有效提高了农技服务的及时化、精准化、智能化、网络化水平。立足产业发展需求，成立了自治区农业科技服务"百人专家组"入驻 App，专家在线答疑、远程诊疗，为农技服务提供了有力技术支撑。

三、取得成效

（一）实现了将农技力量部署到"最后一公里"

以站点为平台，构建了地、县、乡三级技术干部定点包联指导机制，推动技术力量下沉一线开展服务，真正实现了农技推广网络体系县、乡、村全覆盖，有效解决了农技推广"最后一公里"、技术转化"最后一道坎"的问题，加大了农技推广力度和效率。2020 年，全区招募特聘农技员 400 名，配备土壤养分、农兽药残留、地膜厚度等快速检测仪器设备及配套设备 1 052 台（套），基础农用工具 14 种 3 610 套。

（二）实现了将农技服务延伸到"最后一公里"

村级站点的建设，不仅促进了技术的推广，而且通过村级服务站，增强了对基层情况及时全面的了解，更好地促进各项为民服务工作的开展，确保了技术的时效性。村级农技员成了农民致富的贴心人、紧密干群的催化剂，使农民生产中的问题能够得到及时应答，为农民增收、巩固拓展脱贫攻坚成果提供了有力的技术支撑和保障，为全面推进乡村振兴提供了新助力。2020 年，特聘农技员累计开展各类技术培训 214 期，培训 6 109 人次，参与开展农牧业技术服务 7 555 人次，服务面积 150 万亩，完成口蹄疫强制免疫 369.77 万头（只）、布病免疫 42.96 万头（只）、小反刍兽疫 25.6 万只、禽流感免疫 819.73 万羽。"信息田园" App 推送了双语技术要点短视频 1 134 个、科技信息 2 016 条。

（三）实现了将便民设施布局到"最后一公里"

站点服务功能的拓展，促进了村级便民服务能力的提升，实现了群众足不出村就能享受基本生产生活需求，解决了基层便民服务能力不足的问题。2020 年，村级服务站累计代办邮政快递、保险、储蓄等业务 5 000 件次，发放快递 35 000 件。

江西省：基层农业技术推广队伍建设显成效

一、基本情况

2020 年，江西省农业农村厅科技教育处围绕乡村振兴对各类人才的旺盛需求，发挥上接天线、下接地气的优势，采取知识更新能力提升、"三定向"培养、农技推广服务特聘计划、"一村一名大学生工程"等举措，在壮大和优化基层农技人员队伍的同时，拓展农业科技社会化服务力量，延伸农技推广服务链，助力乡村人才培养，为实施乡村振兴战略提供充分的人才保障。

二、主要做法

（一）精准施策，确保基层推广人才留得住

江西省委省政府高度重视基层农技人员队伍建设，持续出台有关政策，确保基层农技推广队伍稳定。一是出台基层农技人员定向培养政策。从 2014 年起，江西省委机构编制委员会办公室联合农业农村、教育、人社等部门，采取"定向招生、定向培养、定向就业"的办法培养基层农技员，至 2020 年已累计招录学生 1 916 名，已毕业的 1 305 名定向生充实到了基层一线。二是出台农民大学生培养政策。省委省政府于 2011 年 9 月在江西省范围内启动实施了"一村一名大学生工程"。经九年接续努力，累计招收和培养了 6.3 万名"留得住、用得上、干得好、带得动"的农民大学生，平均为每个行政村培养了 3 名农民大学生，打造了一支"不走的土专家队伍"。

（二）精准培育，确保基层推广人才用得上

针对不同推广人才，采取不同的方式方法培育。在定向生的培养上，通过多方寻求协作、不断交流，完善了培养体系，持续调整和改进教学内容和教学方式，先后构建了"专业模块＋特色模块"的课程体系，开发了"专业核心课＋现代核心模块＋专业限选课＋专业任选课"组成的定向专业课程平台，建立了"课内课外相结合、校内校外相结合、学期假期相结合"的全程实践教学模式。调研反映，定向毕业生和其他学生相比，不仅一专多能，还更能胜任基层农业公共服务的专业所需。在农技人员培训上，按照分级分类开展培训，构建省级加强示范培训、县级注重实地培训的分工协作机制，加强课程体系和培训师资库建设，融合理论教学、现场实训、案例讲解、互动交流等培训方式，重点提高农技人员培训的针对性、精准性和实效性。在乡村大学生培育上，围绕全省农业产业发展重点、农村管理难点、学员需求热点，采取"不离乡土、不误农时、工学结合、因需施教、分段集中、统一培养"的培养模式，做好教学培养内容的"加、减、乘、除"法，建立与培养对象特点相适应的教学

培养体系，使人才培养能够贴近农业生产实际、贴近农村事务管理、贴近农民致富增收。

（三）精准扶持，确保基层推广人才干得好

一是激励农技人员干事创业。在目前人员和经费保障有限的情况下，2020年，按照"强公益、活经营、促融合"的改革思路，选择瑞昌、宜丰、玉山、吉水、崇仁等县（市），开展基层农技推广体系改革创新试点工作，鼓励农技人员在履行好公益性职能的基础上，通过为新型农业经营主体、专业化服务组织等提供增值服务获取合理报酬，激发农技人员活力，提升农技推广的服务效能。二是鼓励多元主体参与推广。采取政府购买服务的方式，实施农技推广服务特聘计划，招募一大批农业乡土专家、农业种养能手、新型农业经营主体的技术骨干、"一村一名大学生工程"优秀学员和高素质农民等参与农技推广工作，同时将符合条件的特聘农技员（动物防疫专员）纳入农民培训师资队伍。

（四）精准使用，确保基层推广人才带得动

一是广泛发动在职农技员。结合2020年江西农业大讲堂下基层宣讲活动，组织万余名基层农技人员，配合省市宣讲团深入83个农业重点工作县（市、区），采取"分片式、点单式、家常式"等方式，宣讲新思想、新政策，传递新技术、新服务。据不完全统计，共深入1 489个乡镇、16 911个村开展集中宣讲2 680场次、入户宣讲73 202户，受众582 415人次，开展现场服务2 446次，帮助解决生产问题2 304个，得到了基层干部群众的一致好评。二是用好特聘农技员。充分发挥特聘农技员服务效果好、科技支撑强、覆盖范围广等特点，组织特聘农技员围绕县域农业特色优势产业发展和脱贫农户农业生产经营，提供技术指导、帮扶与咨询服务；与基层农技人员结对开展农技服务，增强农技人员专业技能和实操水平。三是组建乡村大学生创新创业协会。对已有一定产业规模的培养对象，按区域农业产业发展需要组建行业分会（如农村电商分会、工业加工分会、水稻分会、茶叶分会、果蔬分会等），重点发挥他们的示范、导向和带动作用。全省组建了92个以"一村一名大学生"为主体的"乡村大学生创新创业协会"。

三、取得成效

（一）有效缓解了基层农技推广部门后继乏人的问题

随着2017年下半年第一届定向生毕业走上基层推广岗位，目前，已有4届1 305名定向生充实到了基层一线。据不完全统计，至"十三五"期末，全省30岁以下的基层农技人员比例和大专以上学历人数比例，比"十二五"期末分别提高了6.45个百分点和8.51个百分点，一定程度缓解了基层农技人员年龄老化、专业化水平低等问题。同时，农技推广服务特聘计划的全面实施，也为补充基层农技人员不足、促进产业发展、助力脱贫攻坚发挥了积极作用。

（二）有效推动了农业先进适用技术的推广应用

一年来，广大基层农技员结合江西农业大讲堂下基层活动和重要农事季节，深入田间地头、牛栏猪舍、鱼塘菜地，围绕各地农业产业发展和生产经营主体的技术需求，进行"点单式"技术培训、技

术指导、技术服务，手把手、面对面地将先进适用的新技术传授给农民。据调查，各地农业主推技术到位率均超过 95%。

（三）有效助推了农民群众脱贫致富

经过几年培养，"一村一名大学生工程"学员致富能力越来越强，越来越多的学员致富不忘家乡，帮助和带动周边群众实现致富梦想。截至 2020 年底，为 25 个贫困县培养了 13 478 名农村优秀人才，给 2 900 个贫困村留下了一支"不走的扶贫工作队"，为江西如期实现精准脱贫提供了可靠的人才保障和智力支撑。如兴国县乡村大学生创新创业协会，号召全体会员奋战在脱贫攻坚最前线，带领贫困群众致富奔小康，50 名会员结对帮扶贫困户达 563 户 2 056 人，在脱贫攻坚战中发挥了积极作用。新余市的陈小红，采用"公司＋基地＋农户"的模式，组织分宜、上高、樟树、高安等地农民种植麒麟西瓜面积 5 万余亩，产值达 4 亿多元，户均增收 5 万余元，带动就业人员近 1 万人。

河北省：农业创新驿站建设情况

一、基本情况

农业创新驿站是以企业（园区、合作社）为主体，围绕县域优势特色产业发展，充分集聚政府、科研院校、企业等多方优势资源，采取"十个一"模式，即确定一个特色优势主导产业、筹集一笔专项经费、明确一个企业产业承接平台、组建一支高层次专家团队、建设一个科技研发推广中心、形成一批全产业链技术标准和规程、打造一个特色优势农产品品牌、培育一批农业科技人才、明确一套绩效考核目标、探索一套有效运行机制，全面推进农业创新驿站建设。截至2020年底，河北省共遴选建设了160个产业覆盖面广、辐射带动能力强、增收致富前景好的农业创新驿站，涉及185家企业，建成区面积超过60多万亩。

二、主要做法

（一）明确县域科技支撑定位，抓住三个关键

一是加强全产业链专家团队组建。各地在驿站创建中，专家团队要围绕县域特色产业及全产业链进行组建、补充和调整，要特别注重农产品加工、市场营销、品牌打造等产后环节支撑，通过延伸产业链提升价值链。二是加强与基层农技推广体系对接。发挥基层农技人员熟悉农民、了解民情的优势，积极吸纳基层农技人员参与驿站建设，推动驿站先进技术成果向基层一线传播。三是加强对其他新型农业经营主体的示范引领、辐射带动。作为县域科技支撑主体，农业创新驿站要在新技术、新品种、新机具、新模式等方面发挥示范引领作用，辐射带动其他新型农业经营主体发展。

（二）打造驿站精品，放大三个效应

一是放大驿站创建模式效应。按照"十个一"模式，2020年底高质量创建农业创新驿站160个。完善驿站考评体系，强化政策扶持，规范驿站管理，建立科技支撑长效机制。要求每个农业县至少建设1个农业创新驿站，每个市至少打造10个以上精品驿站。二是放大驿站科技创新效应。围绕生物育种、绿色农业、智慧农业、设施农业、农产品质量安全等重点领域，开展重大技术攻关，重点突破一批卡脖子技术，研发推广一批重大科技成果，组织驿站根据京津冀高端市场需求，推动差异化、高品质农产品规模生产。三是放大驿站利益联结效应。加强龙头企业＋合作社＋农户、股份合作等利益联结分享模式探索，让农民分享驿站建设成果，增强驿站发展内生动力。对建设起点高、产业关联度大、产业链条长、发展前景好、辐射带动周边农户影响大的建设主体集中筛选、集中包装、集中展示

和集中推介，提高农业综合效益和竞争力。

（三）用好绩效考评指挥棒，做好三线考评

组织懂政策、驿站建设经验丰富的专家组成第三方，对 2019 年度农业创新驿站创建工作实行三线考评：一是对县级农业农村部门考评，重点考评组织领导情况、配套资金落实情况、政策扶持情况；二是对首席专家考评，重点考评团队组建、全产业链科技支撑、技术创新、科技服务等情况；三是对驿站创建主体考评，重点考评专家工作生活配套设施情况、基地建设情况、对周边新型主体辐射带动情况等。上述考评分优、良、中、差四个等级，对 2019 年度考评优秀的 63 个驿站，纳入 2021 年农业创新驿站资金支持范围；对专家团队与驿站对接不紧密、科技支撑能力不足、服务保障不到位、考评成绩较差的驿站，列入限期整改范围，整改仍不能到位的，取消省级驿站资格。在考评基础上，每到一站，考评专家都要指出驿站存在的问题和困难，提出下一步驿站创建的工作建议。通过创新驿站考评，全面了解全省驿站推进情况，归纳各地先进典型作法、鲜活案例，总结工作成效。

（四）加强培训指导和典型示范，强化三个引领

一是加强培训引领。以补助项目为依托，组织对全省 160 个农业创新驿站首席专家和驿站创建主体负责人进行双线培训指导，重点围绕农业创新驿站推进工作，讲解有关推进政策，座谈研讨加强驿站创建的方式方法，探讨解决驿站建设中存在的问题和困难，提供操作性强的思路举措。二是加强示范引领。培训既注重政策解读、座谈研讨，更要注重实地观摩引领，组织参训人员到发展潜力好、科技支撑强、辐射带动大、标准化程度高的典型驿站进行现场观摩，让这些驿站的专家和驿站负责人现身说法。三是加强典型引领。按照"选好一个、带动一片、致富一方"的原则，遴选示范作用好、辐射带动强的农业创新驿站，打造科技支撑乡村产业示范样板，增强农业科技示范展示能力。通过典型引领，形成科技要素驱动、可借鉴可复制的农业创新驿站创建模式，示范带动全省农业创新驿站建设再上新台阶，跨越新高度。

三、取得成效

截至 2020 年底，全省共创建了 160 个农业创新驿站，涉及 185 家企业，建成区面积超过 60 多万亩。通过驿站建设，600 多个农业新品种、380 多项新技术新成果通过驿站转化、应用、推广，培养乡土专家、农技骨干、青年科技人才 3 100 多名，培养了一大批"土专家""土把式"等乡土人才，示范引领 1 600 多个新型农业经营主体发展，辐射带动近 10 万农户增收致富。驿站已经成为县域内农业科技创新要素聚集地、科技成果转化示范园和特色产业发展引领区。

（一）创新工作机制，增强科技农业发展动能

在创建中不断总结实践经验，健全政策机制，将农业创新驿站建设由点到面在全省推开，逐步发展壮大。2019 年、2020 年共筹集资金 5 600 多万元，撬动市县资金 7 800 多万元。省级先后出台了《关于推进农业创新驿站建设的实施意见》《河北省农业创新驿站管理办法》，规范驿站运行，注重科

技支撑长效机制建设，充分发挥建设主体作用，加强创新驿站基础设施和专家工作生活条件建设。驿站专家团队中，既有国家顶级院士专家，也有省内领军人才担任驿站首席专家，更有 1 850 多名京津冀全产业链专家倾心参与，其中京津等省外专家就有 315 名，并建立与岗位职责目标相统一的收入分配和股权激励机制。

（二）固县域特色产业发展根基，带动区域产业实现大发展

目前，河北省创新驿站建设涉及 36 个产业、185 家企业，建成区面积超过 60 多万亩。藁城区农业创新驿站建成了藁优麦原种繁育基地 12 000 亩，以及 2 000 吨具有外贸出口资质的宫面生产加工流水线及质量检测中心、宫面文化展览馆、宫面产学研教室、宫面观光文化走廊、宫面文化广场、宫面品尝体验区等设施，开创了三产融合发展的新局面。雪川农业创新驿站建立了"原种繁殖＋生产用种供应＋产品回收仓储＋加工＋质量检测＋销售"的马铃薯产业化生产经营体系，建立了完善的"企业＋农户"农业产业化经营模式，每年支付农民流转土地租金 5 000 万元以上，为当地新增固定就业岗位 1 000 多个，季节性用工 2 000 多人，为当地农民创造了致富门路和就业机会。

（三）破解瓶颈难题，彰显科技力量

在专家团队倡导下，一大批先进科技成果率先在驿站落地，截至目前共研发、引进、示范与推广优质品种 600 多个、高新技术 200 多项、机具装备 300 多台套、新模式 100 余项，科技贡献率达到 80％以上。迪龙农业创新驿站创建了一整套小麦体系创新模式，实现了节水 50％、节地 10％、省工 80％以上、节肥 30％的高效回报，辐射带动面积达 7 万亩以上，小麦种植户亩增收 200 元以上。晋州市长城农业创新驿站创新了"果—菌—肥—果"绿色生产模式，亩增收 1 200 元，大大降低了晋州市鸭梨生产的投入产出比，增加了果农收入。

（四）强化联贫带贫机制

搭建贫困农民增收致富链条，针对贫困地区农业主体小、散、远现状，充分发挥驿站科技支撑好、辐射带动广、品牌优势强的优势，加大科技助力扶贫利益联结机制和模式探索，要求每个驿站都要辐射带动 5 个以上新型农业经营主体产业发展，帮扶 100 户以上贫困户或普通农户，贫困户和农民既可以通过出租土地收取租金，也可以进入驿站打工赚取佣金，还可以以土地或扶贫资金入股分得股金，通过联贫带贫机制，实现了贫困农民的增收致富。截至目前，驿站共辐射带动新型农业经营主体 800 多个，联贫带贫贫困户 16 000 多户。张家口市谷之禅燕麦农业创新驿站牵头组建成立了谷之禅燕麦产业化联合体，推行"兜底保障＋激励奖补"模式，辐射带动建档立卡贫困户 1 451 户、3 217 人，人均增收 1 150 元以上，户均增收 2 550 元。平泉市尚泽果业农业创新驿站探索创新了"四金＋五化"产业扶贫标准模式，可使当地贫困户靠抗寒苹果产业人均增收 3 000 元，辐射带动承德、张家口、内蒙古、辽宁、新疆、吉林等地发展苹果 10 万余亩，丰产期产值达到 6 亿元以上。

（五）推动品牌建设，提升产品价值链

充分发挥驿站创建主体龙头企业的示范引领作用，开展绿色食品、有机食品和农产品地理标志认

证，加强品牌营销推介，每个创新驿站至少打造 1 个省级以上品牌产品。截至目前，通过驿站已培育或壮大品牌 160 多个，推动了全省区域公用品牌、企业品牌、产品品牌"新三品"的创建步伐。青县大司马蔬菜宴、安国祁菊花、祁山药、顺平桃、满城草莓、宽城板栗、隆化肉牛、平泉香菇、围场马铃薯等一大批农产品品牌影响力得到显著提升。

（六）强化乡土人才培养，根植人才成长沃土

在驿站建设中，要求每个驿站通过技术培训、展示示范、现场指导等方式对农技人员、新型农业经营主体、农户进行培训指导，每年培训农技人员不少于 50 人次，培训农业经营主体和农民不少于 100 人。目前，已举办了各类培训活动 1 400 余场次，受训人员达 3.4 万余人次，培养了一大批"土专家""土把式"等各类乡土人才。

吉林省：创新科技培训助力农技推广

农民田间学校是根据农民生产实际需求，以农民为主角，以田间现场为课堂，以实践为手段的参与式、互动式、启发式农技推广新方式，旨在培养农民自主决策和解决问题的能力。农民田间学校注重培养农民动脑、动心、动口及动手能力，以循循善诱的方式、热情周到的服务态度，充分调动农民参与的积极性，深入浅出地将生产技能、实践经验传导到农民。因其具有发现问题准确、解决问题及时、科技服务紧密、技术推广到位的优势和特点，容易被广大农民朋友接受和喜爱，已成为农技推广的一种行之有效的方式。近年来，吉林省创新科技培训方式，大力推进农民田间学校发展。

一、吉林省农民田间学校基本情况

吉林省农民田间学校始办于 2011 年，在省农业农村厅和省农业技术推广总站的指导推动下，经过近十年的发展壮大，目前共拥有省级师资队伍 874 人、县级师资 599 人。2017 年，全省共有 49 个县市开展了田间学校活动，开办 193 所农民田间学校，共开展活动 659 次，参加活动农民 18 144 人次。2018 年，全省开办 414 所农民田间学校，开展 1 225 次活动，参加活动农民 28 550 人次。2019 年开办 248 所农民田间学校，开展 517 次活动，参加活动农民 10 609 人次。

二、吉林省农民田间学校主要做法

（一）项目带动，资金专用是持续运行的基本保障

吉林省将开办农民田间学校作为基层农技推广体系改革与建设补助项目的一项重点实施任务，支持和督促各地将工作落到实处。开办学校的日常费用、差旅费用从项目资金中支出，为农民田间学校持续良好运行提供了基本保障。2021 年，吉林省农业重大技术协同推广项目也将采用农民田间学校形式开展培训。

（二）领导支持，特事特办是良好运行的关键

吉林省农民田间学校的发展得到了省农业农村厅领导充分肯定和大力支持，省农业技术推广总站负责具体组织落实，相关领导亲赴培训现场指导，大大激发了学员们学习热情。省农业农村厅两次特批，聘任了 26 名省级农民田间学校辅导员，给农技人员树立了榜样，增添了办好农民田间学校的动力。

（三）专人负责，强化考核是取得实效的根本保障

根据工作安排，吉林省农民田间学校由省农业技术推广总站体系科专人负责，负责组建师资队伍，并持续开展素质提升活动，为顺利运行提供人才保障。开办农民田间学校活动作为基层农技推广体系改革与建设补助项目考核的重要内容，农民田间学校工作成效是年终考核的加分项，省级农民田间学校辅导员聘书也是农技人员职称评聘的重要依据。

三、取得成效

（一）提高了农民的综合素质

农民田间学校拉近了农技人员与服务对象之间的距离，通过唠家常式的培训形式，为农民提供了展示自己、相互学习的机会，不仅使农民更新了观念，提高了发现问题、分析问题、解决问题的能力和科学种养水平，还增强了团队协作意识和互助意识，有效推动了农业增产和农民增收。

（二）培养了一批农民技术员

通过田间学校的培育，使一批优秀学员脱颖而出，掌握和使用技术能力显著提升，为当地农业生产起到很好的"传、帮、带"作用。敦化市每个乡镇都开办了一所农民田间学校，并建立一个面积5亩左右的农业科技试验示范基地，供学员观摩和实习。经过一年的培训，学员们具备了农民技术员的水平，可独立为周边农户指导生产技术问题，产生了良好的经济效益和社会效益。

（三）提升了农技推广服务效能

作为农民田间学校辅导员，不仅要有过硬的专业技术知识和技能、丰富的实践经验，还要有较强的语言表达能力和组织协调能力。通过农民田间学校的舞台，农技人员增长了知识才干，提高了素质能力，并在为农民服务过程中实现了自身价值，增强了自信，进一步激发了农技推广队伍的活力，提升了农技推广服务效能。

广东深圳：开展精准防控护人民安全保农业生产

一、基本情况

红火蚁是近年来入侵我国的重大农业、林业植物检疫性有害生物，其具有繁殖能力强、传播速度快、习性凶猛等特性，已成为影响深圳农业生产、市民健康、生态环境和社会发展的重大害虫。深汕特别合作区（以下简称"深汕"）是深圳市发展三农工作的主战场，也是全国红火蚁入侵较早、危害程度较重的地区。2018 年初，深汕全面划归深圳管辖之初，经市植物检疫部门监测，深汕 4 镇 39 村（社区）平均每 100 米^2 活动蚁巢密度达 1.6 个，属"重度发生"水平。红火蚁已成为影响深汕地区乡村振兴、农业生产和村民生活的重要生物灾害。

二、主要做法

（一）发挥政府主导作用，加强组织领导

为坚决遏制深汕红火蚁疫情发生蔓延，深圳市农业科技促进中心（以下简称"市农促中心"）作为全市农业技术推广和植物检疫技术支撑机构，多次组织专家和技术团队前往深汕组织开展专题调研和技术指导，安排专班专人跟进，建立市区两级红火蚁疫情防控工作协调机制，明确防控责任、工作目标和工作进度，督促协助深汕有序推进红火蚁防控工作措施落实。市农促中心积极协助深汕将农地和公共场所等场所的红火蚁防控纳入了本辖区乡村振兴工作事项，协调从市乡村振兴资金中划拨应急防控经费 600 多万元用于 2020 年度（第一阶段）深汕红火蚁应急防控工作，切实保障防控措施及时落地、有效落实。

（二）全面监测普查、科学指导

坚持以科学的思路指导防控工作，市农促中心对深汕开展红火蚁大监测和大排查，摸清底数、找准基数，并组织省级红火蚁防控专家论证评估，第一时间发布疫情预警，协助深汕制定 2020—2021年度红火蚁应急防控工作方案，规划衔接全市范围红火蚁常态化防控方案。

（三）推广专业化防治，确保防控效果

依托深圳市已形成的成熟、先进、有效的红火蚁专业化统防统治模式，深汕通过政府购买服务的方式，遴选出综合实力强的专业化病虫害防治组织，对全区耕地、园地和重点场所红火蚁进行网格化统一防控作业，创新性推广应用植保无人机大面积实施撒施饵剂技术，推进发生区红火蚁统防统治，

有效提高了防控效率和防治效果。

（四）加强科技引领，提升防控技术水平

一是进一步建立健全红火蚁监测预警体系。市农促中心创新和优化了红火蚁监测评价指标，在全国率先开展红火蚁云采集、随手拍等智能信息管理平台的开发和应用，在保障评价结果科学的前提下，极大提高了监测效率，定期发布监测预警信息，及时指导各防控责任单位落实防控任务。二是开展红火蚁防治技术方法的创新。深圳市是国内最早开展大规模推广以饵剂防治法为主的"二阶段防治法"进行红火蚁统防统治的地区，并全面推广应用撒播器和无人机新型施药技术。三是组织开展红火蚁防治技术和新型药剂的研发与应用。2020 年，对国内主要红火蚁防治饵剂开展药效试验筛选，《红火蚁绿色防控技术体系研发与应用》获深圳市科技创新委员会可持续发展科技专项立项，资助金额400 万元。

三、取得成效

（一）深汕红火蚁防控成效显著

2020 年，红火蚁专业化防治模式在深汕地区应用推广面积超 12 万亩，90％以上防控区域的红火蚁疫情从"重度发生"水平降低到"轻度发生"水平，切实保障了深汕农业生产安全和人民群众身体健康，为深汕加快农业农村现代化、全面推进乡村振兴保驾护航。

（二）红火蚁专业化防控模式得到进一步推广

按照国家、省委省政府关于红火蚁防控的相关文件精神，在深圳市委市政府的高度重视下，通过10 余年的探索创新，深圳市在红火蚁疫情防控上形成了"政府购买服务、监测预警、专业化防治、监督评价、公众教育"的"深圳"专业化防控模式，该模式已纳入《广东省红火蚁防控三年行动方案（2021—2023 年)》推广内容。

江西吉水：八都区域农技服务工作站
开展农业科技社会化服务

一、基本情况

吉水县八都区域农技服务工作站是适应乡镇机构改革新形势需求在全省第一个组建的区域农技服务工作站，工作人员由 6 名公益性农技人员和 6 名农村种养业"土专家"组成，服务区域为八都镇、水田乡、双村镇，辐射服务醪桥镇、文峰乡、水南镇等，重点服务水稻、井冈蜜柚、设施蔬菜、食用菌、家禽等当地主导农业产业和特色农业产业，建立了"专家＋农技人员＋示范基地＋示范主体＋辐射带动户"的链式推广服务模式机制，实现了农技推广与示范主体融合发展，示范推动了全县农业产业提质增效、产业转型升级。

二、主要做法

（一）出台改革创新方案，夯实融合发展基础

吉水县委县政府高度重视基层农技推广体系改革创新工作，在改革创新方案起草时进行了广泛调研，并取得相关单位政策支持，确保县委和县政府联合下发的《吉水县 2020 年基层农技推广体系改革创新试点工作实施方案》可实施可操作。同时，出台了《公益性和经营性农技推广融合发展及农技服务增值取酬规范管理实施细则（试行）》，支持基层农技推广机构、农技人员办理报批手续后，在履行好岗位职责的前提下，进入新型农业经营主体开展技术转让、技术入股、技术承包、技术咨询等多种形式增值服务并取得合理报酬。县委县政府以文件形式确认试点工作的政策支持，让农技人员吃下"定心丸"，激发基层农技推广机构和农技人员的改革创新融合发展积极性。

（二）加强区域站队伍建设，打造社会化服务平台

为适应乡镇机构改革新形势下，农技推广更好地服务产业需求，在县委县政府的大力扶持和省市农业农村部门精心指导下，在原八都农技推广综合站的基础上，整合八都、水田、双村三个乡镇农技推广设施设备和人力资源，组建八都区域农技服务工作站。八都区域农技服务工作站站长为原八都农技推广综合站站长，副站长为原水田农技推广综合站站长。八都区域农技服务工作站开展农技推广机构与经营性组织融合发展创新试点，依托县粮油、果蔬、畜牧、水产、农机等专业技术团队，结合农业重大技术协同推广、农业绿色高质高效技术推广等项目资源，与新型农业经营主体"农企对接"融合发展，开展农业重大技术协同推广及新品种、新技术、新模式示范推广工作，一个专家团队服务一

个产业，一个专家服务一个基地，带动一片产业发展。八都区域农技服务工作站农技人员为新型农业经营主体、专业化服务组织等提供增值服务并获取合理收益，所获收益由八都区域农技服务工作站统一管理和使用，主要用于参加培训、学习交流，开展服务的交通费补助、聘请的"土专家"误工补助等。

（三）创新农技推广机制，推进农企融合发展

通过与区域内新型农业经营主体、专业化服务组织对接建立融合发展平台，应用绿色高质高效技术成果，推动区域农业产业提质增效，促进产业转型升级。在八都镇毛家村建立水稻绿色高质高效示范基地，与示范基地经营主体吉水县云众地生态农业专业合作社、吉泰现代农业综合服务专业合作社对接，为示范主体提供技术方案、技术操作、技术指导服务，开展农企融合发展"增值取酬"工作；在双村镇马田丰凯农业示范园，与经营主体江西丰凯农业科技有限公司对接，开展辣椒、茭白、芋头新品种筛选、新技术示范，为经营主体提供技术服务和技术支持；在中波醪桥社会化服务基地，与江西中波供销农业服务有限公司对接，开展水稻大钵体毯状苗育秧、机插及水稻机械有序机抛秧育秧、机抛示范展示，通过举办培训班、现场操作演示，帮扶企业完成水稻育秧、机插培训，培训种粮大户42户、社会化服务组织7个，为江西中波供销农业服务有限公司开展水稻大钵体毯状苗机插及水稻机械有序机抛社会化服务提供技术依托奠定了基础。

（四）创新农技服务模式，提高推广服务效果

八都区域农技服务工作站依托江西省农业科学院、江西农业大学和县农技推广专家团队技术力量，以"专家＋农技人员＋示范基地＋示范主体＋辐射带动户"的链式推广服务模式，开展重大技术协同推广集成技术试验示范展示。与县级粮油、果蔬、畜牧、水产、农机等专家团队对接，建立重大技术协同示范基地；进一步集成、熟化本产业的重大技术，完善技术供给体系和配套措施，制定主推技术推广方案，印发技术手册、简易操作规程或明白纸，积极创新推广手段，探索制作专家讲解视频，拓宽推广辐射范围。实现农技推广主体协同发展及农业技术推广工作纵向到底、横向到边，推动区域农业产业提质增效、产业转型升级。如在八都镇建设"优质晚稻早种再生全程机械化生产基地"，核心区面积1000亩；在水田乡建设"优质晚稻早种连种示范基地"，核心区面积600亩，辐射带动优质稻生产技术应用3万亩以上，培训农户120人，培育新型农业经营主体2个。

三、取得成效

（一）夯实了农企融合发展基础，推动融合机制创新

明确基层农技推广机构公益性职责，农企融合发展和"增值取酬"有政策依据，激发了农技人员干事创业的主动性和积极性，基层农技推广队伍业务素质和服务能力得到提高，农技推广服务能力、质量和效率明显提升。

（二）引领了产业发展，助力乡村产业振兴

区域建站以服务当地产业发展为宗旨，依托省农业院校、农业科研院所技术力量，建立特色农业

产业专家团队，通过"农企融合"方式开展技术示范展示工作，引领当地产业发展。双村镇马田丰凯农业示范园引进院士团队进行辣椒新品种选育和种植，设施辣椒基地每亩增收上万元，同时引领双村镇发展秋延后辣椒新品种种植基地 12 个，面积 600 多亩；与江西省乡村产业振兴战略研究院合作，对接品鑫养殖合作社，在八都镇院背村建立家禽产业示范村（基地），基地采取"五统一"的管理模式，建立完善的全程质量控制食品安全监控体系，基地占地面积 30 亩，年出栏白羽肉鸡 30 万羽，带动 20 多人就地就近就业，为乡村产业振兴、助力脱贫提供了技术支撑和发展模式。

（三）创新了农技推广服务机制，提升农技推广效率

八都区域农技服务工作站联结县级专家团队，对接新型农业经营主体，建立农企融合发展示范基地，在八都、水田、醪桥等乡镇建立农业科技示范展示基地，开展优质早稻品种、优质晚稻早种适应性筛选及优质晚稻早种再生示范、高效施肥技术示范、水稻机械有序抛秧示范，辐射带动技术应用面积 10 万亩，培育新型农业经营主体 15 个，提高了新型农业经营主体生产技术和生产效益，建立了公益性农技推广机构与经营性组织融合发展的对接平台和路径，提升了农技推广人员服务水平。

（四）提供了个性化服务，提升产业发展水平

八都区域农技服务工作站为八都、水田、双村等地新型农业经营主体量身定制"一对一"个性化农业产业技术服务，实现农技推广机构与新型农业经营主体协同发展。八都区域农技服务工作站联结县畜牧专家团队，对接江西省吉水八都板鸭有限公司，在八都镇吉安红毛鸭原种场开展吉安红毛鸭原种资源保护，利用先进保种技术，进一步优化板鸭加工原料鸭新品系，开发适合市场需求的板鸭加工原料鸭高端专门品系，充分利用品种资源优势打造"八都板鸭"全国驰名品牌。

贵州牧林："五位一体"
大数据＋动物防疫社会化服务

一、基本情况

贵州牧林农业科技发展有限公司以"科普兴农业、服务社会"为社会化服务宗旨，结合目前全国动物防控管理行业所面临的难点痛点，总结基层服务与管理的需求，创新突破，在进行社会化服务过程中，集成打造了开放的、可信的一站式动物防疫信息化管理平台系统"防控管家"，以信息化服务、数字化管理、平台化调度提供一站式解决方案，填补贵州省动物防控行业智能管理平台的空白，大大减轻了基层动物防疫工作管理部门和动物防疫技术服务企业的工作压力。通过"五位一体"大数据＋动物防疫社会化服务模式，有效破解基层动物防疫社会化服务"最后一公里"管理与服务的难题，获评 2020 年全国农业社会化服务典型案例。

二、主要做法

（一）养殖终端社会化服务

一是强制免疫全覆盖。针对农村散养户（含国标贫困户养殖扶贫项目）及中小规模场，由公司委派技术人员，入户到场，定点服务，由技术人员给散养农户提供动物疫病防治技术服务，包括免疫注射服务、动物疫病诊断检测服务、养殖场饲养管理培训服务、技术咨询服务；特别是针对贫困户的服务与帮助，提高了贫困户养殖的信心，通过入户服务与指导，最大限度地减少了养殖户养殖风险，提高了养殖回报率，在猪价一路走高的情况下，一户贫困户年出栏两头健康生猪就顺利脱贫。通过对农村散养户及贫困户的全覆盖服务，保障了养殖户的经济效益，为脱贫攻坚保驾护航，保障了农村餐桌有肉有油自给自足，赢得了广大养殖户一致信任与好评。

二是中小型养殖场驻场托管社会化服务。提供驻场兽医服务及养殖场委托管理服务，主要通过技术人员驻场解决中小型规模场动物疫病防治、饲养管理、消毒灭源、繁殖育肥等技术需求；最大限度地解决养殖场及养殖户的实际需求，满足养殖场的技术需求，提升养殖场安全生产管理水平和重大动物疫病防治能力，减少养殖场因疫病防疫技术跟不上及管理水平跟不上等情况出现损失的因素，保障养殖场的正常生产效益；为区域内市场保供、生猪复养提供了防疫保障。

三是养殖企业安全生产管理方案制订与疫病净化社会化服务。由公司联合科研院校对服务对象制订养殖档案管理方案、饲养管理方案、免疫计划执行方案、奶牛结核布病检测采样技术服务、生物安全防护措施、重大动物疫情防控处置方案，实施动物疫病诊断及采样检测、病原学检测、抗体检测等疫病净化项目技术服务；同时，由公司提供"防控管家"的系统平台数据管理服务，对养殖企业的兽医人员及管理人员进行系统培训，让企业管理人员运用"防控管家"系统管理软件，按照企业执行的免疫计划，对动物实施免疫注射数据采集及养殖数据动态管理、养殖场档案管理，实现数据集成自动上报、产地检疫协检申报等工作，管理部门不用入场就能通过"防控管家"后台收集数据，避免了入场检查带来疫情发生的风险。通过公司与科研院校的通力合作，共同为养殖企业提供服务，解决了养殖企业在养殖安全、公共卫生安全、动物产品质量安全和生态安全方面的难题。

四是狂犬病防控专业社会化服务。边远山区一直是狂犬病防控的育区，公司至 2017 年春季与北京爱它动物保护公益基金会及省、市、县动物疫病预防控制中心建立长期技术合作关系，连续四年在贵州省息烽县启动"灰丝带"行动及"针爱行动"等公益性服务，为边远山区城乡及农村养殖的犬类进行公益性免费狂犬病疫苗免疫注射服务。四年来，结合公益服务与政府强制免疫服务一起实施，累计注射狂犬病疫苗 120 000 头份/针次，注射密度覆盖区域内 80% 以上的犬只，免疫抗体合格率经贵阳市动物疫病预防控制中心监测抗体合格率均达 83.3% 以上，有效控制了边远山区犬的狂犬病发病率，服务至今未发现一例犬狂犬病病例，为区域内公共卫生防控工作作出了一定的贡献。

（二）政府管理部门的购买式社会化服务

一是技术服务。公司为基层动物防疫管理服务部门提供服务，通过政府购买动物防疫技术服务，形成基层动物防疫工作在技术培训、技术服务、技术咨询、考核管理、免疫注射、品种改良、产地检疫协检、疫情处置、应急演练、无害化处理、消毒灭源、疫病净化、采样监测等全方位的合作，稳定了动物防疫队伍，提高了免疫注射密度及抗体合格率，降低了畜禽病死率、有效提高了养殖效益，保障了畜禽养殖业的发展。

二是委托管理服务。政府委托公司考核管理基层动物防疫工作，公司利用动物防疫信息化管理平台为基层政府提供数据服务，通过技术服务人员到村入户进行终端信息采集，实现了无纸化办到、线下数据线上流转、远程监管、在线跟踪、精准调度，大大地缓解了基层政府工作压力、提升了基层工作管理效率。

三是技能培训服务。公司承办贵阳市全市及各区县的动物防疫技能培训及扶贫产业技术培训服务，共计培训学员 15 000 人次以上；培训学员参加全省技能大赛获得全省第二名的好成绩，并代表贵州队参加国家级技能大赛，通过培训，使用动物防控群体防控能力得到不断的提升，为全市动物疫病防控及畜牧产业发展工作保驾护航。

四是重大动物疫情应急处置社会化服务。公司组建了一支政企两级互动、社会全面参与的综合应急处置分队。分队建立健全突发事件应急处置协作机制，使其既能满足本区域突发疫情事件应对工作需求，又能承接其他地区的动物紧急免疫及重大动物疫情处置工作，最大限度地减少疫情扩散引起的损失，降低突发疫情事件给养殖产业造成的财产损失。在公司的统一领导下，综合应急处置分队承担重大动物疫情专业应急处置任务，为维护养殖业的安全生产和社会稳定提供服务。综合应急处置分队队长、副队长、支队长、副支队长、由公司统一培训选拔后指定人员担任；分队编制 30 人，设队长1 名、副队长 2 名、支队长 3 名、副支队长 6 名、技术人员 18 名，每个支队设支队长 1 名、副支队长2 名、技术人员 6 名。

（三）与科研院校所产、学、研合作式的社会化服务

公司与贵州大学动物科学学院、贵州省农业科学院畜牧兽医研究所、贵州农业职业学院等深入合作，整合学校与公司在人员、师资、设备等多方资源，在数据信息平台建设、动物疫病诊断、实验室检测检验、动物疫病净化、课题研究、社会调查等多方面进行深入合作。公司为院校提供教学实践基地，为毕业生提供顶岗实习岗位；公司在行业服务中遇到的难题，由科研院校师资进行攻关；公司技术力量薄弱环节，由学院专家老师进行培训；攻关成果由公司组织实施推广应用，效果反馈。通过与科研院校的协作服务，解决了公司在行业发展中存在的短板与难题，加速了公司的成长，加快了科研成果的推广运用与成果转化。

（四）跨省域合作动物流行病学采样社会化服务

2019 年，公司与长沙海关建立合作关系，为长沙海关提供贵州省动物流行病学监测采样技术服务，共采样 23 510 份，其中猪血清 5 143 份，鸡鸭鹅等禽类咽喉/泄殖腔拭子、猪鼻拭子 2 410 份，牛羊 OP 液、猪颌下淋巴结或扁桃体 5 737 份，牛、羊、鹿血清 7 856 份，羊拭子或组织样品 1 136 份，马血清 1 228 份。通过启动公司社会化服务渠道，快速解决了区域内样本收集难、第三方检测服务远程采样困难的问题，同时更进一步锤炼了公司远程服务能力和综合协调能力。

（五）可提供的专业售后社会化服务

通过与厂家合作，实施本地化服务，提升了厂家服务效能，拓展了公司的业务。为国内动物疫苗生产企业提供免疫副反应处理、疫苗免疫效果对比试验、效果评价及疫苗企业提供的配套技术培训、物资供给、推广应用等技术服务；为国内行业检测试剂生产企业提供使用终端检测技术服务与市场维护；为国内检测设备厂家提供售后培训与设备维护服务；为行业提供检测设备、试剂、耗材、防控物资等市场供需资源性服务。

三、取得成效

实现"一个平台，两个提高，三方共赢"的创新成果。一是通过防疫社会化服务模式的改革，公司在服务过程中创新性地集成开发了动物防疫信息化服务平台系统"防控管家"为行业管理提供了信息化服务平台；二是"两个提高"，通过平台的推广运用实现了动物防疫工作无纸化办公、线上线下流转、智能分析、远程监管、平台调度，大大地减轻了动物防疫行业工作管理的压力，提高了动物防疫工作效益，提高了基层动物防疫工作的监管能力；三是"三方共赢"，通过政府购买动物防疫社会化服务的模式改革，转变了政府的工作职能，缓解了基层政府工作压力，能有效提高政府公共服务供给效率和质量。

禽白血病净化技术推广提升种禽竞争力

一、基本情况

禽白血病是由禽白血病病毒引起的慢性传染性肿瘤病，也叫作鸡淋巴细胞白血病，俗称"大肝病"。该病毒可垂直传播也可水平传播，感染日龄越小危害就越重，可造成免疫抑制、抵抗力下降，造成鸡育成难度增高，对家禽养殖业持续健康发展形成很大威胁。

禽白血病净化在推动我国种鸡自主品种资源市场竞争力、种禽场生物安全水平整体提升和打造以净化为核心的禽病防控新模式等方面均作出了积极贡献，经济和社会效益极其显著。下面以北京市华都峪口家禽育种有限公司、河北大午农牧集团种禽有限公司、江苏立华牧业股份有限公司等三家家禽养殖企业的禽白血病净化成功案例，阐述禽白血病净化的经济和社会效益。

二、主要做法

北京市华都峪口家禽育种有限公司是我国最大的蛋鸡民族育种企业，主要从事京红和京粉等蛋鸡品种的研究开发和产业化。自 2009 年起，该公司在山东农业大学指导下开始实施禽白血病净化工作。2011—2015 年，禽白血病净化技术方案在该公司曾祖代蛋鸡、祖代蛋鸡和父母代蛋鸡分别已累计推广 30 万羽、231 万羽和 525 万羽，京红和京粉两个品种连续多年实现了禽白血病病毒分离零检出，北京市华都峪口家禽育种有限公司于 2015 年获中国动物疫病预防控制中心颁发的我国首个"禽白血病净化示范场"认证。

河北大午农牧集团种禽有限公司是我国重要的蛋鸡原种基地。自 2012 年起，该公司原种鸡群五个家系在山东农业大学指导下开始实施禽白血病净化工作。其中，京白 939 和大午金凤两个品种已达到了病毒分离零检出，不仅不再有临床病例，而且产蛋率和苗鸡存活率均平均提高了 5%。该公司 2016 年获农业部中国动物疫病预防控制中心颁发"禽白血病净化创建场"认证，为河北省首个获得认证的种禽企业。

江苏立华牧业股份有限公司是一家专门从事黄羽肉鸡育种和品种推广的大型养殖企业，目前已有雪山鸡等多个品系，年出栏商品肉鸡 2.55 亿羽。自 2011 年始，该公司在山东农业大学和扬州大学等单位指导下系统开展禽白血病净化工作，禽白血病净化取得了显著进展，得到了有效控制。

三、取得成效

（一）经济效益

禽白血病净化给北京市华都峪口家禽育种有限公司带来了巨大的经济效益，为其减少了大量由禽白血病感染造成的重大损失。禽白血病净化对该公司产生的直接经济效益就高达 6.4 亿元。该公司京红和京粉两个品系商品代蛋鸡在国内市场占有率从净化前不到 20％迅速提升到 2016 年的 50％左右，且净化禽白血病后其后代产蛋率显著提高，对我国蛋鸡行业产生的间接经济效益更高。同样，禽白血病净化给河北大午农牧集团种禽有限公司和江苏立华牧业股份有限公司带来的直接经济效益就达到1.7 亿元和 2.05 亿元，企业效益得到显著提升的同时，大幅带动了家禽养殖上下游企业的效益。

（二）社会效益

一是禽白血病净化的成功实施有力保障了我国种鸡自主品种资源的健康发展和质量稳定。受禽白血病危害的影响，净化前我国自主培育蛋用型鸡市场占有率不足 20％，净化后北京市华都峪口家禽育种有限公司和河北大午农牧集团种禽有限公司相关自主育种品系的生产性能明显提高，种鸡质量竞争力和市场占有率逐年上升，目前我国自主培育蛋用型鸡市场占有率已超 70％以上，证明其禽白血病净化已获得市场和同行的真正认可，扭转了我国蛋鸡种源曾长期依赖进口的被动局面。禽白血病净化彻底解决了对养禽业危害最大的垂直传播性免疫抑制病，鸡群生产性能显著提高，健康状况明显改善，带动了对其他禽类疾病的有效防控，推动抗生素使用量显著下降，为保障肉食品安全作出了重要贡献。

二是禽白血病净化技术体系的规模化应用带动了我国种禽企业生物安全意识及水平、疫病检测体系软硬件条件的全面提升。相关企业的实验室硬件条件及其检测水平，特别是病毒分离这一往常仅为科研实验室掌握的技术被多数净化企业所熟练运用。更重要的是，实施禽白血病净化广泛采用的纸袋孵化、隔离式出雏篮、双隔网育雏笼以及疫苗外源病毒检测技术体系等系统性生物安全措施，带动了实施净化企业整体生物安全水平的大幅度提升，也间接带动和提升了种禽企业对家禽支原体等疾病防控的效果。

三是禽白血病净化为禽病防控模式的积极转变发挥了很好的示范引领作用。长期以来，单纯和过度依赖疫苗、药物控制动物疫病的模式所体现出的局限性，已被国内外科技界和产业界所广泛警惕，亟待建立与现代生物安全体系相适应的禽病防控新模式。为此，中共中央、国务院联合下发的《关于创新体制机制推进农业绿色发展的意见》提出，将我国重要动物疫病从"有效控制"向"根除净化"转变。作为目前唯一开展国家级净化示范场认证的禽病病种，禽白血病净化的成功示范为贯彻落实上述重要文件要求起到了非常重要的表率作用，对全国禽白血病净化起到了很好的引领作用，对其他动物疫病净化也起到了很好的启示作用。

第六篇
农业技术
推广重大政策

科技部　农业农村部等7部门印发《关于加强农业科技社会化服务体系建设的若干意见》的通知

国科发农〔2020〕192号

《关于加强农业科技社会化服务体系建设的若干意见》已经2019年11月26日中央全面深化改革委员会第十一次会议审议通过，现印发给你们，请结合实际认真贯彻执行。

科技部　农业农村部　教育部
财政部　人力资源社会保障部　银保监会
中华全国供销合作总社
2020年7月8日

关于加强农业科技社会化服务体系建设的若干意见

农业科技社会化服务体系是为农业发展提供科技服务的各类主体构成的网络与组织系统，是农业科技创新体系和农业社会化服务体系的重要内容。长期以来，以农技推广机构等公益性服务机构为主体的农业科技社会化服务体系在推进农业发展、创新驱动乡村振兴中发挥了重要作用。随着我国农业组织形式和生产方式发生深刻变化，科技服务有效供给不足、供需对接不畅等问题日益凸显，越来越难以适应农业转型升级和高质量发展的需要。为进一步加强农业科技社会化服务体系建设，提高农业科技服务效能，引领和支撑农业高质量发展，推进农业农村现代化，现提出如下意见。

一、总体要求

（一）指导思想。

以习近平新时代中国特色社会主义思想为指导，全面贯彻党的十九大和十九届二中、三中、四中全会精神，坚持以人民为中心的发展思想，深入实施创新驱动发展战略和乡村振兴战略，以增加农业科技服务有效供给、加强供需对接为着力点，以提高农业科技服务效能为目标，加快构建农技推广机构、高校和科研院所、企业等市场化社会化科技服务力量为依托，开放竞争、多元互补、协同高效的农业科技社会化服务体系，促进产学研深度融合，为深化农业供给侧结构性改革、推进农业高质量发展和农业农村现代化、打赢脱贫攻坚战提供有力支撑。

（二）基本原则。

厘清职能、明确定位。充分发挥市场在农业科技服务资源配置中的决定性作用，更好发挥政府统筹资源、政策保障等作用，强化农技推广机构公益性服务主责，推动高校和科研院所进一步加强成果转化和科技服务，充分发挥企业等市场化社会化服务力量的创新服务主体作用。

改革创新、激发活力。坚持科技创新和体制机制创新双轮驱动，着力破除制约科技创新要素流动的体制机制障碍，将先进技术、资金、人才等创新要素导入农业农村发展实践，加快实现科技创新、人力资本、现代金融、产业发展在农业农村现代化建设中的良性互动。完善激励和支持政策，充分调动各类科技服务主体积极性，不断壮大农业科技服务业。

开放协同、多元融通。围绕农业产前产中产后和一二三产业融合发展需求，坚持公益性服务与经营性服务融合发展、专项服务与综合服务相结合，培育市场化社会化科技服务主体。发挥不同科技服务主体的特色和优势，加强相互协作与融通，构建开放协同高效的社会化服务网络。

重心下沉、注重实效。坚持人才下沉、科技下乡、服务三农，发挥县域综合集成农业科技服务资源和力量作用，引导各类科技服务主体深入基层，把先进适用技术送到生产一线，加速科技成果在农村基层的转移转化，着力解决农村生产经营中的现实科技难题，进一步提升广大农民获得感、幸福感。

二、推进农技推广机构服务创新

（三）加强农技推广机构能力建设。针对各地实际需求，结合区域农业生产生态条件、产业发展特点等，聚焦公益性服务主责，进一步加强农技推广机构建设，优化农技推广机构布局，保障必需的试验示范条件和技术服务设备设施。加强绿色增产、生态环保、质量安全等领域重大关键技术示范推广，提升服务脱贫攻坚和防范应对重大疫情、突发灾害等能力。（牵头部门：农业农村部，完成时限：2022 年）

（四）提升基层农技推广机构服务水平。鼓励基层农技推广机构为小农户和新型农业经营主体提供全程化、精准化和个性化科技服务。加强基层农技推广机构专业人才队伍建设，实施农业科技人员素质提升计划，在贫困地区全面实施农技推广服务特聘计划。发挥基层农技推广机构对经营性农技服务活动的有效引导和必要管理作用。（牵头部门：农业农村部，完成时限：2022 年）

（五）创新农技推广机构管理机制。全面推行农业技术推广责任制度，完善以服务对象满意度为主要指标的考评体系，建立与考评结果挂钩的经费支持机制，进一步加强对农技推广机构履职情况和服务质量效果的考评。建立实际贡献与收入分配相匹配的内部激励机制，允许农业科技人员在履行好岗位职责的前提下，为家庭农场、农民专业合作社、农业企业等提供技术增值服务并合理取酬，充分发挥收入分配的激励导向作用。（牵头部门：农业农村部，完成时限：2022 年）

三、强化高校与科研院所服务功能

（六）充分释放高校和科研院所农业科技服务动能。完善高校和科研院所农业科技服务考核机制，将服务三农和科技成果转移转化的成效作为学科评估、人才评价等各类评估评价和项目资助的重要依据。鼓励引导高校和科研院所设置一定比例的推广教授和研究员岗位，并把农业科技服务成效作为专业技术职称评聘和工作考核的重要参考。建立健全高校和科研院所农业科技成果转移转化机制，加强对成果转化的管理、组织和协调。（牵头部门：科技部、教育部、农业农村部，完成时限：2022 年）

（七）鼓励高校和科研院所创新农业科技服务方式。优化新农村发展研究院布局，搭建跨高校、科研院所和地区的资源整合与共享平台。鼓励高校和科研院所开展乡村振兴智力服务，推广科技小院、专家大院、院（校）地共建等创新服务模式。支持高校和科研院所在农业科技园区建设科技成果转化和服务基地。（牵头部门：科技部、教育部、农业农村部，完成时限：2022 年）

四、壮大市场化社会化科技服务力量

（八）提升供销合作社科技服务能力。全面深化供销合作社综合改革，强化其科技服务功能，充分发挥其服务农民生产生活生力军和综合平台的独特作用。创新农资服务方式，鼓励发展"农资＋"技术服务推广模式，推动农资销售与技术服务有机结合。探索建立供销合作社联农带农评价机制，将农业科技服务作为衡量其为农服务能力的重要指标。（牵头部门：供销合作总社，完成时限：2022 年）

（九）引导和支持企业开展农业科技服务。鼓励企业牵头组织各类产学研联合体研发和承接转化先进、适用、绿色技术，引导企业根据自身特点与农户建立紧密的利益联结机制，探索并推广"技物结合""技术托管"等创新服务模式。鼓励有条件地区建立完善农业科技服务后补助机制，激励企业开展农业科技服务。加大农业科技服务企业培育力度，开展农业科技服务企业建设试点示范。（牵头部门：科技部、农业农村部，完成时限：2022 年）

（十）提升农民合作社、家庭农场及社会组织科技服务能力。加强对农民合作社、家庭农场、农村专业技术协会从业人员特别是核心人员、技术骨干的技能培训。引导支持科技水平高的农民合作社、家庭农场、农村专业技术协会通过建立示范基地、"田间学校"等方式开展科技示范。鼓励专业技术协会、学会及其他各类社会组织采取多种方式开展农业科技服务。（牵头部门：农业农村部、科技部，完成时限：2022 年）

五、提升农业科技服务综合集成能力

（十一）加强科技服务县域统筹。把县域作为统筹农业科技服务的基本单元，创新农业科技服务资源配置机制，引导科技、人才、信息、资金、管理等创新要素在县域集散。支持县（市）党委和政府依托农业科技园区统筹科技服务资源，结合当地农业特色资源发掘、特色产业发展需要，搭建科技服务综合平台，提升县域全产业链农业科技服务能力。优选若干具有代表性的创新型县（市）开展农业科技社会化服务体系建设试点。（牵头部门：科技部、农业农村部，完成时限：2022 年）

（十二）深入推行科技特派员制度。突出为民目标、科技属性、特派特色，建立健全符合农业科技服务需求和特点的科技特派员服务体系，将科技特派员队伍打造成为党的三农政策宣传队、农业科技传播者、科技创新创业领头羊、乡村脱贫致富带头人。强化现有支持政策和资金渠道的统筹利用，进一步加大对科技特派员工作的支持力度。把科技特派员纳入科技人才工作体系筹部署，坚持政府、市场、社会三方派与乡镇选择的有机结合，进一步拓宽科技特派员来源渠道。完善科技特派员创业服务机制，用好利益共同体模式，培育更多创新联合体，支持科技特派员领办创办协办创新实体。加强对科技特派员工作的动态监测和绩效评估。（牵头部门：科技部，完成时限：2022 年）

（十三）加强科技服务载体和平台建设。依托国家农业科技园区、农业科技示范展示基地等载体，创建一批具有区域特色的农业科技社会化服务平台。优化各类农业科技园区布局，完善园区管理办法和监测评价机制，将农业科技社会化服务成效作为重要考核指标。支持农业科技企业孵化器、"星创天地"建设，推动建立长效稳定支持机制。加强涉农国家技术创新中心等建设，促进产学研结合。加强对科技服务载体和平台的绩效评价，并把绩效评价结果作为引导支持科技服务载体和平台建设的重要依据。（牵头部门：科技部、农业农村部，完成时限：2022 年）

（十四）提升农业科技服务信息化水平。加强农业科技服务信息化建设，实施农业科技服务信息化集成应用示范工程，推动大数据、云计算、人工智能等新一代信息技术在农业科技服务中的示范应用，探索"互联网＋"农业科技服务新手段，提高服务的精准化、智能化、网络化水平。开展农业科技大数据标准化体系建设，推动农业科技数据资源开放共享。加强技能培训，提升农户信息化应用科技能力和各类科技服务主体的服务水平。（牵头部门：科技部、农业农村部，完成时限：2025 年）

六、加强农业科技服务政策保障和组织实施

（十五）提高科技创新供给能力。有效整合现有科技资源，建立协同创新机制，推动产学研、农科教紧密结合，支持各类科技服务主体开展农业重大技术集成熟化和示范推广。加强国家科技计划对农业科技社会化服务领域的支持，优化国家农业科技项目形成机制，着力突破关键核心技术瓶颈。推进农业基础研究、应用基础研究、技术创新顶层设计和一体化部署，形成系列化、标准化、高质量的农业技术成果包，切实提高农业科技创新供给的针对性和有效性。（牵头部门：科技部、农业农村部，完成时限：2022 年）

（十六）加大多元化资金支持力度。充分发挥财政资金作用，统筹用好现有资金渠道支持农业科技社会化服务体系建设。完善农业科技创新引导支持政策，将存量和新增资金向引领现代农业发展方向的科技服务领域倾斜，鼓励引导社会资本支持农业科技社会化服务。加大金融支持力度，鼓励有条件地区推广科技创新券制度，推动企业等各类新型农业经营主体直接购买科技服务。鼓励金融机构开展植物新品种权等知识产权质押融资、科技担保、保险等服务，在业务范围内加强对农业科技服务企业的中长期信贷支持。金融监管部门要加强对投入资金的风险评估和管控，保障资金安全。（牵头部门：财政部、银保监会、科技部、农业农村部按职责分工负责，完成时限：持续推进）

（十七）加强科技服务人才队伍建设。鼓励引导人才向艰苦边远地区和基层一线流动，健全人才向基层流动激励机制，鼓励地方出台有针对性的人才引进政策。实施好边远贫困地区、边疆民族地区和革命老区人才支持计划。鼓励更多专业对口的高校毕业生到基层从事专业技术服务。支持引导返乡下乡在乡人员进入各类园区、创业服务平台开展农业科技创新创业服务。加大对基层农业科技人员专业技术职称评定的政策倾斜，壮大农业科技成果转化专业人才队伍。加强农业科技培训和农村科普，

培养专业大户、科技示范户和乡土人才，提高农民科学文化素养。（牵头部门：科技部、人力资源社会保障部，完成时限：2022 年）

（十八）加强组织领导。加强党对农业科技社会化服务体系建设的领导，各级有关部门要列入重要议事日程，在政策制定、工作部署、资金投入等方面加大支持力度。科技部、农业农村部要发挥牵头作用，统筹推进体系建设各项工作。各有关部门要抓紧制定和完善相关政策措施，密切协作配合，确保各项任务落实到位。建立农业科技社会化服务体系建设监测评价机制，定期组织开展督查评估，及时研究解决工作推进中遇到的新情况新问题。加强先进事迹、典型案例和成功经验积极宣传，对作出突出贡献的单位和个人按照规定给予表彰，积极营造支持农业科技服务的良好氛围。（牵头部门：科技部、农业农村部及各有关部门）

科技部等 9 部门印发《赋予科研人员职务科技成果所有权或长期使用权试点实施方案》的通知

国科发区〔2020〕128 号

各有关单位：

　　《赋予科研人员职务科技成果所有权或长期使用权试点实施方案》（以下简称《实施方案》）已经 2020 年 2 月 14 日中央全面深化改革委员会第十二次会议审议通过。现将《实施方案》印发给你们，请结合实际认真贯彻执行。

科 技 部　发展改革委　教育部

工业和信息化部　财 政 部　人力资源社会保障部

商 务 部　知识产权局　中科院

2020 年 5 月 9 日

（此件主动公开）

赋予科研人员职务科技成果所有权或长期使用权试点实施方案

　　为深化科技成果使用权、处置权和收益权改革，进一步激发科研人员创新热情，促进科技成果转化，根据《中华人民共和国科学技术进步法》《中华人民共和国促进科技成果转化法》《中华人民共和国专利法》相关规定，现就开展赋予科研人员职务科技成果所有权或长期使用权试点工作制定本实施方案。

一、总体要求

　　（一）指导思想。

　　以习近平新时代中国特色社会主义思想为指导，全面贯彻党的十九大和十九届二中、三中、四中全会精神，认真贯彻党中央、国务院决策部署，加快实施创新驱动发展战略，树立科技成果只有转化才能真正实现创新价值、不转化是最大损失的理念，创新促进科技成果转化的机制和模式，着力破除制约科技成果转化的障碍和藩篱，通过赋予科研人员职务科技成果所有权或长期使用权实施产权激励，完善科技成果转化激励政策，激发科研人员创新创业的积极性，促进科技与经济深度融合，推动经济高质量发展，加快建设创新型国家。

（二）基本原则。

系统设计、统筹布局。聚焦科技成果所有权和长期使用权改革，从规范赋予科研人员职务科技成果所有权和长期使用权流程、充分赋予单位管理科技成果自主权、建立尽职免责机制、做好科技成果转化管理和服务等方面做好顶层设计，统筹推进试点工作。

问题导向、补齐短板。遵循市场经济和科技创新规律，着力破解科技成果有效转化的政策制度瓶颈，找准改革突破口，集中资源和力量，畅通科技成果转化通道。

先行先试、重点突破。以调动科研人员创新积极性、促进科技成果转化为出发点和落脚点，强化政策引导，鼓励先行开展探索，破除体制机制障碍，形成新路径和新模式，加快构建有利于科技创新和科技成果转化的长效机制。

（三）主要目标。

分领域选择 40 家高等院校和科研机构开展试点，探索建立赋予科研人员职务科技成果所有权或长期使用权的机制和模式，形成可复制、可推广的经验和做法，推动完善相关法律法规和政策措施，进一步激发科研人员创新积极性，促进科技成果转移转化。

二、试点主要任务

（一）赋予科研人员职务科技成果所有权。

国家设立的高等院校、科研机构科研人员完成的职务科技成果所有权属于单位。试点单位可以结合本单位实际，将本单位利用财政性资金形成或接受企业、其他社会组织委托形成的归单位所有的职务科技成果所有权赋予成果完成人（团队），试点单位与成果完成人（团队）成为共同所有权人。赋权的成果应具备权属清晰、应用前景明朗、承接对象明确、科研人员转化意愿强烈等条件。成果类型包括专利权、计算机软件著作权、集成电路布图设计专有权、植物新品种权，以及生物医药新品种和技术秘密等。对可能影响国家安全、国防安全、公共安全、经济安全、社会稳定等事关国家利益和重大社会公共利益的成果暂不纳入赋权范围，加快推动建立赋权成果的负面清单制度。

试点单位应建立健全职务科技成果赋权的管理制度、工作流程和决策机制，按照科研人员意愿采取转化前赋予职务科技成果所有权（先赋权后转化）或转化后奖励现金、股权（先转化后奖励）的不同激励方式，对同一科技成果转化不进行重复激励。先赋权后转化的，科技成果完成人（团队）应在团队内部协商一致，书面约定内部收益分配比例等事项，指定代表向单位提出赋权申请，试点单位进行审批并在单位内公示，公示期不少于 15 日。试点单位与科技成果完成人（团队）应签署书面协议，合理约定转化科技成果收益分配比例、转化决策机制、转化费用分担以及知识产权维持费用等，明确转化科技成果各方的权利和义务，并及时办理相应的权属变更等手续。

（二）赋予科研人员职务科技成果长期使用权。

试点单位可赋予科研人员不低于 10 年的职务科技成果长期使用权。科技成果完成人（团队）应向单位申请并提交成果转化实施方案，由其单独或与其他单位共同实施该项科技成果转化。试点单位进行审批并在单位内公示，公示期不少于 15 日。试点单位与科技成果完成人（团队）应签署书面协议，合理约定成果的收益分配等事项，在科研人员履行协议、科技成果转化取得积极进展、收益情况良好的情况下，试点单位可进一步延长科研人员长期使用权期限。试点结束后，试点期内签署生效的长期使用权协议应当按照协议约定继续履行。

（三）落实以增加知识价值为导向的分配政策。

试点单位应建立健全职务科技成果转化收益分配机制，使科研人员收入与对成果转化的实际贡献相匹配。试点单位实施科技成果转化，包括开展技术开发、技术咨询、技术服务等活动，按规定给个人的现金奖励，应及时足额发放给对科技成果转化作出重要贡献的人员，计入当年本单位绩效工资总量，不受单位总量限制，不纳入总量基数。

（四）优化科技成果转化国有资产管理方式。

充分赋予试点单位管理科技成果自主权，探索形成符合科技成果转化规律的国有资产管理模式。高等院校、科研机构对其持有的科技成果，可以自主决定转让、许可或者作价投资，不需报主管部门、财政部门审批。试点单位将科技成果转让、许可或者作价投资给国有全资企业的，可以不进行资产评估。试点单位将其持有的科技成果转让、许可或作价投资给非国有全资企业的，由单位自主决定是否进行资产评估。

（五）强化科技成果转化全过程管理和服务。

试点单位要加强对科技成果转化的全过程管理和服务，坚持放管结合，通过年度报告制度、技术合同认定、科技成果登记等方式，及时掌握赋权科技成果转化情况。试点单位可以通过协议定价、在技术交易市场挂牌交易、拍卖等方式确定交易价格，探索和完善科技成果转移转化的资产评估机制。获得科技成果所有权或长期使用权的科技成果完成人（团队）应勤勉尽职，积极采取多种方式加快推动科技成果转化。对于赋权科技成果作价入股的，应完善相应的法人治理结构，维护各方权益。鼓励试点单位和科研人员通过科研发展基金等方式，将成果转化收益继续用于中试熟化和新项目研发等科技创新活动。建立健全相关信息公开机制，加强全社会监督。

（六）加强赋权科技成果转化的科技安全和科技伦理管理。

鼓励赋权科技成果首先在中国境内转化和实施。国家出于重大利益和安全需要，可以依法组织对赋权职务科技成果进行推广应用。科研人员将赋权科技成果向境外转移转化的，应遵守国家技术出口等相关法律法规。涉及国家秘密的职务科技成果的赋权和转化，试点单位和成果完成人（团队）要严格执行科学技术保密制度，加强保密管理；试点单位和成果完成人（团队）与企业、个人合作开展涉密成果转移转化的，要依法依规进行审批，并签订保密协议。加强对赋权科技成果转化的科技伦理管理，严格遵守科技伦理相关规定，确保科技成果的转化应用安全可控。

（七）建立尽职免责机制。

试点单位领导人员履行勤勉尽职义务，严格执行决策、公示等管理制度，在没有牟取非法利益的前提下，可以免除追究其在科技成果定价、自主决定资产评估以及成果赋权中的相关决策失误责任。各地方、各主管部门要建立相应容错和纠错机制，探索通过负面清单等方式，制定勤勉尽责的规范和细则，激发试点单位的转化积极性和科研人员干事创业的主动性、创造性。完善纪检监察、审计、财政等部门监督检查机制，以是否符合中央精神和改革方向、是否有利于科技成果转化作为对科技成果转化活动的定性判断标准，实行审慎包容监管。

（八）充分发挥专业化技术转移机构的作用。

试点单位应在不增加编制的前提下完善专业化技术转移机制建设，发挥社会化技术转移机构作用，开展信息发布、成果评价、成果对接、经纪服务、知识产权管理与运用等工作，创新技术转移管理和运营机制，加强技术经理人队伍建设，提升专业化服务能力。

三、试点对象和期限

（一）试点单位范围。

试点单位为国家设立的高等院校和科研机构。优先在开展基于绩效、诚信和能力的科研管理改革试点的中央部门所属高等院校和中科院所属科研院所，医疗卫生、农业等行业所属中央级科研机构，以及全面创新改革试验区和国家自主创新示范区内的地方高等院校和科研机构中，选择一批改革动力足、创新能力强、转化成效显著以及示范作用突出的单位开展试点。

（二）试点期限。

试点期 3 年。

四、组织实施

（一）加强组织领导。

在国家科技体制改革和创新体系建设领导小组指导下，科技部会同发展改革委、教育部、工业和信息化部、财政部、商务部、人力资源社会保障部、知识产权局、中科院等部门建立高效、精简的试点工作协调机制，及时研究重大政策问题，编制赋权协议范本，加强风险防控，指导推进试点工作，确保试点宏观可控。相关地方要建立协调机制，推动试点任务落实，做好成效总结评估和经验推广工作。试点单位应按照实施方案的原则和要求，编制试点工作方案。

（二）加强评估监测。

科技部会同相关部门完善试点工作报告制度，试点单位应及时将试点工作方案、年度试点执行情况和赋权成果名单报告主管部门和科技部。对试点中的一些重大事项，可组织科技、产业、法律、财务、知识产权等方面的专家，开展决策咨询服务。发挥第三方评估机构的作用，对试点进展情况开展监测和评估。对于试点前有关地方和单位已经开展的科技成果赋权和转化成功经验、做法和模式，及时纳入试点方案。对试点中发现的问题和偏差，及时予以解决和纠正。

（三）加强推广应用。

充分发挥试点示范作用，开展经验交流，编发典型案例，加强宣传引导。对形成的一些好的经验做法，通过扩大试点范围等方式进行复制推广，总结试点中形成的改革新举措，及时健全完善相关政策措施。为解决试点中可能出现的突出问题和矛盾，需要对现行法律法规进行调整的，依法律程序解决。

各有关部门和地方要按照本方案精神，强化全局和责任意识，统一思想，主动改革，勇于创新，积极作为，确保试点工作取得实效。国防领域赋予科研人员职务科技成果所有权或长期使用权的试点由国防科技工业主管部门和军队有关部门参照本方案精神制定实施方案，另行开展。

农业农村部办公厅关于做好 2020 年基层农技推广体系改革与建设任务实施工作的通知

各省、自治区、直辖市及有关计划单列市农业农村（农牧、畜牧兽医）厅（局、委），新疆生产建设兵团农业农村局、黑龙江省农垦总局、广东省农垦总局：

2020 年中央财政通过农业生产发展资金继续对基层农技推广体系改革与建设工作给予支持，按照《农业农村部　财政部关于做好 2020 年农业生产发展等项目实施工作的通知》（农计财发〔2020〕3 号）有关要求，现就做好任务实施工作通知如下。

一、紧紧围绕三农工作重点，准确把握年度目标任务

（一）总体要求。坚持问题导向、目标导向、结果导向，紧扣打赢脱贫攻坚战和补上全面小康三农领域短板重点任务，以深化基层农技推广体系改革为抓手，以提升农技推广服务效能为目标，创新体制机制，强化职责履行，广泛集聚资源壮大农技队伍，激发人员活力提升服务效能，为农业农村发展实现"稳中有进、稳中向好"提供强有力的科技支撑和人才保障，助力打赢脱贫攻坚战和全面建成小康社会。

（二）实施原则。坚持统筹兼顾，在总体"全覆盖"的基础上，重点支持实施意愿高、已有任务完成好的农业县（市、区）。坚持创新发展，聚焦农技助力产业扶贫持续发力，建设农业科技示范多层次载体，构建农技指导服务立体化格局。坚持绩效引领，构建全过程一体化、线上线下联动的绩效管理机制，强化以效果为导向的激励约束。

（三）年度目标。建设 5 000 个以上集示范展示、指导培训、科普教育等多功能一体化的农业科技示范展示基地，推广 1 万项以上优质安全、节本增效、生态环保的主推技术，全国农业主推技术到位率超过 95％。农技推广服务信息化水平明显提高，全国 85％以上农技人员应用中国农技推广信息平台开展在线指导和服务效果展示。全国基层农技人员普遍接受业务培训，培育 1 万名以上业务精通、服务优良的农技推广骨干人才。农技推广服务特聘计划在贫困地区、生猪大县全面实施，贫困村农技服务实现精准全覆盖。

二、全力推进重点任务落实，提升农技推广体系为农服务效能

（一）切实提升贫困地区农技服务实效。加大贫困地区产业扶贫技术供给，提高技术服务的精准

性和效果持续性。细化任务要求，在贫困地区深入推进特聘计划全覆盖、贫困村农技服务全覆盖，加大对脱贫攻坚挂牌督战县（村）农技帮扶力度，提升特色产业发展科技支撑能力。完善措施打法，将农技推广服务与产业扶贫任务紧密衔接，组织农技人员、示范展示基地、示范主体帮扶贫困农户发展产业脱贫致富。聚焦脱贫攻坚挂牌督战县（村）产业扶贫技术服务需求，细化基层农技推广机构帮扶任务，强化产业扶贫技术服务保障。注重持续发展，围绕贫困地区农业产业发展，针对性地培养乡土农技人才，加大特色产业技术成果转化应用，助力贫困地区产业提质增效，强化产业对脱贫攻坚的持续带动能力。

（二）深化基层农技推广体系改革。构建适应新时代发展要求的多元互补、高效协同的农技推广体系，为新型农业经营主体和小农户提供全程化、精准化和个性化的指导服务。提升基层农技推广机构服务能力，立足职责履行和发展要求，找准县乡农技推广机构定位，支持有条件地区改善服务能力。对乡镇农技推广机构与其他机构综合设置的，要确保专门岗位、专门人员履行公益性农技推广职能。支持农技推广机构与经营组织协同开展农技服务，鼓励农技人员提供技术增值服务并合理取酬。引导科研院校开展农技服务，支持鼓励农业科研院校发挥人才、成果、平台等优势承担相关任务，开展农技人员培训、建设试验示范基地，加快科技成果转化落地。放大院（校）地共建、科技驿站等创新模式作用效果。壮大社会化农技服务力量，引导支持企业、合作社、专业服务组织等开展农技服务。通过公开招标、定向委托等方式，支持社会化服务组织等承担公益性农技服务。遴选推介一批农技社会化服务组织典型案例。

（三）加大农技推广服务特聘计划实施力度。推进脱贫攻坚和乡村振兴有机衔接，进一步完善特聘计划实施思路，创新具体措施，提升服务效果。扩大实施范围，2020 年特聘计划在贫困地区、生猪大县全面实施。拓展实施内容，在贫困地区，特聘计划聚焦产业扶贫，强化特色产业农技指导服务；在生猪大县，重点围绕加强动物防疫强化指导服务，促进生猪养殖产业健康发展。强化效果显现，通过线上线下协同方式，对特聘农技员履行服务任务情况进行在线动态管理，及时总结推广好的做法成效。遴选推介一批"最受欢迎特聘农技员"。

（四）提高农技推广队伍素质能力。通过分层分类培训、持续提升学历、补充高素质人才、强化激励约束等措施，将基层农技推广队伍打造成"一懂两爱"、高效服务乡村振兴的骨干力量。加强农技人员培训，构建部省加强示范培训、市县注重实地培训的分工协作机制，加强课程体系和培训师资库建设，融合理论教学、现场实训、案例讲解、互动交流等培训方式，提高农技人员培训的针对性、精准性和实效性。部省农业农村部门遴选一批业务能力较强、带动影响力较大的农技推广骨干人才，统一组织脱产培训。鼓励支持基层农技人员通过脱产进修、在职研修等方式，学习专业知识，提升服务能力。加大高素质人员补充力度，严把人员进入"门槛"，选拔学历水平和专业技能符合岗位要求的人员进入基层农技推广队伍。支持有条件地区通过"定向招生、定向培养、定向就业"的培养方式，吸引具有较高素质和专业水平的青年人才进入基层农技推广队伍。强化指导服务业绩考评激励，明确农技人员的服务区域、服务内容和服务要求，完善以工作实绩和服务对象满意度为主要内容的评价机制，对长期扎根一线、作出突出贡献的农技人员，在职称评聘、评先评优、绩效激励等方面予以倾斜。

（五）打造农业科技示范展示样板。聚焦主导特色产业需求，构建多层次农业科技示范载体，实现村有科技示范主体、镇有科技展示样板、县有产业示范基地。精准培育农业科技示范主体，按照"选好一个、带动一片、致富一方"的原则，遴选示范作用好、辐射带动强的新型经营主体带头人、种养大户、乡土专家等作为示范主体，完善农技人员对口精准指导服务机制，将示范主体打造成主推技术应用的主力军、"永久牌"农技服务专家队伍，切实发挥其对周边农户特别是贫困户的辐射带动能力。增强农业科技示范展示能力，聚焦县域农业优势特色产业和年度主推技术推广任务，建设农业科技示范展示基地，统一树立"2020 年全国基层农技推广体系农业科技示范展示基地"标牌。以基地为载体示范推广主推技术，开展农技指导和培训服务。支持国家现代农业科技示范基地建设。打造科技支撑乡村产业示范样板，以科技助力产业提质升级增效为主要路径，强化科技、人才在乡村产业发展中的驱动和引领作用，打造科技强镇、智慧农场、生态循环农场等农业科技展示样板，形成科技要素驱动、可借鉴可复制的农业产业可持续发展模式。

（六）大力示范推广先进适用技术。围绕保障粮食安全和重要副食品供应，构建部抓引领性技术示范、省抓区域重大技术协同、县抓主推技术落地的立体化格局。开展引领性技术集成示范，完善农业农村部总体统筹、部属推广单位牵头实施、新型经营主体集成示范的组织实施模式，深入推进玉米籽粒低破碎机械化收获、基于北斗导航智慧麦作技术等引领性技术集成示范。完善区域重大技术协同推广模式，继续安排内蒙古、吉林、江苏、浙江、江西、湖北、广西、四川等 8 个省（自治区）承担农业重大技术协同推广试点任务，完善"政产学研推用六位一体"协同推广模式。其他省份结合本地实际整合农技推广资源，自主开展重大技术协同推广工作。提高农业主推技术到位率，完善部省县三级主推技术遴选推介机制，部、省主推技术强化引领带动，县级主推技术遴选要聚焦主导（特色）产业需求，严控数量、精心遴选，落地落实。各任务县要以主导（特色）产业为单元，组建主推技术指导团队，形成易懂好用的技术操作规范，构建"专家＋农技人员＋示范基地＋示范主体＋辐射带动户"的链式推广服务模式，实现主推技术精准进村入户到田。

（七）加快农技推广服务信息化工作步伐。全力推进农技推广在线服务，引导推动广大农技人员、专家教授等，通过 App、微信群、QQ 群、直播平台等，在线开展问题解答、咨询指导、互动交流、技术普及等服务。提高中国农技推广信息平台覆盖面，建立部地协同高效推进、共建共用共享的平台运行模式。紧紧围绕用户需求，精准提供政策、技术、信息等资源和配套服务，进一步提高农技人员、专家教授和生产经营者对平台的认知度和使用率。加强年度任务线上考核和成效展示，完善在线管理数据库，实时展示年度任务进展动态和取得效果。项目支持的示范基地、人员培训、示范主体、协同推广等年度任务，实行全程线上动态展示。承担年度任务的所有专家、特聘农技员、服务主体等，均须在中国农技推广信息平台填报服务做法和具体成效。各地要将中国农技推广信息平台和年度任务线上应用，作为农技人员培训的基本课程。

三、创新完善管理机制，为高效组织实施提供有力保障

（一）加强组织实施。各地农业农村部门要充分认识实施好体系改革与建设任务对支撑农技推广体系发展、高效服务乡村振兴的重要意义，进一步提高政治站位，强化使命担当，加大工作力度，紧紧围绕 2020 年任务的总体思路和重点任务，结合地方实际制定针对性强、操作性好的实施方案。进

一步健全工作组织协调机制，推动政策衔接配套，实现上下协同联动。分行业组织实施的省份要加强系统内部沟通协调，明确各自职责任务，形成工作合力，发挥最大效能。要定期开展实施情况调度，准确掌握执行进度，及时解决实施中存在的问题和困难。

（二）加强绩效考评。以农技推广服务实效、服务对象满意度等为核心内容，通过集中交流、在线考评、实地核查、交叉考评等方式开展全过程全覆盖绩效考评，确保考评过程、考评结果更具客观公正性、更体现财政绩效目标。强化约束激励，考评结果与粮食安全省长责任制"主推技术到位率"指标、农业农村部年度评优及年度经费测算等挂钩。2020年，依托中国农技推广信息平台，对年度任务基本信息、实施情况、取得成效等实行线上"全覆盖"动态考评。

（三）加强交流宣传。充分挖掘任务实施中的有效做法和成功经验，总结可复制、可推广的典型模式，通过现场观摩、典型交流等方式和网络、报纸、电视等渠道进行推介宣传。大力总结宣传农技推广体系在抗击新冠肺炎疫情、保障农业生产中涌现的典型人物和做法等，全方位展示农技推广体系良好形象和作用发挥情况。组织开展第二届"寻找全国最美农技员""互联网＋农技推广"服务之星遴选推介等活动，发掘宣传一批爱岗敬业、勇于担当、业绩突出的典型人物，营造全社会共同关注支持农技推广工作的良好氛围。

农业农村部办公厅

2020 年 5 月 29 日

农业农村部办公厅关于开展农机使用
一线"土专家"遴选培养工作的通知

农办机〔2020〕4 号

各省、自治区、直辖市及计划单列市农业农村（农牧）厅（局、委），新疆生产建设兵团农业农村局、黑龙江省农垦总局、广东省农垦总局：

为深入贯彻落实《国务院关于加快推进农业机械化和农机装备产业转型升级的指导意见》（国发〔2018〕42 号）大力遴选和培养农机生产及使用一线"土专家"等有关部署要求，推动农机实用型人才队伍建设，充分发挥基层农机使用一线人才在推进农业机械化技术进步和生产服务中的重要作用，我部拟组织开展农机使用一线"土专家"（以下简称"土专家"）遴选培养工作。现就有关事项通知如下。

一、工作目标

聚焦服务农业机械化向全程全面高质高效转型升级、助力乡村振兴战略实施，面向基层遴选推出一批政治过硬、作风过硬、技术过硬、实绩过硬的"土专家"，建立县、省和全国三级名录库（主要内容格式见附件1），组织动员各有关方面充分发挥入库专家作用，从鼓励支持开展农机具研发创新、承接农机化技术推广等项目、参与农机化发展规划计划与重大项目决策咨询、领办创办农机服务组织、参加农机化学会协会团体、申请农机化方向职称评定等方面加大使用培养力度，形成农机实用型人才"头雁集群"效应，示范带动农机实用型人才队伍建设，为建设规模宏大、结构优化、布局合理、素质优良的农村实用人才队伍提供机械化方案。

二、遴选对象及条件

"土专家"遴选培养坚持不唯身份、不唯学历、唯其土、唯其专的导向，主要面向长期扎根农村、长期服务于农机使用一线，在推进农业机械化全程全面高质高效发展中发挥示范引领作用的优秀农民代表，统筹兼顾服务种植业、畜牧业、渔业、设施农业、农产品初加工等农业各产业的农机人员。候选人员应满足以下具体条件。

（一）政治立场坚定，懂农业、爱农村、爱农民，对农业机械化的内涵有深刻认识，在种植业、畜牧业、渔业、设施农业、农产品初加工等领域从事农机化技术推广、生产服务相关工作10年以上。

（二）具有农机方面的一技之长和实践经验，包括农机具研发改进、农机操作驾驶（拖拉机、联合收割机驾驶操作人员须获得相应证件)、农机故障诊断维修（一般应获得高级技能证书）、农机化技术推广、安全监理、农机作业服务、农田宜机化建设改造、农机社会化服务组织管理等方面。

（三）具有强烈的事业心和责任感，热心公益，愿意为新机具新技术公益性示范推广工作提供支持，善于凭借农机专长帮助农民群众解决农业生产难题，在推动机具创新、引领技术运用、带动群众致富、规范参与强农惠农政策实施等方面能够发挥示范带头作用。

（四）遵纪守法，作风优良，5 年内未有严重违法违规或重大安全事故责任行为。

对获得农机化相关科研推广成果、工作成效认定等人员优先考虑。公职人员不参与遴选。

三、遴选程序

遴选工作分县、省、全国三个层面自下而上展开，各省级农业农村部门负责组织开展辖区内"土专家"遴选推介工作，形成省、县两级名录并对外公布。在此基础上，各省份结合实际按不超过 12 名候选人向我部推荐全国层面的"土专家"，我部拟评定 300 名左右，形成全国名录并予以公布。主要工作程序如下：

（一）县级农业农村部门组织镇、村两级产生推荐人选，逐级报送至省级农业农村部门。

（二）省级农业农村部门牵头成立遴选推荐工作专班，按照公平公正公开的原则，汇总审核本辖区各县（场）推荐人选，按要求产生全国层面的推荐人选，在本辖区主要媒体或门户网站公示 5 个工作日无异议后，报送我部。

（三）我部组织对各省级农业农村部门推荐的人选按照先评价公示、后确定发布的程序，编入全国"土专家"名录、颁发聘书，将其分类纳入全国农机化科研推广相关专家人才库，并通过中国农机化信息网、全国农机化科技信息交流平台、中国农机化导报等官方平台及媒体向社会公布，广泛宣传推介。

四、有关要求

充分发现和挖掘在农机使用一线长期实践中练就专业本领的优秀农民代表，对壮大农机实用型人才队伍、加快推进农业机械化向全程全面高质高效转型升级具有重要意义。各地要采取有效措施，认真组织开展从发现遴选到充分使用各环节工作，切实把"土专家"遴选培养这件强基础、利长远的工作抓常、抓细、抓长。

（一）高度重视，加强领导。要加强组织领导，成立工作专班，制定实施方案，细化工作举措，严格条件程序，明确责任时限，确保遴选培养工作顺利推进。集中遴选工作结束后，要加强对入选名录人员的联系、指导，对因故不再符合条件的人员，及时调整出名录，并通报相关名录管理部门。要结合实际，适时组织名录人选的调整补充和推荐，并支持配合我部做好全国名录的调整补充工作。

（二）严格标准，大力扶持。要坚持公开、公平、公正遴选，紧密结合本地实际，重点围绕"选什么人""育什么人"，广泛征求意见，细化选推标准，确保所推荐人选经得起检验；重点围绕"怎么育""怎么用"，加强部门沟通，按规定高效统筹政策、项目、技术、教育等各类资源，通过给任务、压担子、铺路子、搭台子、富脑子，积极创造"土专家"成长壮大的有利条件。

（三）广泛宣传，营造氛围。要广宣传、深发动，坚持"干说并重"，充分发挥各类媒体平台作用，引导和推动农业农村各领域各层面工作者、从业者在全国"土专家"遴选培养上形成共识，大力营造识才、爱才、敬才、用才的良好氛围。

（四）总结经验，完善机制。要总结成功经验，推进建章立制，持续用力，久久为功。本次遴选工作结束后，各省要结合实际组织开展总结，重点针对遴选对象、条件、程序、作用发挥以及名录调整补充等关键环节工作，广泛征集有关方面的意见建议，优化相关举措。要适时向我部提出建议，群策群力，不断完善农机使用一线"土专家"遴选培养工作的长效机制。

请各省级农业农村部门于 2020 年 11 月 30 日前以正式文件向我部报送下述材料：一是推荐的农机使用一线"土专家"名录（格式参照附件 1）；二是农机使用一线"土专家"遴选推荐表（附件 2）；三是推荐人选事迹材料（2 000 字以内，模板见附件 3）；四是推荐人选标准蓝底证件照、工作照、生活照各一张（电子版）。上述材料按纸质版一式 3 份报送，材料电子版及电子照片发送电子邮件。

联系单位：农业农村部农业机械化管理司

联 系 人：刘　俊

联系电话：010－59192887

电子邮箱：njhzhc@agri.gov.cn

地　　址：北京市朝阳区农展馆南里 11 号

邮　　编：100125

附件（略）

农业农村部办公厅

2020 年 10 月 19 日

北京市深化农业技术人员职称制度改革实施办法

为贯彻落实人力资源社会保障部、农业农村部《关于深化农业技术人员职称制度改革的指导意见》（人社部发〔2019〕114 号）及市委办公厅、市政府办公厅《关于深化职称制度改革的实施意见》（京办发〔2018〕4 号），结合本市实际，现就深化农业技术人员职称制度改革制定如下实施办法。

一、总体要求

坚持以习近平新时代中国特色社会主义思想为指导，牢固树立和贯彻落实新发展理念，遵循农业技术人员成长规律，建立符合农业技术人员职业特点的职称制度，发挥人才评价"指挥棒"和"风向标"作用，以品德、能力、业绩为导向，以科学、分类评价为核心，以激发农业技术人员服务三农、服务基层的积极性、创造性为目的，培养造就素质优良、结构合理、充满活力的农业技术人员队伍，支持农业技术人员将论文写在京郊大地上、把成果用在三农建设中，为推进实施乡村振兴战略、加快实现农业农村现代化提供人才支撑。

二、适用范围

本办法适用于在本市国有企业事业单位、非公有制经济组织、社会组织中，从事农业技术工作的专业技术人员。

三、改革内容

（一）健全制度体系

1. **完善职称层级。**拓展农业技术人员职业发展空间，增设正高级职称。农业技术人员初级职称分设员级和助理级，高级职称分设副高级和正高级。员级、助理级、中级、副高级和正高级职称名称依次为农业技术员、助理农艺师（助理畜牧师、助理兽医师）、农艺师（畜牧师、兽医师）、高级农艺师（高级畜牧师、高级兽医师）、正高级农艺师（正高级畜牧师、正高级兽医师）。

2. **保留农业技术推广研究员作为正高级职称。**长期在乡镇及以下农业农村一线和各类涉农组织中从事各类农业技术推广、农业生产、农业服务、农民培训等工作，取得副高级职称的农业专业技术人员，符合条件的可申报农业技术推广研究员职称。

3. **动态调整职称专业目录。**按照北京农业农村发展目标和实施乡村振兴战略任务要求，设置农学、园艺（含果树）、植物保护、土壤肥料、畜牧、兽医、水产、农机推广、农业资源环境、农业信息技术、农产品贮藏加工技术、农村合作组织管理等职称专业，并根据农业发展需要实行动态调整。

（二）完善分类评价标准

1. **坚持德才兼备，以德为先。**坚持把品德放在农业技术人员评价的首位，重点考察职业道德。用人单位可结合个人述职、年度考核、民意调查等方式综合考察农业技术人员的职业操守和从业行为。完善诚信承诺和失信惩戒机制，对在职称评价中伪造学历、资历、论文著作、业绩成果、试验数据、获奖证书、工作业绩等弄虚作假行为，实行"一票否决制"，已取得职称的予以撤销，并记入职称评价诚信档案。

2. **制定体现农业技术人员职业特点的评价标准。**在国家标准基础上，结合本市实际，制定《北京市农业技术人员职称评价基本标准条件》（附后）。突出"把论文写在京郊大地上、把成果用在三农建设中"的评价导向，按照不同专业、不同层次、不同岗位职责农业技术人员的特点和成长规律，合理确定评价重点。对从事农业技术研发的人员，重点评价其在农业新品种、新技术、新设备等研发和农业科研方面的能力和业绩，以及取得的经济社会效益；对从事农业技术推广应用的人员，重点评价其在技术创新、技术推广、技术指导、成果转化、农民培训等服务三农方面取得的实际业绩。

3. **实行职称评审代表作制度。**将农业技术人员的工作实绩作为职称评审的主要内容，突出对代表性成果的评价。代表性成果包括其在农业技术工作中获得的获奖成果、标准规范、论文著作、专利成果、项目立项报告、经济分析报告、技术研究报告、软课题研究报告、农民培训教材教案等。注重代表性成果的质量、贡献和影响力，不搞简单量化评价，重大原创性研究成果可"一票决定"。

（三）畅通晋升渠道

1. **完善高层次农业技术人员职称评审绿色通道。**对在农业高质量发展、农民增收、重大动植物疫病防控、农业重大灾害处置及农村改革各项事业中做出重大贡献或急需紧缺的优秀农业技术人员，放宽学历、资历、年限等条件限制，可按规定破格申报高级职称评审。

2. **畅通新型农业人才职称评价渠道。**在农民专业合作社、家庭农场、农业企业、农业社会化服务组织等生产经营主体中从业的农业技术人员，以及返乡下乡从事高效设施农业、循环农业、有机农业、现代种业、休闲农业和乡村旅游、林下产业、农村电商等农业人才，可申报农业系列职称评审。对长期扎根远郊区或基层一线、做出突出贡献的农业技术人员，可适当放宽学历和任职年限要求。

3. **实现职称制度与职业资格制度有效衔接。**通过国家执业兽医资格考试、取得执业兽医师资格，可视同具备助理兽医师职称，并可作为申报高一级农业系列职称的条件，用人单位可根据工作需要，对符合对应条件的人员按照相应专业技术岗位任职条件和聘任程序，择优聘任相应级别专业技术职务。

（四）完善评价机制和服务体系

1. **实行社会化职称评价。**坚持"个人自主申报、行业统一评价、单位择优使用、政府指导监管"的社会化评价机制。农业技术人员通过评价取得北京市职称证书，由用人单位根据需要，自主、择优聘任专业技术职务。强化聘后考核管理，对不符合岗位要求、没有履行好岗位职责的专业技术人才，可按照有关规定降低岗位等级直至解除聘用。

2. **改进评价方式**。完善以同行专家评审为基础的业内评价机制，综合运用考试、评审、考核认定、面试答辩、业绩展示等多种评价方式，提高评价的针对性和科学性。对不同专业、不同层级的农业技术人员进行分组评价，提高评审工作科学化水平。

3. **加强评审委员会建设**。经市人力资源社会保障局核准备案的职称评审服务机构，应按规定组建相应层级、专业的农业系列评审委员会。评审委员会在规定的评审权限内，对申报人员进行综合评价，并确定相应职称。加强评审专家库建设，积极吸纳涉农院校、科研推广机构、检测评估认证机构、行业协会学会、农业企业等同行专家以及活跃在农业农村基层一线的技术人才。严格评审专家管理，建立动态调整考核机制，确保职称评审公平、公正。

4. **加强评审监督**。健全和完善职称评审监督机制，坚持职称评审回避制度、公示制度、结果验收和备案制度，加强对申报条件、评价标准、工作流程的监督检查。用人单位没有认真履行审核责任，或出具虚假证明的，依法依规追究单位主要负责人和经办人员的责任。职称评审服务机构应严格按照评审委员会管理办法等有关规定开展职称评价工作，按照《北京市农业技术人员职称评价基本标准条件》审核材料，规范答辩、评审工作程序，严肃职称评价工作纪律。因评审工作把关不严、程序不规范，造成投诉较多、争议较大的，责令其限期整改；对整改无明显改善或逾期不予整改的，暂停其评审工作直至收回评审权，并追究责任。

四、加强组织实施

（一）**强化组织保障**。市人力资源和社会保障局会同市农业农村局负责农业系列职称政策制定、制度建设、完善职称评价标准和办法等工作；相关职称评价服务机构负责落实职称改革政策、组织好本领域的职称评价工作。

（二）**稳步推进改革**。农业系列职称制度改革是分系列推进职称制度改革的重要内容，是加强农业技术人员队伍建设的重要举措。各相关单位要充分认识农业系列职称制度改革的重要性、敏感性，妥善处理改革中遇到的问题，加强组织领导，狠抓工作落实，确保各项改革措施落到实处。要加强舆论引导和政策解读，引导农业技术人员积极支持和参与职称制度改革，确保改革平稳推进和顺利实施。

本办法自 2020 年 11 月 1 日起实施。

附件：北京市农业技术人员职称评价基本标准条件

附件

北京市农业技术人员职称评价基本标准条件

申报农业系列职称人员，应遵守国家宪法和法律法规，热爱三农工作，具有良好的职业道德和敬业精神，作风端正，具备正常履行岗位职责必需的身体条件和心理素质，按要求参加继续教育，同时还应具备以下条件：

一、农业技术员

（一）熟悉本专业的基础理论和专业技术知识，具有完成技术辅助性工作的实际能力。

（二）学历和专业工作经历符合下列条件之一：

1. 大学本科毕业后，从事本专业技术工作；

2. 大学专科、高中（含中专、职高、技校）毕业后，从事本专业技术工作满 1 年。

二、助理农艺师（助理畜牧师、助理兽医师）

（一）掌握本专业的基础理论和专业技术知识；具有独立完成一般性技术工作的实际能力，能够处理本专业范围内一般性技术难题；能够向群众传授本专业技术知识，进行一般性技术指导或技术咨询服务工作；具有指导农业技术员的能力。

（二）学历和专业工作经历符合下列条件之一：

1. 硕士研究生毕业后，从事本专业技术工作；

2. 大学本科毕业后，从事本专业技术工作满 1 年；

3. 大学专科毕业后，从事本专业技术工作满 3 年；

4. 高中（含中专、职高、技校）毕业后，从事本专业技术工作满 5 年。

三、农艺师（畜牧师、兽医师）

（一）基本条件

1. 熟练掌握并能够灵活运用本专业的基础理论和专业技术知识，了解本专业新技术、新理念、新方法的现状和发展趋势；具有独立承担本专业范围内较复杂技术工作的能力，能够结合农业生产情况，解决较为复杂的实际问题；具有指导助理农艺师（助理畜牧师、助理兽医师）的能力。

2. 学历和专业工作经历符合下列条件之一：

（1）博士研究生毕业后，从事本专业技术工作；

（2）硕士研究生毕业后，从事本专业技术工作满 2 年；

（3）大学本科毕业后，从事本专业技术工作满 5 年；

（4）大学专科毕业后，从事本专业技术工作满 7 年；

（5）大学专科及以上学历毕业、取得助理级职称后，从事本专业技术工作满 4 年；

（6）高中（含中专、职高、技校）毕业、取得助理级职称后，从事本专业技术工作满 5 年。

（二）取得助理级职称以来，应具备下列业绩条件之一：

1. 从事农业技术研发工作，具有一定的技术研究能力。参与农业科研项目实施，或开展新品种、新技术、新设备等的应用性研究，取得了一定的经济社会效益。

2. 从事农业技术推广工作，具有一定的推广应用能力。参与开展新品种、新技术、新设备等的推广应用，在提高劳动生产率、土地产出率、资源利用率，增加经济效益、社会效益、生态效益等方面作出成绩；或组织开展农民培训和技术宣传，编写技术培训课件、宣传技术手册，指导农民采用新品种、新技术、新方法，扩大技术及成果覆盖面，取得较好的效果；或深入农村基层开展调查研究，提出解决农业生产问题的方法举措，并得到应用。

（三）取得助理级职称以来，应具备下列成果条件之一：

作为主要参与人完成在单位内具有较大影响的获奖成果、标准规范、专著译著、专利成果、项目立项报告、经济分析报告、技术研究报告、软课题研究报告、农民培训教材教案等，或作为主要参与人在公开发行的学术刊物上发表有学术价值的专业论文，2 项及以上。

四、高级农艺师（高级畜牧师、高级兽医师）

（一）基本条件

1. 系统掌握本专业的基础理论和专业技术知识，具有跟踪本专业科技发展前沿的能力，在相关领域取得重要成果；长期从事本专业工作，业绩突出，能够解决农业生产中的复杂问题或重大技术问题；在指导、培养中青年学术技术骨干方面发挥重要作用，能够指导中级职称技术人员或研究生的工作和学习。

2. 学历和专业工作经历应符合下列条件之一：

（1）博士研究生毕业后，从事本专业技术工作满 2 年；

（2）硕士研究生毕业后，从事本专业技术工作满 7 年；

（3）大学本科及以上学历毕业、取得中级职称后，从事本专业技术工作满 5 年；

（4）已取得非本系列（专业）副高级职称后，从事本专业技术工作满 3 年。

（二）取得中级职称以来，应具备下列业绩条件之一：

1. 从事农业技术研发工作，具有较强的技术研究能力。主持或参与研制的新品种、新技术、新产品、新方法等，具有国内先进水平，得到一定规模的应用，取得了较好的经济社会效益；或作为技术骨干参与的农业重大工程、计划、项目等在本领域被广泛认可；或作为主要完成人获得本专业发明或实用新型专利，并能在农业生产中转化应用，获得较好的经济效益、社会效益、生态效益。

2. 从事农业技术推广工作，具有较强的推广应用能力。主持或参与推广的新品种、新技术、新产品、新方法等，得到一定规模的应用，取得了较好的经济社会效益；或作为主要编写者，参与编写的农业重大政策法规、发展规划、技术标准和规程、可行性研究报告、技术培训教材等在本领域被广泛认可；或结合农业发展特点和农民从业情况，发现影响农业发展、农民增收的相关制约因素，提出立项方案并组织实施；或积极组织开展农民培训并制作培训课件、编写培训教材，指导农民解决农业生产中的技术难题，在本专业内深受农民欢迎。

（三）取得中级职称以来，应具备下列成果条件之一：

作为主要负责人完成在行业内具有较大影响的获奖成果、标准规范、专著译著、专利成果、项目立项报告、经济分析报告、技术研究报告、软课题研究报告、农民培训教材教案等，或作为第一作者在国内外核心期刊上发表专业论文，3项及以上。

（四）具备下列条件之一，可不受学历和专业工作经历限制，破格申报高级农艺师（高级畜牧师、高级兽医师）：

1. 获国家自然科学奖、技术发明奖、科学技术进步奖等国家级奖项；

2. 获省部级科学技术奖、神农中华农业科技奖、全国农牧渔业丰收奖、北京市农业技术推广奖或相同级别奖项一等奖（排名前五）、二等奖（排名前三）；

3. 以第一作者在国际重要期刊、国内核心期刊、国际或全国性农业学术会议发表学术论文3篇及以上。

五、正高级农艺师（正高级畜牧师、正高级兽医师）

（一）基本条件

1. 具有深厚的专业理论功底，全面掌握本专业国内外前沿发展动态，具有引领本专业科技发展前沿的能力，取得重大理论研究成果或关键技术突破，或在相关领域取得创新性研究成果，推动了本专业发展；能够主持解决农业生产中的复杂问题或重大技术问题，取得了显著的经济效益、社会效益、生态效益；在指导、培养中青年学术技术骨干方面作出突出贡献，能够指导相应副高级职称人员或研究生的工作和学习。

2. 学历和专业工作经历应符合下列条件之一：

（1）大学本科及以上学历毕业、取得副高级职称后，从事本专业技术工作满5年；

（2）已取得非本系列（专业）正高级职称后，从事本专业技术工作满3年。

（二）取得副高级职称后，应具备下列业绩条件之一：

1. 从事农业技术研发工作，科研水平、学术造诣高或科学实践能力强。主持研制的新品种、新技术、新产品、新方法等，具有国内领先水平，得到大规模应用，取得了显著的经济社会效益；或主持的农业重大工程、计划、项目等在本领域被广泛认可；或作为第一完成人，获得本专业或相关专业发明或实用新型专利，并在农业生产中转化应用，具有显著经济效益、社会效益、生态效益；或作为主要完成人（排名前三），获得省部级以上农业科技奖项2项以上。

2. 从事农业技术推广工作，具有较强的推广应用能力。主持推广的新品种、新技术、新产品、新方法等，得到大规模应用，取得了显著的经济社会效益；或作为主要完成人（排名前三），获得省部级及以上农业技术推广奖项2项以上；或主持编写的农业重大政策法规、发展规划、技术标准和规程、可行性研究报告、技术培训教材等在本领域被广泛认可；或在农产品质量安全保障、动植物疫病防控、农业灾害处置、农业遗传资源保护利用等工作中发挥了关键性技术支撑作用；或针对农业发展和农民生产需求，组织开展本行业、本领域内的技术指导和培训工作，编写培训教材、制作培训课件，培训效果显著。

（三）取得副高级职称后，应具备下列成果条件之一：

主持完成在行业领域具有重大影响并得到有效应用的获奖成果、标准规范、专著译著、专利成果、项目立项报告、经济分析报告、技术研究报告、软课题研究报告、农民培训教材教案等，或作为第一作者在国内外核心期刊上发表有重要学术价值的专业论文，3 项及以上。

六、农业技术推广研究员

（一）基本条件

1. 长期在乡镇及以下农业一线和各类涉农企业从事技术推广工作，业绩突出，群众公认；具有较为全面系统的专业知识和丰富的实践经验，掌握本领域前沿发展动态，能够创造性地解决复杂的实际问题或重大技术问题；在指导、培养农业技术推广骨干方面作出突出贡献，能够指导相应副高级职称人员的工作。

2. 学历和专业工作经历应符合下列条件之一：

（1）大学本科及以上学历毕业、取得副高级职称后，从事本专业技术工作满 5 年；

（2）已取得非本系列（专业）正高级职称后，从事本专业技术工作满 3 年。

（二）取得副高级职称后，应具备下列业绩条件之一：

1. 长期开展技术指导和农民培训，贴近农业发展和农民需求，切实能够解决实际问题，深受农民欢迎；能够为农民生产生活、农村社会服务、农产品质量安全、动植物疫病防控、农业灾害处置提供技术支撑和服务保障，在农业转型升级、农村发展繁荣、农民增收致富等方面作出突出贡献；

2. 指导实施的农业农村技术推广重大工程、计划、项目在本领域被广泛认可，或在重要农产品质量安全检验检测任务、重大动植物疫病防控、农业重大灾害处置、重要农业遗传资源保护利用等工作中发挥了关键性技术支撑作用，或主持编写的技术推广规划、技术标准和规程、可行性研究报告、技术咨询报告、技术培训教材等在本领域被广泛认可；

3. 主持推广的新品种、新技术、新产品、新方法等得到大规模应用，产生显著经济效益、社会效益、生态效益；

4. 作为第一完成人，获得具有重大实用价值的本专业及其相关专业发明或实用新型专利。

（三）取得副高级职称后，应具备下列成果条件之一：

主持完成在行业领域具有重大影响并得到有效应用的获奖成果、标准规范、专著译著、专利成果、项目立项报告、经济分析报告、技术研究报告、软课题研究报告、农民培训教材教案等，或作为第一作者在国内外核心期刊上发表有重要学术价值的专业论文，3 项及以上。

北京市人力资源和社会保障局

北京市农业农村局

2020 年 10 月 29 日

四川省农业技术人员职称申报评审基本条件（试行）

第一章 总则

第一条 为进一步深化我省职称改革，加快推进全省农业专业技术人员队伍建设，根据《关于深化职称制度改革的实施意见》（川委办〔2018〕13号）、《关于深化农业技术人员职称制度改革的指导意见》（人社部发〔2019〕114号）等文件精神，结合我省实际，制定本条件。

第二条 本条件适用于我省农业系列各专业领域的在职在岗专业技术人员。

离退休人员、公务员及参照公务员法管理的事业单位人员不得参加职称评审。

第三条 农业技术人员设初级、中级和高级职称。初级职称分设员级和助理级，高级职称分设副高级和正高级。名称依次为农业技术员，助理农艺师（助理畜牧师、助理兽医师），农艺师（畜牧师、兽医师），高级农艺师（高级畜牧师、高级兽医师），正高级农艺师（正高级畜牧师、正高级兽医师）或农业技术推广研究员（针对长期在县乡及以下从事农业技术推广服务工作的人员）。

第四条 农业技术人员职称根据所取得的专业技术职务名称分3个专业类别：农艺专业、畜牧专业、兽医专业。

（一）农艺专业。包括从事农学、园艺（含蚕桑）、植保、土肥、农业综合（含农产品质量安全、农业科技教育、农业信息、农业宣传、农村合作组织管理等）、农业工程（含农业机械化、水产等）专业工作的农业技术人员。

（二）畜牧专业。包括从事畜牧专业工作的农业技术人员。

（三）兽医专业。包括从事兽医（含中兽医）专业工作的农业技术人员。

纳入农业系列评审的专业，可根据我省现代农业产业发展需要，并结合本地实际，经省人力资源和社会保障厅同意后，对农业技术人员职称相关评审专业予以动态调整，促进专业设置与农业农村发展需求相适应。

第二章 基本申报条件

第五条 思想政治和职业道德要求

（一）遵守中华人民共和国宪法和法律法规。

（二）热爱三农工作，能够认真履行岗位职责，具有良好的职业道德、敬业精神，作风端正。坚持德才兼备、以德为先。坚持把品德放在专业技术人员评价的首位，重点考察专业技术人员的职业道德。用人单位通过个人述职、考核测评、民意调查等方式全面考察专业技术人员的职业操守和从业行为，倡导科学精神，强化社会责任，坚守道德底线。

（三）身心健康，具备从事农业技术相关工作的身体条件。

（四）任现职以来，申报前规定任职年限的年度考核结果均为合格以上。

（五）任现职期间，如有下列情况的不得申报或延迟申报：

1. 年度考核每出现 1 次考核结果为基本合格及以下者，延迟 1 年申报。

2. 受到党纪、政务、行政处分或因犯罪受到刑事处罚的专业技术人员，在影响（处罚）期内不得申报。

3. 对在申报评审各阶段查实的学历、资历、业绩造假等弄虚作假行为，实行"一票否决"，一经发现，取消评审资格，三年内不得申报。

4. 在生产经营等活动中造成重大损失，并负有技术责任或定性为主要责任人的，在影响（处罚）期内不得申报。

第六条 学历、资历条件

（一）技术员

具备大学本科学历或学士学位；或具备大学专科、高中（含中专、职高、技校）毕业学历，从事相关农业专业技术工作满 1 年，经考察合格。

（二）助理农艺师（助理畜牧师、助理兽医师）

具备硕士学位或第二学士学位；或具备大学本科学历或学士学位，从事相关农业专业技术工作满 1 年，经考察合格；或具备大学专科学历，取得本系列员级职称后，从事相关农业专业技术工作满 2 年；或具备高中（含中专、职高、技校）毕业学历，取得本系列员级职称后，从事相关农业专业技术工作满 4 年。通过国家执业兽医资格考试，取得执业兽医师资格，可视同具备助理兽医师职称。

（三）农艺师（畜牧师、兽医师）

具备博士学位；或具备硕士学位或第二学士学位，取得本系列助理级职称后，从事相关农业专业技术工作满 2 年；或具备大学本科学历或学士学位，或具备大学专科学历，取得本系列助理级职称后，从事相关农业专业技术工作满 4 年；或具备高中（含中专、职高、技校）毕业学历，取得助理级职称后，从事相关农业专业技术工作满 5 年。

（四）高级农艺师（高级畜牧师、高级兽医师）

具备博士学位，取得本系列中级职称后，从事相关农业专业技术工作满 2 年；或具备大学本科学历或学士学位，或具备硕士学位或第二学士学位，取得本系列中级职称后，从事本专业技术工作满 5 年。

（五）正高级农艺师（正高级畜牧师、正高级兽医师）、农业技术推广研究员

具备大学本科及以上学历或学士及以上学位，取得本系列副高级职称后，从事相关农业专业技术工作满 5 年。

第七条 能力、业绩条件

（一）技术员

1. 熟悉本专业的基础理论和专业技术知识。

2. 具有完成技术辅助性工作的实际能力。

（二）助理农艺师（助理畜牧师、助理兽医师）

1. 掌握本专业的基础理论知识和专业技术知识。

2. 具有独立完成一般性技术工作的实际能力，能够处理本专业范围内一般性技术难题。

3. 具有指导农业技术员的能力。

4. 在专业技术工作中，能够较好地运用新品种、新技术、新工艺，向群众传授本专业技术知识，进行一般性技术指导或技术咨询服务工作。对前沿知识有一定的掌握。

（三）农艺师（畜牧师、兽医师）

1. 熟练掌握并能够灵活运用本专业的基础理论知识和专业技术知识，熟悉本专业技术标准和规程，了解本专业新技术、新理念、新方法的现状和发展趋势，取得有实用价值的技术成果。

2. 具有独立承担本专业范围内较复杂技术工作的能力，能够结合农业农村生产情况，解决较为复杂的实际问题。

3. 具有指导助理农艺师（助理畜牧师、助理兽医师）的能力。

4. 取得助理级职称后，业绩、成果要求符合下列条件之一：

（1）参与农业农村科研或推广项目实施、农产品质量安全检验检测、重大动植物疫病防控、农业重大灾害处置、重要农业遗传资源保护利用等工作，成绩突出。

（2）参与行业发展规划编制、政策法规制（修）订、技术标准和规程制（修）订、重大项目可行性研究报告或技术咨询报告撰写、技术培训教材编写等。

（3）能够结合农业农村生产实际制定技术工作规划、计划，并参与推广先进技术、科研成果，在降低成本，提高生产率，增加经济效益、社会效益、生态效益等方面作出成绩。

（四）高级农艺师（高级畜牧师、高级兽医师）

1. 系统掌握本专业的基础理论知识和专业技术知识，具有跟踪本专业科技发展前沿的能力，熟练运用本专业技术标准和规程，在相关领域取得重要成果。

2. 长期从事本专业工作，业绩突出，能够解决农业农村生产中的复杂问题或重大技术问题，取得了较高的经济效益和社会效益。

3. 能够指导中级职称技术人员或研究生的工作和学习，在培养中青年学术技术骨干方面发挥了重要作用。

4. 取得相应中级职称后，业绩、成果要求符合下列条件之一：

（1）主持、承担研制开发或推广新品种、新技术、新产品、新方法等2项以上，具有国内先进水平，得到一定规模的应用。

（2）作为主要完成人，获得本专业或相关专业具有较高经济效益、社会效益、生态效益的发明或实用新型专利1项以上。

（3）作为技术骨干，参与农业农村重大工程、计划、项目1项以上，取得显著的经济效益、社会效益或生态效益，并通过相关部门验收。

（4）主要承担完成重要农产品质量安全检验检测任务、重大动植物疫病防控、农业重大灾害处置、重要农业遗传资源保护利用等工作，发挥了重要技术支撑作用，受到广泛认可和肯定。

（5）主要参与制（修）订本专业的技术标准1项以上，并发布实施。

5. 取得相应中级职称后，论文、论著具备下列条件之一：

（1）作为第一作者或通讯作者在专业刊物上公开发表本专业学术论文 1 篇以上；或独著（或合著）出版本专业著作 1 部，本人撰写 2 万字以上，且著作已正式出版。

（2）未发表论文的，应提供反映本人专业技术水平或业绩，且由主管部门证明系本人主笔撰写的农业农村重大政策、条例、法规、发展规划、可行性研究报告、产业调研报告、技术方案、技术分析报告、咨询报告、田间试验研究报告、行业技术培训教材等。

（五）正高级农艺师（正高级畜牧师、正高级兽医师）

1. 具有深厚的专业理论功底，科研水平、学术造诣或科学实践能力强，全面掌握本专业国内外前沿发展动态，具有引领本专业科技发展前沿水平的能力，取得重大理论研究成果或关键技术突破，或在相关领域取得创新性研究成果，推动了本专业发展。

2. 长期从事本专业工作，业绩突出，能够主持完成本专业领域重大项目，能够解决农业农村生产中的复杂问题或重大技术问题，取得了显著的经济效益、社会效益、生态效益。

3. 在本专业领域具有较高知名度和影响力，取得重大理论研究成果或关键技术突破，或在相关领域取得创新性研究和推广成果，推动了本专业发展。

4. 在指导、培养中青年学术技术骨干方面作出突出贡献，能够指导本专业副高级职称人员或研究生的工作和学习。

5. 取得相应副高级职称后，业绩、成果要求符合下列条件之一：

（1）主持研制开发或推广新品种、新技术、新产品、新方法、新工艺等 3 项以上，通过省级以上业务主管部门验收或鉴定，具有国内领先水平，得到大规模应用。

（2）获得省部级科学技术奖二等奖 1 项或三等奖 2 项以上；或作为排名前 3 位完成人获省部级科学技术奖三等奖 1 项；或市厅级科学技术奖一等奖 2 项以上。

（3）作为第一完成人，获得本专业或相关专业具有显著经济效益、社会效益、生态效益的发明专利 1 项或实用新型专利 2 项以上。

（4）主要参与完成国家级农业农村重大工程、计划、项目等 1 项以上，或主持完成省部级农业农村重大工程、计划、项目等 2 项以上，或主持完成市厅级农业农村重大工程、计划、项目等 3 项以上，并通过验收，在本领域被广泛认可。

（5）在重要农产品质量安全检验检测任务、重大动植物疫病防控、农业重大灾害处置、重要农业遗传资源保护利用等工作中发挥了关键性技术支撑作用，做出重大贡献，受到上级主管部门认可和表彰。

（6）主持或主要参与制（修）订国家、行业标准 1 项以上，或主持制（修）订地方标准 2 项以上，并发布实施。

（7）获得省部级以上专家称号或被纳入省部级以上人才计划。

6. 取得相应副高职称后，论文、论著具备下列条件之一：

（1）作为第一作者或通讯作者在专业刊物上公开发表本专业学术论文 3 篇以上；或独著（或合著）出版本专业著作 1 部，本人撰写 5 万字以上，且著作已正式出版。

（2）未发表论文的，应提供反映本人专业技术水平或业绩，且由主管部门证明系本人主笔撰写的农业农村重大政策、条例、法规、发展规划、可行性研究报告、产业调研报告、技术方案、技术分析报告、咨询报告、田间试验研究报告等 4 项以上；或行业技术培训教材 8 万字以上。

（六）农业技术推广研究员

1. 长期在县乡及以下农业农村一线和各类涉农企业从事技术推广工作，业绩突出，群众公认。

2. 具有较为全面系统的专业知识和丰富的实践经验，掌握本领域前沿发展动态，能够创造性地解决农业生产中复杂的实际问题或重大技术问题。

3. 在指导、培养农业技术推广骨干方面作出突出贡献，能够指导相应副高级职称人员的工作。

4. 取得农业系列副高级职称后，业绩、成果要求符合下列条件之一：

（1）主持推广新品种、新技术、新产品、新方法、新工艺等 3 项以上，通过市级以上业务主管部门验收或鉴定，得到大规模应用，产生显著经济效益、社会效益、生态效益。

（2）获市厅级科学技术奖二等奖 2 项或三等奖 3 项以上。

（3）作为第一完成人，获得具有重大实用价值的本专业及其相关专业发明或实用新型专利 1 项。

（4）指导实施的农业农村技术推广重大工程、计划、项目等 2 项以上，通过市厅级以上相关业务部门验收，在本领域被广泛认可。

（5）能够为农民生产生活、农村社会服务、农产品质量安全、重大动植物疫病防控、农业重大灾害处置、重要农业遗传资源保护利用等方面，提供关键性技术支撑和服务保障，在农业转型升级、农村发展繁荣、农民增收致富等方面作出突出贡献，获上级主管部门认可和表彰的。

（6）参与制（修）订国家、行业标准 1 项以上，或主持制（修）订地方标准 1 项以上，并发布实施。

5. 取得相应副高职称后，论文、论著具备下列条件之一：

（1）作为第一作者或通讯作者在专业刊物上公开发表本专业学术论文 2 篇以上；或独著（或合著）出版本专业著作 1 部，本人撰写 5 万字以上，且著作已正式出版。

（2）未发表论文的，应提供反映本人专业技术水平或业绩，且由主管部门证明系本人主笔撰写的农业农村重大政策、条例、法规、发展规划、可行性研究报告、产业调研报告、技术方案、技术分析报告、咨询报告、田间试验研究报告等 3 项以上；或行业技术培训教材 5 万字以上。

第八条　任现职期间，符合以下条件之一的，且年度考核均为合格以上的专业技术人才，可提前申报高一级职称：

（一）参加援藏援彝服务期满 1 年及以上，可提前 1 年申报高一级职称。

（二）"四大片区"外的农业专业技术人员，任现职务期间到"四大片区"贫困县全脱产服务满 1 年，或与"四大片区"企事业单位建立 3 年及以上支援服务关系，或参加精准扶贫工作成效显著被省级部门及以上表彰为优秀的，可提前 1 年申报高一级职称。

（三）综合帮扶凉山脱贫攻坚工作队专业技术人员，帮扶期满 1 年的，可提前 1 年申报高一级职称；3 年帮扶期满，可提前 2 年申报高一级职称。

同时符合两项以上条件的，提前申报年限不能累计计算。

第九条　在基层工作累计满 15 年且年度考核均为合格以上的专业技术人才，可降低一个学历等次申报评审中级职称。在基层工作累计满 25 年且年度考核均为合格以上的专业技术人才，可降低一个学历等次申报评审高级职称。

第十条　任现职期间，按照《专业技术人员继续教育规定》（人社部第 25 号令）和《关于〈专业技术人员继续教育规定〉的贯彻实施意见》（川人社发〔2016〕20 号）等文件要求，结合专业技术工作实际需要，参加继续教育。

第十一条　对职称外语、计算机应用能力考试不作统一要求，由用人单位自主确定。

第三章　破格申报条件

第十二条　确有真才实学、成绩显著、贡献突出，且任现职期间具备下列条件之一者，可不受学历、资历、层级限制，破格申报评审农艺师（畜牧师、兽医师）。

（一）获得省（部）级科学技术奖三等奖以上奖项。

（二）作为主研人员，获得本专业农业技术方面发明专利 1 项以上，并经推广应用取得显著经济、社会效益。

第十三条　确有真才实学、成绩显著、贡献突出，且任现职期间具备下列条件之一者，可不受学历、资历、层级限制，破格申报评审高级农艺师（高级畜牧师、高级兽医师）。

（一）获得省（部）级科学技术奖二等奖以上奖项。

（二）作为主研人员，获得本专业农业技术方面发明专利 2 项以上，并经推广应用取得显著经济、社会效益。

第十四条　取得重大基础研究和前沿技术突破、解决重大发展难题，在农业专业技术岗位上业绩和成果特别突出，作出重大贡献，且具备下列条件之一者，可不受学历、资历、层级限制，破格申报评审正高级农艺师（正高级畜牧师、正高级兽医师）、农业技术推广研究员。

（一）获得省（部）级科学技术奖一等奖以上奖项。

（二）作为主研人员，获得本专业农业技术方面发明专利 3 项以上，并经推广应用取得显著经济、社会效益。

第十五条　国家和我省有其他相关职称申报评审破格规定的，从其规定。

第四章　答辩

第十六条　为提高职称评价的针对性和科学性，确保评审质量，我省农业系列实行副高及以上职称全员答辩制度，有条件的地区可推行中级职称全员答辩制度。

第五章　附则

第十七条　本条件作为申报四川省农业系列职称评审的基本条件，有关市州、主管部门和用人单位，可根据各地、各单位产业发展和人才队伍建设需要，研究制定适用于本地、本单位的职称评审或推荐标准条件，但不得低于本标准条件和国家标准条件。

实行基层"定向评价、定向使用"职称评审的地区，其申报评审的基本条件可根据自身实际情况另行制定。

第十八条　本条件中词（语）的特定解释：

（一）本条件中规定的学历、年限、数量、等级，凡冠有"以上"者，均包含本级。

（二）研制开发或推广新品种、新技术、新产品、新方法、新工艺的应用证明，可由相关新型经营主体和县级以上农业技术推广主管部门共同认可出具。

（三）受到上级主管部门认可和表彰的，可提供在相关专业技术工作期间获得的"先进个人""先进工作者"或年度考核优秀等证明材料。

（四）指导实施的农业农村技术推广重大工程、计划、项目的，可提供证明本人主持或参与项目的资料或证明。

（五）本条件中的"主持"是指课题（项目）负责人；"参与"是指在课题（项目）中承担次要工作或一般性工作，或配合开展工作；"主研人员"是指课题（项目）中承担主要工作或关键性工作，或解决关键问题的研究人员。

（六）国家科学技术奖，是指国务院设立的国家科学技术奖励（包括国家最高科学技术奖、国家自然科学奖、国家技术发明奖、国家科学技术进步奖、国际科学技术合作奖等）。

（七）省级科学技术奖，是指四川省人民政府设立的省级科学技术奖励（包括四川省科技杰出贡献奖、自然科学奖、技术发明奖、科学技术进步奖、国际科学技术合作奖等）；部级科学技术奖是指农业农村部设立的全国农牧渔业丰收奖、神农中华农业科技奖等部级奖项。

（八）市厅级科学技术奖，是指市级政府或省政府相关部门设立的科技成果奖。

（九）专著译著是指取得 ISBN 统一书号，公开出版发行的专业学术专著或译著。

（十）专业刊物是指公开发行具有 ISSN 刊号和 CN 刊号的专业学术技术刊物。

（十一）申报人员有其他业绩贡献和真才实学，达到或超过本条件规定的业绩、成果相应水平的，可由用人单位和主管部门把关，报相应评委会评审。

（十二）基层指乡镇及贫困县、艰苦边远县、民族地区县。

第十九条 本条件自发布之日起施行，试行 2 年。本条件中未尽事宜，按国家和我省现行有关规定执行。

第二十条 本条件由省农业农村厅、人力资源和社会保障厅按职责分工解释。

第七篇

农业技术
推广典型人物

第二届最美农技员

北京市张海芳：她将"培训班"开到了田间地头

张海芳自1994年从北京市农业学校蔬菜专业毕业后，就一直坚守在农业技术推广第一线，将广大农民群众当作亲人，用她的青春、她的热情、她的知识为农民的增产增效奉献了一份力量。

将"培训班"开到了田间地头，深入扶贫一线助农户增收。农忙季节，她利用晚上时间和节假日休息对农民进行培训，还深入田间、地头进行技术指导，多年来累计培训、指导农民10 000人次以上。2019年，张海芳作为专业技术人员，到内蒙古自治区锡林郭勒盟正镶白旗进行对口技术扶贫。在此期间，为建档立卡贫困户110户提供技术服务，使得237人实现增收脱贫。

锤炼专业技能和服务技能，在农技推广工作中取得好成绩。张海芳和团队不仅利用嫁接技术解决了困扰农户多年的冬瓜枯萎病、茄子黄萎病等土传病害危害，还积极筛选出果砧一号砧木品种，为番茄产量提升和病害防治提供了有力的支撑。此外，张海芳和团队还积极引进新品种和新技术，向农户、合作社、种植园区推广蔬菜新品种40多个，推广新技术10多项，推广面积10万多亩。

天津市滕淑芹：心系水产 情系渔民

滕淑芹，天津市蓟州区水产业发展服务中心技术推广站副站长，高级工程师，中共党员。1988年参加工作以来，她始终扎根水产一线，致力技术推广服务工作，通过不断创新与发展，在平凡的工作岗位上谱写了一首最美渔歌。

扎根基层，服务群众，是渔民"最贴心的人"。蓟州区属半山区，因交通不便，她骑自行车、电动车跑遍全区塘头池边，年行程4 000余千米。渔民的需求就是她战斗的指令，她总会在第一时间赶到鱼池边。同时，她手把手向渔民传授最新的实用技术，解决渔业科技成果转化"最后一公里"问题。截至2019年，累计培训渔民3 054人次，其中取得职业资格证书461人，高素质农民教育培训117人。

实施科技兴渔，推进可持续发展。为改变高投入低收益甚至负收益的局面，她积极探索，多方论证，寻求适合蓟州区养殖的新品种，推广应用新技术、新设备，参与实施科技项目43个。项目累计实施面积17.25万亩，新增产值552.42万元，创经济效益3 000多万元。除优化养殖结构外，她从改造老化池塘、保护养殖水域环境入手，多方呼吁，争取资金。2016—2018年，全区改造老化池塘9 458亩，为水产健康养殖、渔民持续增收创造了有利条件。

河北省邰凤雷：躬身基层一线　倾心服务三农

邰凤雷，中共党员，农业技术推广研究员，辛集市农业技术推广中心副主任。2000年参加工作以来，他扎根农村，始终把服务农民、解决生产中的技术难题、带动农户增收致富放在第一位，被广大农户亲切地称为"喊得来、靠得住"的好兄弟、好专家。

坚守"最后一公里"阵地，扎实示范推广新技术。为切实解决农民技术需求，做好农业技术推广的"最后一公里"，邰凤雷20年风雨无阻，奔波在全市各个乡村，及时将先进技术送到田、科普信息送到户、补贴物资送到家，年均进村入户超过100天。每推广一项新技术，邰凤雷都先用事实说话。近年来，邰凤雷先后在全市指导培育多个示范展示基地，示范展示新品种新技术20余项。

高产攻关屡创佳绩，勇立潮头敢为先。2013年，辛集市承担河北省小麦产业体系山前平原辛集小麦高产节水综合试验推广站建设项目，邰凤雷任推广站站长，经过连续5年艰苦攻关，为解决小麦单产提高、品质提升、水资源短缺、气象灾害频发重发等现实需求和问题作出突出贡献。近几年，邰凤雷与单位几名骨干联合自立课题，开展技术研究，研制出既能有效防治蔬菜根结线虫，又可以提高土壤阳离子供应水平的多功能生物有机肥。

河北省霍增起：农民的"果树"医生

霍增起，中共党员，邢台市信都区农业农村局农业技术推广站站长，高级农艺师。他三十多年如一日工作在基层农业技术管理第一线，被誉为"农技专家"和"活财神"。

一心为农，悉心护农。为了提高果树管理技能，他查阅大量林果有关资料，自费学习先进管理技术，远赴山东蓬莱、山西运城考察先进管理经验。2013年，已经五十多岁的霍增起还考取了河北农业大学在职研究生。通过引领果农转变种植意识、改进管理技术，提出一系列更科学的技术措施，2016年南石门镇皇台底村1 200亩核桃喜获丰收，纯收入300多万元。近十年来，他几乎走遍了邢台各县市区果农的大小果园，不仅将农作物的生育期管理要点，编成日历印发到群众手中，还根据天气情况第一时间向果农传递管理信息。

科技强农，倾心为农。他大力开展技术培训和知识普及，集中培训和入户培训相结合，先后共编写80多万份明白纸、1万多本宣传册等培训教材免费赠送给果农，建立高标准示范园30多个，并先后组织农民巡回参观4 000多人次，到外地果园参观学习500多人次。2020年新冠肺炎疫情期间，霍增起晚上通过微信群、公众号发布果树管理信息，白天直接下到果园，让果农代表参加并现场示范指导。

河北省魏广：辛勤耕耘　志在兴牧

魏广同志毕业三十年来，一直从事畜禽新品种、新技术的推广及动物疫病防疫、兽医临床、技术培训等畜牧兽医方面工作，先后担任过河北省晋州市动物疫病检验监测中心主任、动物医院院长、畜牧工作站站长。

自觉履行工作职责，积极发挥先锋模范作用。为了做好技术推广，他对晋州市的养殖场分布了如指掌，几乎跑遍了全市的各村大多数养殖场。他每年受邀的技术培训、讲课不下 10 余次，建立了 1 100 多人的晋州养猪交流微信群和 300 多人的蛋鸡交流微信群，电话和微信成了 365 天、24 小时的服务热线。畜禽先进品种、畜牧技术的推广，既减少了畜禽疫病的发生，又提高养殖场的经济收入，保障了畜产品质量安全，实现畜牧生产、环保养殖双赢模式。

深入钻研解决养殖难题，开拓创新推广先进技术。日常工作中，他每年 1/3 的时间都在为养殖场指导服务，结合省里专家研究出了一套集饲料、防疫、中兽药综合利用为一体的生态放养配套技术养殖柴鸡，引入统一规模场养殖模式养殖奶牛，引导奶牛场建设"智能牛场"实现牛场智能化、精细化管理。

就是这样，魏广从各方面为养殖户着想、处处为工作考虑，他多年来为晋州市畜牧业发展作出了巨大贡献。

山西省李银枝：农技战线谱华章　服务三农显身手

李银枝，朔州市平鲁区农业服务中心高级农艺师，自 1990 年参加工作以来一直从事农业技术推广工作。该同志三十年如一日，坚持奋战在农业技术推广第一线，被农民们亲切地称为农技推广的"领头雁"和"排头兵"。

爱岗敬业，致力服务，农技推广成绩显著。她工作起来，废寝忘食，舍家忘我，就连孩子升学考试、外出就读、父母生病住院她都无暇顾及。她政治立场坚定，坚持学习专业技术知识，参加了山西农业大学的函授学习并取得本科学历。自参加工作以来，紧紧围绕农业增效、农民增收这条主线，为实现农业现代化献计献策、努力工作。2012—2020 年连续 9 年在基层农技推广体系改革与建设补助项目中担任技术指导员，2015—2020 年连续 6 年被选派为山西省"三区"人才支持计划科技人员专项计划科技特派员，指导科技示范户 166 户，培育新型农业经营主体 23 个，辐射带动周边农户 2 000 余户实现了增收致富。

深钻细研，不忘初心，情系农技，热心为民。李银枝同志勤于思考，潜心钻研，针对平鲁区的农业生产现状，积极调整种植结构，引导农民种植观光作物油菜，带动旅游业的发展，探索现代农业发展的新途径和有效措施。李银枝同志在下乡开展科技服务工作中，积极为农民联系优种、订购化肥、指导田间管理、提供信息、赠送资料、帮助定生产计划，促进农民增收致富，农民把她当作"贴心人"。

山西省成拉旺：依托科技求发展　模范带动促增收

成拉旺在古交市农业技术推广中心邢家社站从事农技推广工作已经 30 多年了。他一直坚定改变家乡贫穷面貌的信念，带领村民学习大棚蔬菜种植技术，开拓了贫困山区的致富道路。

利用试验示范开拓致富路。他承包乡农场的 6 亩土地进行试验示范。他一天都扑在大田里，白天拉回一车车大粪，夜里挑灯查找相关技术资料，种植 12 个品种，有 11 个获得成功，创造性地应用"日光节能温室大棚蔬菜种植技术"，结束了当地"冬春不见青"的历史，示范带动开拓了一条贫困山区的致富路。

围绕蔬菜科技推广开展技术培训。在成拉旺的倡导下，蔬菜生产村办起了村级农技推广学校。白天，他在大棚里手把手地教，晚上他在农技推广学校里面对面地讲，并与山西省农业科学院蔬菜研究所、太原生态工程学校、古交蔬菜技术服务中心建立技术协作关系，农闲时间聘请专家教授组织青年学习蔬菜生产技术。驻村指导设施蔬菜生产，指导村民增施有机肥、生物菌肥、生物农药，推广节水灌溉、叶面施肥等新技术 8 项，引进新品种 11 个。

依靠科技推广促进农民收入。实施"标准化蔬菜基地建设"项目，形成高寒山区独特的保护地栽培模式，创古交市高产纪录。应用"合理轮作、配方施肥、病虫综防、监测检验、气调保鲜"五项实用技术，推动了邢家社乡蔬菜生产的标准化和规模化，提高蔬菜品质，增强区域特色蔬菜的市场竞争力。

山西省郝丽艳：在平凡的岗位上默默耕耘

郝丽艳，女，汉族，朔城区农业技术推广中心高级农艺师。该同志参加工作 24 年来一直坚持深入生产第一线，搞好农业试验、示范、推广及农情信息采集工作，与时俱进、开拓创新，积极运用互联网技术，为农民排忧解难，促进农民增收、农业增效。

努力学习，奠定农技推广基础，心系农民，做农民朋友的"贴心人"。在她的时间表中没有星期天，没有节假日，始终奋战在农业和农村工作第一线。她一直坚持学习，不断更新知识结构，从一名农业工作的门外汉，成长为农技推广的专家。郝丽艳到村做玉米产业技术指导员，每年对示范户进行产前培训及田间技术指导。

农技推广，争做信息化服务先锋。为了提升农技服务质量和效能，郝丽艳充分利用信息化手段。她通过朔城区农情群、手机 App 为农民提供种植技术、市场行情、灾害预警等综合服务。制作各类培训课件，将下乡的种植经验、做法、工作成效、工作动态等以图片、视频的形式进行宣传并与同事同行们分享，相互学习、共同进步。

平凡的岗位，成就不平凡的事业。参与多个项目，经济效益、社会效益显著。工作之余，她还利用下乡的机会进行调研，并结合朔城区玉米的生产实际，撰写论文、培训教材和农技书籍。

内蒙古自治区孙亚红：真抓实干争脱贫

孙亚红，女，巴彦淖尔市临河区家畜改良工作站站长。32 年间，孙亚红从临河区家畜改良工作站站员成长为站长，她推广普及了 100 多项种养殖新技术，累计培训养殖户 10 万人次以上，开展试验示范推广新技术 50 多项，新技术为养殖户带来增收数十亿元。

技术先行，提高科学养殖水平。20 世纪 90 年代，针对临河区养殖户秸秆整喂、养殖粗放的现状，作为主要技术人员的孙亚红主持了农业部农作物秸秆加工转化利用项目。21 世纪，她推广奶牛冷冻精液配种。近几年，她又把精力放在了乌梁素海面源污染治理和畜禽粪污无害化处理资源化利用上，探索种养循环的农牧业绿色高质量发展之路。

真抓实干，带领农民脱贫致富。2015 年，孙亚红担任干召庙镇棋盘村脱贫攻坚驻村第一书记。农牧局"出身"的她为棋盘村探索出一条以农促牧、以牧兴农、农牧结合的发展出路。她一家一户指导，配草配料、打针消毒、驱虫健胃，带领村民去肉牛养殖场参观学习，定期邀请技术人员到村部做培训，组建微信群在群里随时解答村民养殖中出现的问题等，2019 年她还在村里建成了 11 000 亩高标准农业科技示范园区。

内蒙古自治区李春峰：择路播火践初心

李春峰，赤峰市松山区人，内蒙古自治区宁城县经济作物工作站站长。因为头戴"先进科技工作者"等多个光环，他在赤峰市社会各界、特别是科技界闻名遐迩；因为兴农富民、在农技推广工作中作出重大贡献，他在全县家喻户晓。

通过加强技术保障，点燃农民热情，建立产业联盟，让全县蔬菜产业迅速崛起。他探索出完全切合宁城县自然资源和气候特点的种植模式，积极倡导并身体力行与区内外大中专院校和科研院所紧密合作，用"承诺制＋树典型"推广模式激发农民发展设施蔬菜产业的积极性，组建蔬菜种植专业合作社，在合作社内推广具有"宁城模式"特点的标准化种植，加快设施蔬菜产业的集中、集约、集聚发展。

李春峰是全县第一个把自己的手机号码做成联系卡发放到日光温室蔬菜种植区农户的农技人员。他一天接到农民的咨询最多的时候达到 40 多个。2013 年 8 月，李春峰因过度劳累和接打手机造成右耳重度神经性耳聋，听力只有 80 分贝，成了一名"残疾人"。2017 年 3 月，李春峰在带领农民外出考察的途中遭遇车祸，造成两根肋骨骨折。他只在医院住三天，就硬是回到办公室工作，事后留下了十级伤残。如今的李春峰正以他的"蜡烛情""春蚕爱"继续着他兴农富民最壮丽的农技推广事业。

内蒙古自治区黄斌：农民致富贴心人

黄斌，中共党员，鄂托克旗农业技术推广站副站长、高级农艺师。几十年来，带领全体农技人员克服困难服务三农，用现代农业技术的手段提高农业生产，实现"为养而种、以种促养"，获得了农牧民的认可和青睐。

黄斌同志以基地为依托，累计引进试验110多种农作物新品种，示范农作物生产时期现代化管理技术，并集成推广玉米高产栽培技术、病虫害综合防治配套技术、耕地地力提升措施、病虫害绿色防控技术、农业资源利用、农业全程机械化作业等现代科技。累计推广示范面积达300多万亩，使全旗玉米每亩增产80多公斤，农牧民增收3 000多万元。先后开展技术培训现场观摩讲座达140余场次，培训农民3万人次，高素质农牧民925多人，发放各类资料13万份。

2017年8月，鄂托克旗高温高湿气候导致黏虫大发生，为了虫口夺粮，保障粮食安全生产，引进入驻植保无人机，防虫工作协调专业防治组织2架飞机、15架无人机及2台加农炮、1台车载式加农炮、400多台背负式烟雾机及喷雾器进行防治。派出防虫指挥车5辆、技术人员10余名，入户勘察灾情、技术指导600多次，电话指导1 200多次，宣传防虫知识100次，发放黏虫防治知识宣传单5 000多份。引进入驻植保无人机组织、在植保工作中做到了作业突出、精准度高、效率好，全面提高了植保专业化统防统治工作效率。

辽宁省李成军：福祉为民铸就梦想创辉煌人生

李成军，辽宁省盘锦市盘山县现代农业生产基地发展服务中心高级工程师。

他走遍全县所有养殖水面，深入实地，记问题，查情况，足迹遍布每个水产养殖户。无论是刮风还是下雨，不分白天还是深夜，不管身处何地，只要是养殖户有需要，就会第一时间到场。他有一个记录本，上面清清楚楚地记录着全县近百个养殖户的名字，还有养殖试验示范区的人员名单、电话号码和基本情况等。同时，把自己的电话号码告诉全县所有的养殖户，坚持24小时开机，随时接受养殖户的技术咨询和服务，并随叫随到。

20年来，承担了11项科研推广项目，为养殖户提供上万次技术咨询和服务，挽回经济损失达2 000多万元。累计下乡1 100多天，服务农户2 500户，解决实际问题220多件，举办培训班35次，培训农民超过1万人次，发放技术资料2万余份。

与辽宁省水产技术推广总站合作，开展了海水池塘海参生态养殖技术示范推广项目研究，解决五种海参养殖过程中的核心技术难题。编写了《辽宁海水池塘刺参生态养殖实用技术》专著，在辽宁省科学技术出版社出版，编制了辽宁省地方标准海蜇、斑节对虾、菲律宾蛤池塘混养技术及稻田泥鳅养殖技术规程4项，如今他已是辽宁省海洋水产科学研究院特聘专家。

辽宁省林淑敏：活跃在家乡黑土地上的最美身影

林淑敏，瓦房店市农业技术推广中心蔬菜科科长、高级农艺师，26年不间断投身于蔬菜新品种、新技术的引进推广工作。

参加工作26年，林淑敏试验、示范和推广30多个设施蔬菜新品种，研发新技术10余项；主持和参与编写了《甜瓜保护地栽培》等7部著作，并出版发行；撰写《温室茄子应用秸秆生物反应堆技术的试验总结》等 17 篇论文；先后获得 10 余项奖项。

作为农技推广人员，为农民授课是最基本、最直接的服务形式。她不仅常年为本地的菜农做培训，还被特邀为辽宁省、山东省、江苏省等其他省份及大连其他县区做农业技术培训，年授课次数最高达 40 余场，举办大型现场会 2～3 次，培训人数可达 5 000 余人次。2018 年，林淑敏代表瓦房店市农村经济发展局参加全国农业新型技术推广知农云课堂课程征集大赛，收到了很好的效果；报名人数876 人，阅读 26 283 人次，综合评分 4.9 分。

2020 年，新冠肺炎疫情暴发，在此期间，应农户的需求，林淑敏将培训改在抖音和微信里进行，通过视频演示引导农民应用技术，解决难题。上半年一共做了 5 次线上培训、5 次抖音直播，通过瓦房店广播电视台做了三期电视讲座，实时有效地指导农民防疫生产两不误。

吉林省王静华：汗洒大地育金秋

王静华，洮南市农业技术推广中心副主任、三级研究员。26 年来，她一直工作在农业生产第一线，掌握了大量的农业第一手资料，在新品种引进、农药和化肥试验示范、培育种田等方面取得了一定的成绩，为洮南市种植业结构调整提出了很多宝贵的意见和建议。

多年来，她参加了多个试验场的设计以及对田间试验的全程跟踪，掌握了大量的农业第一手资料。她将示范场设计成农业新品种试验、先进技术示范及培训、推广、科普教育为一体的大型现代化农业生产示范基地，平均每年共完成试验项目 50 项。作为全市农业科技带头人，王静华每年都组织人员召开 20 多场科技现场会、70 多场各类科技讲座。每年她直接培训农民 3 000 人左右，间接带动1 万余人。

近几年，测土配方施肥在洮南搞得有声有色。这其中的每一项活动都能看到王静华忙碌的身影。她和同事们平均每年采集土样 4 500 个，每年共化验指标 20 000 余项次，发放施肥建议卡 4 500 份。提高肥料利用率 3 个百分点以上，每亩平均增产 11.2%。

获得国家及省级各类奖项 30 多项；近几年主编和参与编写的农业技术著作 6 部，有 10 余篇论文在国家级刊物上发表。面对荣誉，王静华说："这一切只能代表过去。荣誉也都是这份工作带给我的。今后，我还要继续努力，做一辈子农民的技术员。"

吉林省刘海晶：靓丽巾帼满乡情　七星山下渔技行

刘海晶，吉林省四平市伊通满族自治县水产技术推广站站长。二十二年如一日，刘海晶为伊通的渔业振兴、渔民致富作出了巨大贡献。

自 2002 年刘海晶同志接任站长以来，伊通满族自治县的渔业迅猛发展，养殖面积由 2000 年的1 800公顷发展到 2019 年的 2 065 公顷，养殖产量由 2000 年的 980 吨增加到 2019 年的 1 822 吨，全县养殖户由 2000 年的 128 户增加到 2019 年的 285 户，年总产值由 2000 年的 78.8 万元增加到 2019 年的1 100万元，伊通渔业经济发生了翻天覆地的变化。

刘海晶先后主持举办了健康养殖、鱼病防治、鱼类越冬、稻田综合种养等水产技术培训班50余期，培训人员超过3 000多人次。结合技术帮扶活动，积极联系帮扶对象，选派帮扶技术人员，由她与其他4名水产技术人员和5个养殖单位签订了目标责任书，打消养殖户的生产顾虑。从2015年开始，主抓伊通满族自治县稻渔综合种养技术试验示范，面积由2015年100亩发展到2020年的2.5万亩，养殖模式由稻田养蟹发展到稻田养蟹、稻田养鱼、稻田养鳅，在刘海晶同志的主抓下伊通满族治自县的稻鱼综合种养深深扎根于稻农心中，为农民的增产增收作出了巨大贡献。

吉林省潘广辉：吉林省延边州安图县新合乡畜牧兽医站

潘广辉，吉林省延边州安图县新合乡畜牧兽医站站长。24年来，他钻研业务、狠抓提升、勇于创新、敢于担当，各项工作得到了领导、同事的充分肯定和一致认可，并多次受到省、州、县政府及业务部门表彰，评为先进工作者和先进个人。

刚参加工作，潘广辉埋头苦干，牢记着父亲和领导"做点实在事儿，给农民们多做好事儿"的嘱托，小笔记本上记录了一条又一条的科学知识，工作中的脏、苦、累活儿他都冲上去干。参加工作两年后，他就成了站里的业务骨干、养殖户心中的"高人"，大家有啥困难都先想到"找小潘"。2002年因工作表现出色，潘广辉被任命为新合乡畜牧兽医站的站长。每年全乡18个行政村要走几遍，每年的春、秋两季重大动物疫病集中免疫工作中，他要负责全乡镇18个行政村的畜禽免疫和疫病监测、疫病诊断等技术工作。2013年3月，为了充实县级业务力量，他被调到安图县畜牧兽医总站工作。面对全县200多个行政村的规模养殖场和广大养殖户，他在工作中不放过每一次外出学习的机会，快速提高业务理论知识水平，结合多年基层丰富工作经验，为编写畜牧技术推广手册贡献力量，深受养殖户喜爱。

他有一颗对畜牧技术推广工作持之以恒的赤子之心，把知识技术带给千家万户，把经济实惠带给广大百姓。虽然一身伤痛，却永不停歇，勇往直前，用执着与信念谱写着一名畜牧工作者的平凡与奉献，谱写着畜牧干部新时代新作为的情怀。

黑龙江省李连文：黑土地里的"守望者"

李连文，绥化市北林区农业技术推广中心主任。20年来，无论是春种秋收还是严寒酷暑，李连文的身影总会风雨无阻地出现在田间地头，他将辛勤耕耘的足迹留在了320多万亩的寒地黑土上，成了这片黑土地上最勤劳的"守望者"。

他带领北林区植保站深入田间，及时掌握田间动态，把预防稻瘟病纳入重要日程，努力做到知农情、解农苦，用通俗易懂、实用、实效等方式方法示范指导农民科学防治水稻稻瘟病，通过移动短信平台、微信群等向农民及时发布稻瘟病预测预报。为了完成好国家稻瘟病统防统治任务，他带领同事选药剂、制定招标计划、选择飞防公司，截至 2018 年北林区稻瘟病统防统治面积达到 350 万亩次，提高了粮食产量，增加了农民收入。

在新冠肺炎疫情防控期间，为确保不误农时，李连文利用微信、短信、电话等工具，及时向农民发布技术指导信息，同时对种植大户、合作社进行隔空问诊，把脉开方，解决村民备春耕实际困难，为春耕生产提供科技支撑。

辛勤的汗水浇灌了大地，付出的辛苦也有所回报。在丰富的实践中，李连文共引进和推广农业新技术 42 项次，创造性地完成了 20 余项试验、示范项目。

黑龙江省张明秀：辛勤耕耘　默默奉献

张明秀，黑龙江省富锦市农业技术推广中心副主任。二十多年以来，她把农民的利益放在第一位，努力成为科技富农的示范者。

近年来，张明秀同志多次主持农产品技术研究工作，并取得不俗成果。2018—2020 年，黑龙江省行业系统在富锦市建立了第三积温区玉米评价基地，大小区加一起 600 亩地、57 个品种、120 多个处理，在出苗、抽雄、成熟的时候，大约二十多天，张明秀天天在地里，就为了能更加准确获得信息。她从没换过手机号，农忙时早上三四点就有电话，当前网络发展快，她只要一有时间就会在微信群里给农民提技术意见或发农业链接，帮助农户解决了许多问题。

2020 年更是一个不同的春天，在新冠肺炎疫情防疫期间，开辟了网上课堂，每周两次网上培训，教师语音讲课，申办了"富锦市农技推广中心"订阅号，每周发布 3～5 个技术意见，印发技术资料，每周农事和《三农指南》电视专栏更是把技术送到千家万户。近年来，她与富锦市漂筏现代农业农机专业合作社、富锦市宝成玉米专业合作社等 4 个合作社签订了技术服务协议，服务面积逐年增加，累计达到近 40 万亩。

黑龙江省于洪利：黑土地上科技的"授粉者"

于洪利，七台河市茄子河区宏伟镇农业服务中心主任、农业推广研究员。从事农技推广工作 30 年来，于洪利所服务的宏伟镇是全国地域最狭长的乡镇，拥有 28 个行政村、45 个自然屯、40 万亩耕地，地域偏远、面大、点多、线长等因素并没有限制他勇于创新的脚步。

近 30 年来，他先后参与或独立承担农业科技部门的试验、示范项目 35 项，建成农作物标准化示范基地 15 个、示范点 30 多个。他指导建设的籽用南瓜高产创建示范基地从最初的几家农户、几十亩地，发展到拥有会员 1 500 多人，籽用南瓜种植辐射带动北兴农场、855 农场，以及桦南林业局的泥源等 6 个林场、宝清县的部分乡镇，带动农户 4 100 多户，户均增收 3 万多元。另外，由他带头攻关的道地药材、食用菌方面也获得快速发展。

为推广新品种、普及新技术、落实新政策，于洪利充分发挥学科技术优势，利用实施各种农业项目的平台，开展农业科技知识、实用技术培训和现场技术咨询指导近300期，培训人次达2.6万，进一步提高了当地农民科技文化技能，一大批新技术、新品种被广泛推广应用，使辖区农业生产得到持续发展。他用脚走出来的一整套农技小窍门、土办法，被他编写成各种通俗易懂的技术资料小册子，连他手机都成了农民随时拨打的农业科技咨询热线。

上海市梅国红：甘于奉献　倾情奉献

梅国红，上海市金山区农业技术推广中心党支部书记。三十年如一日，坚持以吃苦耐劳、乐于奉献的精神与饱满的工作热情、扎实的工作作风对待工作和生活，为金山区都市现代化农业的发展和宁洱县农业技术的提升及产业扶贫工作默默无闻地发挥着自己的光和热。

梅国红同志积极开展粮食生产绿色高质高效创建活动，坚持以绿色发展为引领，质量效益为目标，助力农业供给侧结构性改革和种植业高质量发展，全区建立水稻绿色高质高效示范方70个，其中万亩带1个，千亩片（含整建制村）15个，百亩方54个，提高粮食综合生产能力。围绕全区五大类经济作物的优质品种和成熟适用技术，通过科技入户、培训、基地示范在全区推广应用，同时加强安全生产指导，推进农业品牌化建设。近10年来，"金山小皇冠"西瓜在全区累计推广7 586亩，种植合作社或大农户750户次，亩均产量达到2 189.6公斤，亩均产值达到28 519.94元，亩均净收入超过1.0万元。

梅国红同志以身作则组织单位科技人员深入科技示范户中，开展多种作物的科技入户技术指导工作，累计组织科技入户指导870余人，指导科技示范户2 528户次。通过科技入户指导和农民田间学校培训班，普及推广了农业新品种和新技术，进一步提升了本区广大种植户的科学种植水平。

江苏省蒋造极：扎根基层28年"不简单"的渔技员

蒋造极，无锡市锡山区水产技术推广站站长，高级工程师。28年来，他从青春年少迈向"知天命"，也从一名普通的渔业技术员成长为研究员级高级工程师，在锡山这个江南鱼米之乡发挥着光与热。

1992年7月参加工作时，他在港下镇任渔技员，扎根基层"第一波"就是11年。11年里，他跑到鱼塘边的次数不下3 000回，有时一天要去好几趟。夏天鱼病高发期，经常早晨六点多接到养殖户求助电话，他一把冷水扑脸，就直奔现场，指导养殖户采取相应措施进行救助。在担任11年乡镇农技员后，他有幸调任锡山区水产站副站长、站长，负责了17年的全区水产技术推广工作。通过蒋造极的多年的努力，锡山先后引进并开展了沙塘鳢、红螯螯虾人工繁育和太湖1号杂交青虾良种繁育试验示范，并建立了规模化繁育基地，累计推广水产新技术4.34万亩，实现总产值2.33亿元，新增经济效益5 000多万元。

新品种、新技术、新模式的引入，对水产养殖结构的优化调整起到了重要作用。全区以虾蟹鳖为主的特种水产品养殖占比从 2008 年的 45% 提高到现在的 53%。成功推广高效、生态、清洁养殖技术模式的应用,成功提升了水产养殖的科技和生态效应,提高了锡山渔业现代化水平。参与制订经质量技术监督局备案的水产企业标准 3 项,指导有关单位起草制修订企业标准 5 项,使锡山区水产标准增加到 13 项,提高了全区渔业标准化程度。

江苏省徐洪庆:服务先行科技引领富民致上

徐洪庆,江苏省常州市金坛区朱林镇畜牧兽医站站长、高级兽医师。三十多年来,他以服务至上、群众满意为宗旨,扎根农村基层,乐此不疲、甘之如饴地倾尽自己的情感与智慧去帮助农民增收致富。

通过在徐洪庆帮扶和"公司+合作社+农户"模式的推广下,催生壮大了江苏三德利牧业发展有限公司、江苏八达畜禽有限公司、江苏省永康农牧科技有限公司等多家省级农业龙头企业,还培育了像刘胜泉一样的养殖大户 100 多户。近几年,朱林镇畜牧业已形成了畜禽育种繁殖、商品畜禽饲养、加工屠宰、销售为一体的产业化格局。依托龙头企业的带动,朱林镇年出栏种猪和商品猪 5 万头、商品鸡 1 200 多万羽、苗禽 9 000 多万羽。全镇畜牧业实现年产值超过 9 亿元,农民增收达 9 500 多万元,朱林畜牧业成为金坛的畜禽产业"半壁江山"。

疫情期间,在本区域严抓新冠肺炎疫情联防联控管理的同时,又为畜禽养殖企业生产、畜禽产品保供排忧解难。徐洪庆严把出具通行证关,坚持企业提前申报,认真审核,对符合要求的车辆才开具通行证。

30 余年来,徐洪庆怀着一份对畜牧兽医事业的执着和热爱,在基层一线从事着动物疫病防治、疫情测报、检疫监管、防疫监督、技术推广等工作。他为辖区内畜牧业的壮大和发展、农民增收致富作出较大贡献,是农民心目中名副其实的农技员。

江苏省陈新环:基层农机推广的领航人

陈新环,高级技师、高级工程师,34 年来一直在常熟市农业机械技术推广站(原为常熟农机研究所)从事农机示范推广、技术服务、试验培训等一线技术工作。

他先后主持或参与各类农机技术项目 20 多个,其中省级 13 个。2011—2013 三年,他作为 3 个江苏省农机科技入户项目负责人、首席专家,项目实施后,三年新增主推机具共 4 063 台,主推技术应用面积年平均增长 13.18%。作为主要完成人,他参与了 2010 年江苏省农机局的"常熟市植保机械污染物减排技术推广应用"课题,通过推广污染物零排放的静电喷雾器 10 106 台,替代弥雾机用于农业植保作业可减排污染物 252 吨。

自 2011 年开始,他主持多次农业技术推广培训活动,累计培训达 1 000 余人次。主持常熟市农机修理工培训,通过鉴定获得农机修理工职业资格 600 多人次,2015 年创造性地在常熟开设第一期农机修理工高级班，共开办三期培训，130 多人获得农机修理工高级职业资格证书。

他为农机化事业作出了突出贡献，获得过全国技术能手、江苏省劳动模范、江苏省有突出贡献中青年专家等荣誉，享受政府特殊津贴。

江苏省李勇：要做一辈子渔技员听到渔民的笑声

李勇，泗阳县水产技术指导站站长。三十五年如一日，李勇在渔业技术推广战线上默默耕耘，为当地水产养殖业发展作出突出贡献，是农技服务"贴心人"。

据统计，1993 年泗阳县养蟹面积不足 100 亩，在李勇的示范指导与推广下，当地河蟹养殖如雨后春笋般地发展起来。2020 年，全县河蟹养殖面积近 20 万亩，年产量 2 万余吨，纯利润近 10 亿元。原众兴镇桃源村支书朱成银说："没有当年李站长的示范推广，就没有我村今天的河蟹产业；没有李站长一帮渔技人员的持续推广，更不会有全县河蟹产业的繁荣兴旺。"。

多年来，他订阅《中国水产》《科学养鱼》等专业杂志，系统学习水产养殖学等专业书籍，写下了 80 多万字的学习笔记。获国家、省、市、县科技奖及专利发明授权多项，先后在《农业与技术》《科学养鱼》等专业杂志发表论文 40 多篇。

李勇积极牵头策划并开展了大量的丰富多彩的科学养鱼知识宣传培训活动。每年开展大型的科技下乡活动 10 多次，免费发放科学养鱼资料 3 余万份、科技图书 1 万余册，义诊 600 余人次，免费发放药品近 1 万元，受益群众 5 000 多人；每年举办科学养鱼报告会 10 余场次，听众 1 000 余人；举办科学养鱼展览 10 余次，受益群众近万余人。

浙江省蒋玉根：心怀为农情　誓做治土人

蒋玉根，杭州市富阳区农业技术推广中心农业技术推广研究员。参加工作 30 多年来，他一直奋战在土肥战线上，与泥土打交道，与农业共成长。通过自身努力以及与科研院校合作，为富阳区的耕地质量改良、污染耕地治理及综合利用、地域环境评估、测土配方施肥技术研究与推广等作出重大贡献。

他主持或参与的国家级科研项目 6 项，主持杭州市科研攻关项目 3 项，主编出版了《富阳耕地质量与施肥管理》《化肥减量技术原理与应用》《镉锌污染土壤的超积累植物修复研究》等专著，参与编写论著 8 部，发表 SCI 论文 6 篇及国家一级、二级期刊论文 60 余篇，参与省级标准制定 2 项，国家发明专利授权 11 项。

为有效掌握富阳耕地的质量水平，蒋玉根同志与团队成员一起，踏遍了富阳的山山水水，是富阳的活地图，采集土壤、植物样本 1.2 万余个，农化分析 12 万多项，并利用检测数据开展耕地养分和区域环境质量评价，指导测土配方施肥，也被农民朋友亲切地称为"庄稼医生"。他主持开发的耕地质量分级评价系统、富阳区测土配方施肥咨询 Web 平台均获软件著作权。为控制农业面源污染、实现绿色农业，他结合测土配方施肥技术的实施，帮助富阳实现化肥使用的连续负增长。

浙江省庞子千：坚守初心把爱播在希望的田野上

庞子千，瑞安市马屿镇农业技术推广站站长、高级农艺师。参加工作 30 多年，他只待过一个地方——马屿（曹村镇和马屿镇统称），只当过一个"官"——农技站站长，只干过一件事——农业。30 多年缘结农业、情系农村、心系农民，这位"农民级"农技员成了当地农民离不开的好朋友。

他积极组建规范化农民专业合作社（农场）34 家，其中国家级 4 家、省级 8 家、市级 22 家，创建"蔬菜、粮食、中药材、林果"等四大产业联盟，成立瑞安市马曹粮食专业合作社联合社。30 多年来，他推广的新品种不少于 50 多个、新技术 20 项以上，粮食产量提高了 15% 以上；推广水稻测土配方施肥、绿色防控、叠盘出苗、两壮两高、农机农艺融合等先进实用技术面积 100 余万亩次，累计新增粮食 2 万余吨，新增经济收益 1.5 亿元以上。

现在天井垟建有粮食生产功能区服务中心 2 个、稻谷烘干中心 10 个、水稻育秧中心 9 个，良种覆盖率 100%，主推技术应用率 100%，规模种植大户农机覆盖率 100%，社会化服务率 100%，水稻综合机械化率 95.2%，粮食单产提高了 20%。多年来，他先后获得农业科技成果奖 16 项，其中国家级 2 项、省级 5 项、市级 9 项，发表省级以上刊物论文 14 篇，获得先进工作者表彰 29 项。

浙江省赖建红：安吉白茶的守护者

赖建红，浙江省安吉县农业农村局茶叶站农业技术推广研究员，三十余年来在生产一线，在茶叶新品种、新技术的试验、示范、推广应用，特别是在推进安吉白茶产业标准化、产业化、规模化生产，以及品牌建设等方面付出了艰辛努力，为推动安吉茶产业发展、茶农增收致富作出了重要贡献。

安吉白茶从单株母树发展至 17 万亩茶园，产值 27.59 亿元，年产量 1 950 吨，亩均产值 1.6 万元，2005 年到现在，安吉白茶的面积、产量、产值分别增长了 4.6 倍、6.8 倍、8.9 倍。目前，安吉白茶产值占全县农业总产值的 60%，为 36 万农民人均年增收 7 600 余元，农民年可支配收入 25%。"安吉白茶"获原产地证明商标、部省级荣誉 400 余项，品牌价值 41.64 亿元，成为全国名优绿茶的领军品牌，从一棵树蜕变成安吉的金名片。

赖建红曾获科技进步奖、丰收奖、农业技术推广贡献奖、全国农业系统先进个人、浙江省有突出贡献中青年专家、省级先进工作者、优秀共产党员、劳动模范等多项部、省、县级荣誉称号。

除做好大品牌宣传外，指导企业子品牌创建，全县茶企有省著名商标 11 件、市著名商标 32 件，注册商标 300 余件，由此建起塔式的安吉白茶品牌构架，为安吉白茶市场竞争创造良好基础条件。

安徽省王冠军：走出粮食产业绿色发展战略新路径

王冠军，中共党员，颍上县润河镇农业综合服务站农业技术推广研究员，扎根基层从事农技推广工作已有 25 个春秋。近年来，王冠军围绕品牌粮食绿色高质高效关键技术措施推广，年均累计进村入户均在 200 天以上，参与并组织实施了水稻、小麦、玉米等粮食作物绿色高质高效项目 100 余万亩次；每年主讲县、乡、村三级农业技术培训班均在 70 场次以上，直接培训农民达 1.5 万人次以上。

他集成创制的秸秆全还田、防缠绕、防拥堵、施肥、播种、镇压一体机械，实现了一次完成复合作业、土草分离净土着床、覆盖还田保护耕作、节约成本一机多用的优势组合，获批了 2 项国家专利，近年累计推广应用面积达到 800 余万亩次，不仅有效解决了秸秆禁烧难题，同时提高了接茬作物的播种质量。

依托国家重点研发计划"粮食丰产增效科技创新"重点专项，创制形成了生育期优化条件下"精准播栽六配套、农机农艺五融合、绿色防控四协同"小麦/水稻（玉米）周年绿色轻简高质高效生产技术模式，累计推广应用面积达到 1 000 余万亩次，不仅解决了农业规模生产中劳动成本高、作业程序多、农机投入大、技术到位低等问题，同时实现了减工 30%、减药 20%、减肥 10%、减油 20%、增效 20%"四减一增"目标，走出了一条产能稳定、产出高效、产品安全、资源节约、环境友好的粮食产业绿色发展战略路径。

安徽省程玉英：扎根基层奉献青春为三农

程玉英，安徽省安庆市怀宁县三桥镇农业站站长。26 年来，她始终坚持以高度的事业心和责任感，认真对待每一项工作，发扬吃苦耐劳、乐于奉献的精神，以饱满的工作热情、扎实的工作作风，为农业技术推广、农业增效、农民增收和贫困户脱贫致富等做出了很大努力，取得了显著成绩。

在 26 年的农技推广生涯中，程玉英始终是农民朋友的贴心人，白天在田边地头为群众示范演示，晚上则在灯下钻研业务。生产上不管遇到什么难题，老乡们只要一个电话，她就立马赶到。2018 年 4 月，程玉英主动请缨，担任三桥镇金闸村党支部第一书记和驻村扶贫工作队队长，引领 410 户村民以 1 371.93 亩土地经营权入股安徽省福宁米业有限公司，整合扶贫专项资金和财政奖补资金 165 万元入股怀宁县优农园农业发展有限公司建设日光温室大棚种植草莓。2018 年底村集体入股分红 4 万元，入股农户除保底分红外每户增加 200 元收益。程玉英的工作得到了组织、农民朋友们、同行们的一致好评，2013 年、2015 年、2017 年、2018 年度均被评为全县农业系统先进个人。

在新冠肺炎疫情防控工作中，程玉英以她高度的责任心和爱国爱党爱人民的情怀感动了身边人，2020 年被授予安庆市"三八红旗手"荣誉称号。她顾不得梳妆打扮，顾不得老人小孩，一心扑在农技推广、脱贫攻坚和疫情防控的第一线，虽然失去了很多，但得到了农民群众的喜爱和拥戴，也得到了领导的肯定和同事们的赞许。她就是农民群众心目中的"最美农技员"。

安徽省刘义华：躬身二七载 立志田园间

刘义华，涡阳县农业技术推广中心高级工程师。刘义华专注田畴已有 27 个年头，刘义华一直奔波在田间一线，为农民带去技术和丰收，为全面建成小康社会奉献自己的一份力量，岁月流逝间增长的是经验和阅历，不变的是那颗"情系三农、服务三农"的初心。

刘义华带领同事们研究中国农业科学院"十三五"国家重点研发计划课题，承担了包括落实试验点、准备试验材料、小区划分、实验施肥播种等技术性工作，并深入每一个试验田对苗株的生长过程进行观察和记录。同时，积极开展示范和推广工作，目前已累计推广 3.5 万余亩，单季亩均节本增效 37.5 元，3 年累积节本增效 400 余万元。不仅如此，他参与的"小麦精量播种及高产栽培技术推广""农作物减肥增效及测土配方"等项目在涡阳产生的经济效益合计达到每年 5 000 余万元，助力实现粮食增产、农业增效、农民增收。

自 2014 年起，刘义华就参加了基层农技推广体系改革与建设补助项目，负责联系 10 户科技示范户开展服务指导。如今，年近半百的他仍然活跃在田间地头，每周都会用 3～5 天的时间到农村向农民传授科学种田新技术，帮助农民解决问题，充分调动农民的参与积极性，深得科技示范户的好评，历年农民满意度均为 100％。刘义华用一点一滴的工作和踏踏实实的脚印，在乡村全面振兴的伟大事业中，书写着属于自己的灿烂篇章。

福建省王兰芳：把"农民增收"作为梦想

王兰芳是霞浦县农业农村局植保植检站站长、教授级高级农艺师，毕业于福建农学院植物保护专业，在基层从事农业科技工作 35 年。王兰芳经常深入田间定点调查，做到领导、技术、措施、宣传四到位，每年发布病虫情报 20～26 期 3 000 多份，年指导防治面积 95 万～150 万亩次，大面积防治效果在 90％以上，每年挽回损失 12.5 万吨以上，将病虫害造成的损失控制在最低限度之下。

王兰芳十分重视农民培训工作，不断推进农业科技进村入户，近 5 年来共举办农民培训会、现场会、咨询活动 100 多场次，咨询服务、受训农民约 1.2 万多人次，编写发放技术明白纸 1 万多份。

王兰芳作为植保站站长带领全站干部积极开展农业"五新"推广工作，近 5 年来累计示范推广高效、低毒、低残留、对环境安全的新农药 30 多个品种、50 万亩次，推广病虫专业化统防统治达 40 万亩次、绿色防控达 80 万亩次以上。近几年来，她带领同事们积极开展马铃薯晚疫病的监控与治理研究，同时构建了冬种马铃薯优质高产配套栽培技术模式，累计建立了中心示范片面积 12 000 亩，累计增收 2 500 多万元。不仅如此，还带动全县 6 万多亩柑橘（蜜柚）病虫害绿色防控，以年产 3 万吨、挽回损失 10％计，每年可增产 0.3 万多吨，以每公斤 2.6 元计、年增收 780 万元，经济、生态、社会效益显著。

福建省黄恒章：基层渔业科学发展的"好参谋"

黄恒章，松溪县水产技术推广站站长，水产高级工程师。30 年来，先后撰写论文近 30 篇，均在《中国水产》《科学养鱼》等国家级或省级专业杂志上发表。

松溪县面积1 043千米^2，属于闽北10县（市区）中最小的县。但在水产领域，松溪县却声名响亮，与县水产技术推广站站长、高级工程师黄恒章不无关系。30年来，在乡、镇、村的池塘边、养殖场和田野库塘中，人们常常可以看到这位个子矮实、嗓门挺大、干事麻利并被当地养殖户敬重的水产养殖专家。

2019年，黄恒章创建中华圆田螺池塘生态养殖示范基地，基地采用了养殖鱼类池塘的尾水进行不投饵养殖田螺的模式，不仅可提升淡水养殖尾水处理的科技含量，也是节水、环保、高效的养殖模式，更能达到既保障水产品质量安全，促进渔民增效增收，又能使养殖尾水达标排放，加快渔业可持续发展的目的。2020年4月，他指导合作社申报的"中华圆田螺池塘生态养殖推广应用"省科学科技厅星火项目，已经通过审核。

黄恒章始终工作在生产的第一线，掌握全县渔业生产现状和渔业资源状况，撰写切实可行的全县渔业发展规划、生产实施意见，为松溪县渔业科学发展当好参谋。同时，他心系渔民，致力水技推广服务，普及科学养殖知识和技能。

江西省冯万学：四十载扎根乡土为乡亲　一辈子服务基层无怨悔

冯万学，江西省瑞昌市洪下乡农业技术推广综合站站长。他扎根基层40年，一直默默坚守在畜牧兽医、农技推广服务工作一线。他多次获得瑞昌市农业局、畜牧水产局和洪下乡的先进个人及优秀共产党员等荣誉。

这5年来，他积极协助做好对贫困户的建档立卡工作，大力宣传党的"两不愁三保障"扶贫政策。高露村共有建档立卡贫困户38户、112人，他坚持对贫困户进行重新全面走访，详细了解贫困户的家庭情况。

作为现在的一线农技推广员和综合站站长，他刻苦学习种植业知识和植保技术，全面掌握了水稻栽培、玉米播种、瑞昌山药种植、测土配方施肥和病虫害测报防治等技术，成为服务乡亲种养业的多面手。他还兼任了高露村第一书记，对全乡6个重点扶贫产业进行指导服务；在水产方面，他指导水产养殖户扩大规模，积极帮助解决引种难题，发放养殖物资，并配合严厉打击非法捕捞行为，保护绿色生态环境。他还带领其他农技人员走村串户上门指导服务，积极邀请专家现场授课指导，组织开展农业技术培训，为发展壮大乡村产业、助力脱贫攻坚作出了积极贡献。

江西省阳太羊：抓产业带领村民脱贫致富

阳太羊，大垅乡农业技术推广综合服务站站长。扎根农村27年，为大力发展村级集体经济，加快贫困户脱贫步伐，2019年6月，根据乡党委提供的招商信息，阳太羊与大垅村支书一同前往山东省金乡县考察，招引大蒜产业项目，几经周折，终于引进了山东大蒜，建起了扶贫助农产业基地。

阳太羊给全乡187户建档立卡户上了一堂扶志感恩中国共产党和扶贫产业栽培技术课，并逐户上门摸排产业发展情况，做到底清，并因人施策。近两年，周端付每年都扩种茶园 10 余亩；共 13 户建档立卡贫困户踊跃认领 200～400 羽/户，每户均增收 1 500 元。

巩固新扩大垅乡传统优势产业——茶叶，阳太羊积极寻找适合大垅乡发展的产业，以农业增效带动农民增收，进而带动全乡建档立卡户脱贫致富。近两年，大垅乡新扩茶园 1 500 余亩，引进"绿色产业"大蒜和"红色产业"朝天椒及肉鸽养殖。2019 年试种大蒜 500 余亩并获成功；2019 年去湖北考察肉鸽养殖后试养 3 000 羽；2020 年去安徽考察朝天椒后试种 200 余亩。目前，大垅乡基本上形成了"一村一品"，有茶叶、大蒜、朝天椒、艾叶、花卉苗木、肉鸽养殖等省级示范园在大垅落地生根。开展扶贫工作以来，阳太羊切实把为群众排忧解难作为一项重点工作，抓产业促脱贫、重扶志感党恩，成效显著。

江西省黄明：走在田间地头的科技耕耘者

黄明，兴国县农业农村局土壤肥料工作站副站长、高级农艺师。24 年以来，他始终投身到基层开展测土配方施肥技术、耕地保护与质量提升技术等技术推广与研究工作，主持和承担实施了多项国家、省、市、县级农业科技项目研究和试验示范推广工作。脱贫攻坚和新冠肺炎疫情防控工作中，他坚持"两手抓"，务实苦干、乐于奉献，充分发挥了党员"十带头"先锋模范作用，为兴国县农业农村事业和脱贫攻坚作出了突出贡献。

做基本农田保护的"守护者"。黄明自参与永久基本农田划定工作以来，坚持数量与质量并重，创新性提出"三步走"思路：第一步，确定科学合理的技术路线；第二步，摸实耕地基础数据；第三步，深入应用高新建库平台技术。这大大提高了工作效率，截至 2016 年底，兴国县共划定永久基本农田 47.523 万亩，基本农田保护率达到 82.16%。

做科技理论成果的"传教者"。先后在《基层农技推广》《现代农业科技》《江西农业学报》等国家级、省级核心学术期刊发表学术论文 24 篇，出版学术著作 2 部，获得国家版权局软件著作权登记 2 项。

做舍家忘我工作的"抗疫者"。2020 年新冠肺炎疫情期间，黄明不顾家人反对，正月初六就毅然决然赶赴所驻的崇贤乡霞光村，坚持吃住在村，与当地医护人员和党员干部共进退，积极投身于疫情阻击战中。同时，他还尝试着通过录制微信小视频、网上授课、视频在线答疑等形式，一对一高效地解决了 30 余户农户提出的农业技术难题。

山东省于忠兴：扎根基层服务三农农技路上践行"初心"

于忠兴，海阳市农业技术推广中心主任，高级农艺师。扎根基层 26 年，凤兴夜寐、勤勤恳恳，从未道一声"苦"；情系阡陌，助力三农，从未喊一声"累"；蓦然回首，已过半百。

在扶贫路上，他十分重视抓好贫困人员技术培训和跟踪指导帮扶，鼓励和引导贫困户通过参与扶贫产业项目，增强自身"造血"功能。于忠兴带领技术人员到田间地头开展技术指导、举办各类培训班累计百余场次，培训万余人次，编印农技信息报100余期次，起草小麦、玉米、花生、蔬菜等生产技术意见30余个，发放明白纸52万余份。

近年来，于忠兴及其团队先后承担国家级、省级农技推广项目和基地建设20余个，承担中国农业科学院、省市科研院所、高校等单位小麦和玉米肥效试验、小麦镇压和品种试验等50余项；先后获得各级科技成果奖励和嘉奖15项，其中省部级3项，市县级12项；在国家级、省市级刊物上发表论文10余篇。

时至今日，于忠兴那颗农技为民的"初心"早已扎下根，与三农紧密联系在一起，乡村振兴的路也因千千万万的农技人变得越来越宽。

山东省陶跃顺：情系三农梦　初心如磐石

陶跃顺，山东省平度市农业农村局蔬菜技术推广站站长、农艺师。二十八年，他全心奉献，心系三农，把根深深扎进热爱的土地，是同事和乡亲们眼中的农业科技服务的"全科医师"。

在承担全市园区建设和蔬菜技术推广工作中，他积极探索"田园场"建设机制创新，累计发展现代农业园区132个，建设总面积99 475亩，执行项目资金7 000多万元；培育发展青岛市重点园区18个，市级重点园区10个，建立专家工作站和科研基地10个。

陶跃顺充分利用信息网络手段开展技术指导服务，建立蔬菜生产基地服务微信群，组织市蔬菜站、果树站、农技站及18处镇（街道）农业服务中心等部门55名农技人员，以及76个蔬菜种植大户和有关生产基地、生产园区人员入群，每天及时在群里发布蔬菜生产技术、蔬菜产销及需求情况等信息，并为农户提供技术咨询服务，解决生产中存在的问题。新冠肺炎疫情期间，陶跃顺在做好疫情防控的同时，亲自深入全市200余个蔬菜大棚、56个蔬菜园区和生产基地进行技术指导，提供技术咨询、技术服务达300余人次，帮助相关企业、基地销售各种蔬菜达2 000多吨，其中支援武汉的蔬菜达800多吨。

回望来路，二十八年如一日，铿锵前行，他初心依旧，将继续用坚守和奉献践行"三农人"一生的使命与责任，为全市农业产业振兴、农民发家致富和农村经济发展再创佳绩、再立新功。

山东省韩开顺：情系基层　心系农技

韩开顺，平原县畜牧业发展中心畜牧兽医站站长，高级兽医师。15年来，他怀着对畜牧养殖的热爱、对农技推广的执着、对事业的拼搏，谱写了一曲立足基层岗位、无私奉献的赞歌。

为了服务好全县每户养殖户，韩开顺开创了"120"式的服务模式，实行24小时×7天的工作模式，随时为全县养殖户提供免费技术咨询服务。他利用自己的技术专长和敢于创新、勇于实践的精神，每年为全县养殖场（户）成功地处理疫情300余次，挽回直接经济损失200余万元，推广的新技术为养殖场户创收 3 000 余万元，得到人民的好评，被养殖户亲切地誉为"知心好兽医"。

2016 年以来，韩开顺先后加入县扶贫项目评审专家库、省科协扶贫专家库、县科技扶贫服务队。他利用农科驿站等载体以及多种方式为贫困户服务，积极深入贫困户中开展畜牧养殖讲座、技术指导等科普活动 20 余次，受益 500 余人次，深受老百姓的欢迎。他被德州市科学技术协会授予"精准扶贫行动先进个人"荣誉称号。

山东省邓淑珍：做农民朋友的贴心人

邓淑珍，山东省肥城市农业技术推广中心主任。参加工作 20 多年，她遵纪守法，坚定服务三农的理想信念和价值追求，心系农民，坚持进村、入户、到田间的推广方法，为当地农业发展、农民致富默默地耕耘着。

农技推广离不开技术培训，为培养"有文化、懂技术、会经营"的高素质农民，邓淑珍以集中培训、召开现场观摩会等多种形式，每年举办各种培训班 40 多场次，每年累计培训 8 000 人次。邓淑珍结合自己丰富的理论和实践经验，开辟了各种途径，把各种新技术、新理念、新品种送到群众的手中，提高了农技推广的效果，农民们打心眼里喜欢这个与他们打了 20 年交道的朴实的农技员。

多年来，邓淑珍先后推广了小麦济麦 229 等农作物优良品种 30 多个，全市小麦、玉米优良品种覆盖率分别达到 99%、95% 以上；推广水肥一体化、病虫害绿色综合防控等绿色高质高效新技术 20 多项，累计推广新技术面积 600 万亩次，为农民增加收入近 2 亿元，受到广大农民的热烈欢迎和一致好评，大家亲切地称她为"农民朋友的贴心人"。

山东省朱庆荣：汶水之滨的植保人

朱庆荣，山东省济宁市汶上县植物保护站站长、农艺师。30 年，他跑遍了汶上县的每一个田间地头；30 年，他用自己的实际行动展现了汶上植保人勤恳踏实的风采。

任职以来，主持参与部省市科研开发项目 11 项，获部级成果奖励 1 项、省级成果奖励 3 项、济宁市成果奖励 2 项、县级成果奖励 3 项，6 项达到国内领先水平。

29 年的基层农技工作经历，朱庆荣和汶上植保人成就了厚厚一摞的殊荣。他积极推进病虫测报标准化、现代化建设，大力推广绿色防控和统防统治；承担了 13 种重大病虫监测预警与防控工作，每年向部省报送病虫监测数据 60 余项次；承担实施了植保建设项目 12 项，均圆满完成项目建设任务。由他主持和参与的 11 项课题，均已获得显著的经济、生态、社会效益，累计增加收益 2.5 亿元。

自 2014 年以来，汶上县连年开展实施小麦"一喷三防"、玉米"一防双减"飞机喷洒统防统治；截止到目前，汶上县实施飞机飞防统防统治面积小麦近 130 万亩、玉米近 100 万亩，农药使用量减少 20%，各项工作均走在了全市乃至全省的前列，有力保障了汶上县农业生产安全、农产品质量安全和生态环境安全。

河南省王磊：躬耕碧野撒希望　扎根基层只为农

王磊，中牟县农业技术推广黄店区域中心站高级农艺师。他始终扎根在农业技术推广第一线，搞科研、做试验，解决农民生产中遇到的实际问题。

王磊认为，让农民掌握先进的农业实用技术，技术培训只是一个抓手，现场指导则更为重要。为此，王磊经常深入农业生产一线，为新型农业经营组织（农业企业、合作社、家庭农场）、高素质农民、种粮大户、贫困户等开展各种农业新技术培训，使每一位受训者都能真正掌握一门新技术。同时，发动种植大户、种植能手参与农技推广，让科学种植技术惠及更多农民朋友。为便于群众咨询，实现与农民"零距离"接触，他建立了QQ群、微信群等，他的手机号也早已成为农民朋友的技术咨询热线。

王磊曾先后获部、省级科技成果进步奖6项，发表科研论文40余篇，主持或编写论著6本，主持研发农业实用新型或发明专利6项。

不忘初心，方得始终。参加工作23年来，王磊同志不管在哪个岗位，时刻提醒自己要牢记使命、不忘初心、砥砺前行，做一名"懂农业、爱农村、爱农民"的农技推广工作者，以实际行动去实践他的为农初心，正是他无私奉献、勤恳工作、努力开拓的精神，使他成为农民心目中的贴心人、同事心目中的标兵。

河南省冯现明：农技推广能手　疫病防控尖刀

冯现明，林州市动物疫病预防控制中心主任，曾荣获2014年度全国动物防疫职业技能竞赛三等奖、2019年度河南省农牧渔业丰收奖、2018年度河南省优秀科技特派员、2017年度河南省H7N9防控工作先进个人，是2015年度河南省"五一劳动奖章"获得者。他参加工作以来，二十三年如一日，在平凡的岗位上做出了不平凡的业绩。

23年来，他为群众提供免费的疫病诊断服务不计其数，仅近5年来，累计为400多个养殖场进行过疫病诊断服务，挽回直接损失260余万元。累计培训农技推广员或直接培训农村养殖场户4 000余人次，他推广的技术也都是群众最迫切需要的技术，为林州市农技推广工作作出了突出贡献。

建立测报体系，引进疫病净化技术和荧光定量检测技术，开展联防联控，全部贯穿了他早预警、快处置、高要求、联防联控、着眼长远的疫病防控思想。

切切实实的服务，凝聚广大群众的心，锻炼了农技推广队伍，把党的惠民政策落实到群众家中，把党的温暖传递到每户的心头，党和政府的形象就体现在千千万万个冯现明同志一样的农技推广人员的每次服务中。

河南省冀洪策：此心永系富民路　甘为农民插羽翅

冀洪策，河南省邓州市农业技术推广中心主任、推广研究员。29 年来，他凭着对三农深厚的感情，扎根基层，情系农民，邓州农民亲切称他为"我们的冀专家"。

"扶贫先扶志""授人以鱼不如授人以渔"，冀洪策为了教育引导农村的贫困家庭消除"等、靠、要"思想，彻底从守土乐贫和悲观泄气的状态中解脱出来，每年都要组织团队深入基层、深入农村，直接培训服务群众达 1 万多人次，发放科技资料 10 余万份，与许多种粮大户和中小型企业结对帮扶，传播科技知识，带动周边 120 户农户走向脱贫致富之路；引导邓州市长肖蔬菜种植专业合作社的蔬菜高效种植，发展蔬菜种植千余亩，大力发展日光温室和大棚种植，让周边 120 户贫困户年收入不低于 2.5 万元。

目前，冀洪策的团队已与 200 多户种田大户结成对子，与近百家中小企业横向联合，为他们提供不同作物的"技术套餐"215 个、科技服务上千次，解决技术难题上百项，增加种植户和企业经济收入 7 000 多万元，逐步夯实产业扶贫的经济基础。

河南省杨丙俭：新时代农田的守望者

杨丙俭，河南省镇平县农业技术推广中心党支部书记。三十二年如一日，栉风沐雨，扎根沃土，他在阡陌纵横的田野里忙碌；他想农民之所想，急农民之所急，解农民之所难，帮农民之所需，情系农业；他一心扑在工作上，成为新时代农田的守望者，被誉为"农技推广的追梦人"。

为提高农民的科学种田水平，他根据不同农时季节，开办电视技术讲座、建立试验示范田、开展技术培训、印发技术资料，普及宣传农业新技术。每年举办电视讲座 16 期，培训农民 3 500 人次，解答农户疑难问题上万次。杨丙俭一位细心的同事曾做过统计，每年三分之二的时间杨丙俭都奔走在田野之间，生活在农民之中，全县许多农民都保存有他的电话号码，亲切地称呼他为"杨老师""杨专家"，杨丙俭这个朴素的名字在镇平县农村已经是家喻户晓、人人皆知了。

星光不负赶路人，时光不负有心人。作为镇平县农业技术推广中心的带头人，杨丙俭不辱使命、主动作为，近年来，他先后承担完成了国家、省、市农业项目 16 余项，年推广农业实用技术 15 项，累计推广面积 230 万亩次，为全县增加经济社会效益上亿元。

河南省易慧：人生无悔只为农机推广梦

易慧，息县农机化技术推广站高级工程师。她是全县乃至全市农机推广战线的一名老兵，已在农机推广岗位上默默工作了 30 年。

面对农技推广困难多、工作量大等难点，易慧带领同事深入基层开展调查研究，为农机推广动脑子、出点子，寻求工作突破口。在他锲而不舍的努力下，息县不仅对水稻育插秧机械化技术和玉米收获机械化技术的示范推广先后出台了一系列扶持政策，而且累计推广水稻插秧机 536 台、育秧成套播种机组 12 套；建成农机合作社规模化育秧工厂 4 个，规模化育秧工厂供秧能力可达 8 万亩，机械化插秧面积可达 20 余万亩；推广玉米收获机械 140 台，实施玉米机械化收获面积 9 万亩，可有效解决农村劳动力短缺的问题。

从事农机推广 30 年来，易慧立足三农、服务三农。他主持、参与实施农机推广项目 10 余个。建部级水稻育插秧机械化技术推广试验示范点 11 个；小麦、水稻生产全程机械化技术示范区各 1 个，示范推广面积 6 000 亩；示范区小麦、水稻耕种收综合机械化水平达到 99％以上，为农民实现节本增效 110 余万元。所有这一切，无不倾注着易慧的心血和汗水。

河南省宋朝阳：为农技推广坚守一线

宋朝阳，沈丘县植保植检站高级农艺师。20 年来，他充分发挥共产党员的先锋模范作用，风里来、雨里去，足迹跑遍了沈丘县 22 个乡镇（办）的 558 个行政村。

农技推广是农民增产增收赋予的使命。丰富的实践练就了他过硬的专业本领，20 年孜孜不倦的追求换来了硕果累累。在他的带领下，先后完成试验研究 50 多项，试验示范 300 余项。近几年来，各项研究技术累计在当地推广 260 余万亩次，实现了夏粮秋粮连续 13 年"双超千"。他发布核心期刊 20 多篇，完成申请实用新型专利 3 项，且多篇论文获得周口市学术技术成果奖，并撰写试验总结 100 余篇。

宋朝阳先后帮助 3 家植保合作社完善了农作物病虫害专业化统防统治组织章程、服务方式、监督管理办法等规章制度，初步构建县、乡、村三级服务网络，平均每年专业化服务面积达 20 万亩次，通过推广统防统治，提高药剂防效，用药次数明显减少，减少污染。

宋朝阳每年都要主持开展试验示范 3～5 项，在全县 22 个乡镇（办）建立示范推广点 50 多处，撰写试验示范总结 300 多篇；开展技术培训 100 多场次，培训人员 1 万多人次，提高了广大农民的科技素质和农业生产水平，从而加快沈丘县农业的发展。

湖北省黄先彪：和草木为友 与土壤相亲

黄先彪，湖北省当阳市特产技术推广中心推广研究员。他在农村一线从事果树技术推广工作 39 年，一直兢兢业业、默默耕耘、无怨无悔，为当地柑橘产业发展和农民增收作出了重要贡献。

做农业就要热爱农业和农民。黄先彪熟悉当阳所有的柑橘基地，每年有 200 多天奔走于田间地头；每年开展市、镇、村三级培训及现场示范达 50 多次，培训基层技术人员及果农达 6 000 余人次。当然，他更多的是深入生产一线现场为果农解决品种选择、田间栽培、病虫防治、产品销售等环节中的各类问题。他利用微信平台制作发布技术资料 50 余篇，不仅解决了当地果农的技术问题，同时也被媒体转发到全国其他柑橘产区。

2016 年以来，黄先彪利用自己的技术特长，积极参与精准扶贫活动，举办产业扶贫技术培训班、现场会 32 场次，深入贫困村、贫困户现场指导更是家常便饭。

新冠肺炎疫情发生后，黄先彪不仅在第一时间下沉到社区开展防控宣传和小区值守，还积极向红十字会捐款 1 000 元，用于支持农村疫情防控。他不时利用微信群向果农发布防疫知识，引导农民在保证自身安全的提前提下开展果园管理，为疫情之年果农增收奠定了基础。

湖北省周红胜：稻虾共作兴乡村

周红胜，湖北省黄石市大冶市农业技术推广水产员。自从事水产工作以来的 13 个年头，他工作在农村、服务在农业，把自己的一切贡献给三农，长年奋斗在水产技术推广服务和农业农村工作第一线，将农业技术推广工作落实到田间地头，切实帮助养殖户解决一些疑难问题，用实际行动助力乡村振兴。

近 3 年来，周红胜先后在陈贵镇举办各类小龙虾养殖技术培训班 15 期，培训养殖户 3 000 余人次，发放各类水产养殖宣传资料 3 万余份。他邀请多名资深专家，前往陈贵镇授课，现场解答各类疑难问题 150 余个，全面帮助养殖户掌握小龙虾养殖技术。同时，精心打造千亩稻虾示范基地，他组织外地学员观摩学习 20 余次，接待人员 3 000 余人次，带动周边乡镇发展稻虾种养，共 300 余户。

在认真做好农技推广工作的同时，他多次深入驻点村贫困村袁伏二村开展调研，帮助建设了千亩稻虾共作示范区，采取"公司＋基地＋农户＋贫困户"的模式，建立"联盟＋专家＋示范基地＋示范户＋辐射带动户"的养殖技术推广服务机制，帮助大冶市致海水产养殖有限公司，科学规划建设了 1 100 亩稻虾养殖示范基地，开展规模化、标准化稻田小龙虾养殖生产，试验示范，逐步带动广大养殖户采用技术。在周红胜的指导服务下，2020 年基地养殖的小龙虾每亩实现产量 200 斤，实现产值 5 000 元，纯利润均达 3 000 元以上，养殖效益显著，有效推动稻虾共作产业快速发展。

湖北省刘传清：在希望的田野书写辉煌

刘传清，湖北省建始县植保站高级农艺师。他为单位编写积累了数百万文字资料，在杂志刊物发表论文近 20 篇（国家级 5 篇、省级 15 篇；第一作者 7 篇），并为新闻媒体撰写宣传稿件 30 余篇。

刘传清主持实施完成了各种田间试验上百个（农药研究试验 70 多个、新技术及新品种试验 30 多个），为精准指导农户应用科技解决生产疑难奠定了基础。

2005 年，刘传清作为全县首批科技特派员派驻服务魔芋企业，就被评为"优秀科技特派员"。2013 年以来，他被 20 多家涉农企业及专业社争相聘为技术顾问（县级少有），涉及的农业产业有魔芋、香米、有机水稻、茶叶、枸杞（药材类）、各种蔬菜及猕猴桃、柑橘类、葡萄、梨、桃、李、草莓等多种鲜干果。他全身心投入，用技术帮扶服务单位规范化、标准化建设产业基地，引领带动农民依靠特色产业增收增效，也使服务单位上规模、上档次，将产业做大成为县内规模产业，将企业做强成为规模企业，促进县域经济腾飞。尤其是服务枸杞产业与华南农业大学合作实施项目后，迅速将枸杞栽培发展到6 000余亩，带动农民增收2 000多万元，使228户建档贫困户亩平均增收4 893元、户平均增收3 701元，为全县确定扶贫攻坚产业、实施精准扶贫创出了一条捷径。

湖北省张羽：扎根基层抓推广全心投入搞服务

张羽，黄梅县农业技术推广服务中心小池镇分中心农业技术推广研究员。参加工作以来，他一直扎根基层，忘我耕耘，体现了一名农业党员干部服务基层、热爱三农的赤子情怀。

张羽狠抓新技术、新模式特别是避灾减灾技术的推广，大办生产样板，从而为全县粮食连续十年实现面积、总产稳步增长奠定了技术基础。他先后主持、参加了部省市科技示范项目13项，累计实施推广面积500万亩左右，为农民增收2.5亿元以上。

参加工作以来，张羽每年都要深入基层、扎根农户，开展技术培训、试验、示范和为农户提供服务达200多个工作日。每年重点联系了31户科技示范户、5个种养专业合作社，给予他们实时实地的技术指导。每年农作物生产关键环节，深入田间开展实地指导不下300次，到示范户家面对面指导1 800人次以上。并在每月6日和21日编辑出版2期《黄梅农技》，通过QQ、农业信息网、邮箱、微信公众号等媒介及时发到技术员和农户，特别是种植大户和科技示范户手中，截至目前共编辑出版178期。每年他参与各类技术培训班授课不下30场次，培训农户不少于0.6万人次。同时，利用下乡之机，还大力宣传党和政府的惠农政策，并及时做好各项服务工作。

湖南省袁秋生：扎根基层抓推广　全心投入搞服务

袁秋生，邵阳县植保植检站站长、高级农艺师。该同志参加工作30年来，不忘初心，扎根基层，以满腔热情默默奉献着他终身挚爱的三农事业，用辛勤的汗水浇灌着脚下的这片热土，把他人生最美好的青春奉献给了农技推广事业，为农业增产、农民增收和农业生态环保作出了重大贡献。

他的辛勤劳动得到了上级的充分肯定，共获县级以上奖励50余次，其中2011年被评为首批"全省测报工作突出贡献者"，2012年获"邵阳市首届青年科技奖"，2019年获全国农业技术推广通联工作先进工作者，此外还3次获得全省植保工作先进工作者，多次获得省市科技进步奖和省农业丰收奖。

"农业要发展，科技必先行。"袁秋生同志把这句话作为推广农业技术的准则，认真践行。袁秋生共组织发布农作物病虫情报400余期次，指导全县开展防治面积12 750万亩次，累计挽回病虫害损失163 840万元。

他的足迹踏遍全县399个行政村，开展电视讲座41期次，间接培训农民500万人次；举办县乡村三级农业技术培训班120余场次，直接培训农民达1.5万人次。他以自己对农村的爱、对农民的

2021 中国农业技术推广发展报告
2021 Zhongguo Nongye Jishu Tuiguang Fazhan Baogao

情，立足农技推广这个平凡的岗位，在"田间"这个质朴却又厚重的平台上，用辛勤和汗水谱写着发展农村、服务农民、回报社会的大事业。

湖南省唐少东：痴心农技推广三十六年

唐少东，双牌县农业农村局高级农艺师。36 年来，用勤劳的汗水，默默耕耘在农技推广第一线，即使是在寒冷的冬天。他先后获得农业部丰收奖 1 项、永州市科技进步奖 5 项。2012 年以来，10 次获得双牌县先进工作者、农技推广先进、劳动模范、"十佳学习型"党员等荣誉称号。

他采用课堂宣讲、现场操作示范、发放技术资料等形式，推广和传授杂交稻高产制种、测土配方施肥、病虫害综合防治、标准化种植、百香果和八月瓜高效栽培等新技术新方法 30 余项，共为农民群众进行技术培训 200 余场次，人数达 8 000 余人次，增产增收达 1.2 亿元，为发展当地特色产业和乡村振兴助力。

36 年来，他主持或参与的良种生产与推广的品种株两优 02、金优 207、汕优 63、Y 两优 1 号等86 个组合，其中生产杂交水稻良种 500 万公斤，可为农户提供良种 330 万亩，增产 1.20 亿公斤稻谷；推广新品种种植面积 450 万余亩，可增产 2.02 亿公斤稻谷以上，两项可新增产值过 6.2 亿元。

唐少东在扶贫攻坚工作中，与唐冬京、兰仙云、黄成香三户贫困户结对帮扶。在他的帮扶下，2017 年底，兰仙云、黄成香、唐冬京三户贫困户人均年纯收入分别达到 8 650 元、10 501 元、4 580元，一举甩掉了贫困帽子，走上了脱贫致富奔小康的道路。

湖南省李永忠：一心扑在基层农技事业

李永忠，先后在桃江县荷塘乡、水口山乡、马迹塘镇、大栗港镇担任畜牧兽医站副站长、站长，机构改革后 2020 年 1 月被任命为大栗港镇农业综合服务中心主任。三十年来奋斗在第一线，为保障辖区内畜牧业健康安全发展和畜禽产品有效供给作出了较大的贡献。

在担任马迹塘镇、大栗港镇站长期间，组织开展了辖区内重大动物疫病特别是高致病性禽流感的季节性强制免疫和平时的补免疫工作，畜禽免疫密度常年保持在较高水平，确保了重大动物疫情的平稳，辖区内未发生过高致病性禽流感疫情。

到大栗港镇任职以后，引导当地社会兽医、村级防疫员成立了兽医社会化服务组织，通过政府购买服务的方式依托该组织开展动物免疫工作，既搞好了防疫工作、又部分解决了兽医人员的生活待遇，该镇防疫工作连年被评为全县先进，近几年未出现基层兽医人员上访现象，维护了一方的稳定。

作为大栗港镇一名基层防疫人员，李永忠具有高度的责任感和事业心，对从事的每一项工作，坚持以吃苦耐劳、乐于奉献为宗旨，工作热情饱满，扎实肯干。特别是担任农业综合服务中心主任以后，肩负的担子更重，可他的干劲越来越足，在稳步开展大栗港镇动物防疫工作的同时，全面推进大栗港镇的农林水利等各项工作。

湖南省郭金波：洒向农机都是爱

郭金波，辰溪县农业机械化技术推广服务站站长，高级工程师。花开花落，他在辰溪这个边陲之地扎根了 36 年，寒来暑往，他在平凡的岗位上默默耕耘了 36 个春秋。他把自己的青春奉献给了农机事业，奉献给了他的第二个故乡——辰溪县的经济社会发展。

山水无言语，民众有口碑。辰溪农机的每一次进步都洒有他的汗水，辰溪现代农业发展的每一个里程都留着他的脚印。他走遍了全县 30 个乡镇的 422 个村落。多年来，假日加班忙碌是他的家常便饭，每年工作 280 天以上。十二年来，他组织演示 50 场次，完成补贴任务 4 100 多万元，补贴机具 2.8 万多台，受惠农户 2.5 万多户，全县水稻生产耕种收机械化率达 55%，促进了农业综合生产能力的提高。

要实现农机化的快速发展，农机专业合作组织是一条必走之路。郭金波积极指导扶持辰溪县德昌机械化农业农民合作社发展，从选购机具、育秧基地选址、葡萄园建设和果园的规划等提供大力支持，使该社很快苗壮成长。目前，该社承包面积达 2 000 余亩，服务面积 5 000 多亩，建有连栋育秧大棚 2 个、面积约 3 000 米²，单栋育秧大棚 10 个、面积约 2 000 米²，实现水稻生产全程机械化。该社还吸收了附近 14 户贫困户入社，实现贫困户年均收入到 8 000 元以上。

广东省肖妙玲：埋首田间　她一辈子与"农"结下不解之缘

肖妙玲，广东省广州市从化区农业技术推广中心高级农艺师。多年来，她致力于做好农业种植业结构的调整优化工作，通过开展水稻、蔬菜、玉米、甘薯、花生、果树等新优品种区域试验、品种擂台赛、示范种植，大力推广高产栽培技术、水肥一体化种植技术、设施栽培技术、化肥农药零增长技术、有机栽培技术、病虫害绿色防控技术等，使全区良种良法的应用覆盖率达 95% 以上，促进农业增产提质增效，带动农民增收。

授人以鱼不如授人以渔。肖妙玲认真做好全区农作物的生产技术指导和农民培训工作。通过电视台、报纸、杂志、中国移动"农信通网"、微信及科技下乡、举办农民培训班、组织观摩交流学习活动、派发技术管理措施资料、深入百姓家现场指导、解答疑难等多种形式，向农民传递农业信息和传授农业科技知识，以提高农民科技种植水平。多年来，接受技术指导和培训的人数约 2 万人次，制定和编写技术措施意见 3 000 多份，解答咨询人数 3 万多人次。

同时，她主持农业项目的实施和参与广州市农业地方标准的制定工作。多年来，由她主持实施的农业项目约 60 多项，主笔及参与制定的并已发布实施的广州市农业地方标准 12 项。

广东省钟永辉：产业发展的引领者、守护者

钟永辉，中共党员，梅州市梅县区农业科学研究所所长，高级农艺师，在基层农业技术推广工作

岗位上默默奉献了 25 年。

为推动梅县区金柚（沙田柚）、茶叶、水稻、火龙果等农业主导产业和特色产业发展，钟永辉长期坚持深入基层生产一线，积极开展新品种新技术引进试验示范推广工作，引进推广了重大农业技术 8 项，热情帮助农民解决生产中的实际问题。针对梅县金柚（沙田柚）存在金柚种苗和生产品质不高的问题，积极争取项目资金进行技术攻关，建立梅县金柚无病毒种苗繁育中心，年繁育能力达 10 万株。建立柑橘黄龙病检测中心，大大提升了柑橘黄龙病检测服务能力。近 5 年来，累计组织举办各类农民训班 205 场，培训农民 3.1 万人次，专业技术人员培训 4 期共 816 人次，培养国家三级制茶技工 50 名。

他先后主持承担省级项目 9 项，获国家级奖 1 项，省推广奖 5 项、市奖 2 项、县奖 4 项。发表专业论文 9 篇，主持研发 2 项茶叶技术列为梅州市农业主推技术。2013 年开始连续 7 年被梅县区农业系统委员会评为"优秀共产党员"，2019 年当选梅州市梅县区政协第一届政协委员，任农业农村委副主任。25 年来，钟永辉在平凡的岗位上做出了不平凡的业绩，使党徽在梅县大地上闪闪发光，凸显了共产党员的模范带头作用。

广西壮族自治区陈爱秋：致力把"绿水青山"变成"金山银山"

陈爱秋，三江侗族自治县农业技术推广站站长。二十二年如一日默默奉献，为农技事业奉献青春和热血，捧出全部的真诚，一日复一日、一年复一年地为她所喜爱的农技事业默默耕耘。

2020 年，陈爱秋直接参与疫情防控卡点执勤工作，及时登记办事人员信息，助力疫情防控。为统筹抓好疫情防控期间的春耕生产工作，她参与起草《关于统筹抓好当前春耕生产工作指导意见的通知》指导全县春耕生产，加强春耕备耕宣传工作。

"民以食为天"，只有仓中有粮，人心才定。陈爱秋同志作为种植业管理股副股长兼农业技术推广站站长，为稳定三江县粮食生产面积、保证粮食产量，与科技院校、企业等合作，建立新技术、新品种示范基地，探索三江稻渔综合种养模式、水稻高产栽培技术及适合三江种植的水稻新品种，为粮食增产、农民增收奠定了基础。

2020 年在和里村建立 100 亩"优质稻＋再生稻＋鱼"水稻高产栽培示范样板，在实行稻草还田等加大有机质投入的基础上，普及测土配方施肥技术和统防统治技术，减轻农民劳动强度，提高农民收益，提升农产品质量；在八江镇平善村建立 100 亩壮香优 1205 试验示范基地，加快集成新品种绿色节本高质高效配套栽培技术，为三江侗族自治县再生稻品种的更新换代做准备。

广西壮族自治区陆泉宇：干农技推广事　解百姓贫困苦

陆泉宇，广西壮族自治区玉林市陆川县高级农艺师。1997 年以来，陈泉宇同志一直在平乐镇农业技术推广站从事农业技术推广服务工作。

陈泉宇积极任聘贫困村科技特派员和产业指导员，开展实地科技服务扶贫培训指导工作，建立平乐镇长滩鹰嘴桃种植旅游专业合作社示范区及平乐镇高埠村中裕农业发展公司等 6 个生产示范基地，带动全镇 1 806 户贫困户实现产业脱贫致富；获 2018 年度、2019 年度贫困村科技特派员考核优秀等荣誉称号。

在区市县农业技术推广站和县农业农村局的领导下，陆泉宇完成在平乐镇组织实施和参加指导粮食、水果、蔬菜等高产创建示范片项目建设工作，以及"绿色食品"水稻和水果生产技术、粮食作物间套种技术、病虫害综合防治技术等示范推广工作。先后获得农业科技成果奖 5 项、荣誉奖 3 项，在省级专业期刊公开发表独著合著专业技术论文 11 篇。

做好技术培训、现场指导服务工作，保证新技术、新品种示范推广落到实处，适应本地生产条件，稳产增产增收。每年举办科技培训班及现场培训会 10 期以上，培训贫困户 500 多人次，在各村屯张贴技术墙报 12 期以上，发放生产技术资料 1 万多份、科技书籍 600 多份；不定期到实地或通过通信、网络等形式及时提供贫困村产业的科技服务。

广西壮族自治区王远能：扶贫大步走　携手奔小康

王远能，南宁市横县校椅镇农业站站长。畜牧兽医专业出身，在校椅镇从事畜牧种植行业超 20 年。

参与指导全镇畜牧业科技推广计划、规划并组织实施。王远能同志每年组织开展各类畜牧兽医技术培训班 8 期以上，深入基层、养殖基地为广大养殖户提供技术服务 130 多次。截至 2020 年 5 月 28 日，校椅镇共出栏生猪 10 842 头，其中 4 月生猪出栏 2 895 头，2019 年同期 2 410 头，同比增长 20.12%；生猪存栏 2.6 万头，2019 年同期 3.28 万头，同比下降 20.73%，生猪产能已恢复到 2019 年一季度生猪产能的 79.26%，全镇恢复生猪生产取得阶段性进展。

在校椅镇石井村、贺桂村等核心种植区，王远能同志多次下沉基层、深入一线，利用多年学习获得的种植知识，指导花农开展茉莉花的无公害、标准化和有机种植，促进花农改变曾经的小农式、粗放型种植管理，采用统一的种植技术和采摘标准，实现增产增收。经过三年打造，到 2019 年底，全镇茉莉花（茶）综合产值从 2016 年的 46 亿元上升至 160 亿元，带动全县茉莉花（茶）综合产值从 65 亿元上升至 200 亿元，力争突破 300 亿元，平均年度新增产值 40 亿元。

春耕碰上疫情，王远能同志实时关注春耕生产条件，深入基层、入户走访。水库放水时间延迟（4 月底才放水），高温干旱天气居多，对种植用水影响极大，便加大协调力度保障农民农业用水，积极引导农户抢抓农时，在稳定水稻种植的同时，大力发展甜玉米、茉莉花、水果、辣椒等特色经济产业，有效促进农民增收。

广西壮族自治区潘杰：默默耕耘的老铁牛

潘杰，贺州市八步区农业机械技术推广服务站站长、工程师、广西基层农技推广骨干人才、广西农机化协会专家库成员。25 年来，为加快农机化新技术新机具的推广应用，潘杰采取"5＋2、白＋黑、雨＋晴"的工作模式，组织举办了一系列农机推广现场演示会、培训班，并自学制作课件，亲自授课。到 2019 年底，潘杰建成 8 座水稻机械化育秧中心，批次育插秧能力达到 15 000 亩；建成 14 座稻谷机械化烘干中心，安装烘干机 53 台，批次烘干能力达到 928 吨。八步区水稻综合机械化水平由 2013 年的 62.54％提高到 2019 年的 78.74％。

他经常组织科技人员利用科普大行动、现场会、培训会等时机，深入乡镇村屯、农户家中，对农民进行全方面、全覆盖的详细培训。他每年组织的科技下乡活动均在 60 次以上，技术指导 100 场次以上，发放资料 2 万余份，受培训人数近万人次。

在扶贫工作中，他不仅要做好自己贫困户的帮扶工作，还要负责贫困村发展产业的帮扶工作，通过实施"农业科技示范基地＋农民合作社＋贫困户"模式发展水稻产业，2020 年，潘杰深入村屯指导水稻机械化种植技术已达 20 多次，指导发展水稻机械化种植面积 2 万多亩。他是脱贫攻坚路上的一位农机人，也是默默耕耘的"老铁牛"。

重庆市王慧文：情系果农的"三搬专家"

王慧文，黔江区农业技术服务中心农艺师，长期战斗在农业技术推广一线。他潜心钻研业务，先后提炼总结出"18 个月结果栽培法""落叶果树 135 修剪法""快平准紧嫁接法""衰老树枝头断根更新法""猕猴桃废弃果园改造"等 10 余项水果栽培管理技术，经常深入果园开展指导服务，坚持将农技课堂搬到田间地头，成为黔江及周边区县果树界公认的"水果首席专家"。

为加快技术落地见效，惠及更多农民群众，王慧文利用业余时间撰写学术论文，将多篇科研成果搬到省市级刊物上，其中 2019 年就发表 3 篇。不仅如此，还将技术搬上电视，多次在重庆电视台"巴渝视窗""公共农村频道"作技术讲座，仅 2020 年 6 次将技术搬上黔江电视台。因为工作成效显著，王慧文被果农亲切称为"将农技课堂搬到田间地头、电视频道、报纸杂志"的"三搬专家"。

为更好地选育出高品质、抗逆性强的果树品种，王慧文借助合作社平台搞起了试验示范，在老家黑溪流转土地 100 余亩，建立了农业科技试验示范基地。试验示范基地种植了 30 多个品种，培育高品质、高产量、适应黔江栽培的品种 20 余个，80％推广到全区和武陵山区种植，增效达 20％以上。他还把试验示范基地办成培训基地、观摩基地，设立了专门的培训教室，为黔江区培训技术骨干 200 多人，举办农民培训 100 余次，参训人数年均超过 1 000 人次，为当地果农增收致富发挥了重要作用。

重庆市高平：农民朋友的"贴心人"

高平，秀山土家族苗族自治县农业农村委畜牧兽医科科长。工作以来，高平为服务对象做到了优质服务，让群众十分满意。

多年来，高平带领畜牧兽医团队，以生猪标准化建设、畜禽健康养殖和畜产品质量安全等项目扶持的有利时机，针对全县不同种类的规模畜禽养殖场，从场内布局、不同功能区域划分、粪污综合处理等方面，实现粪污无害化综合处理，达到了"畜禽良种化、养殖设施化、生产规范化、防疫制度化、粪污无害化"的五化要求。共创建标准化示范场30家，秀山土鸡取得了国家无公害产地认证。

近年来，高平获国家实用新型专利两项、农业农村部农牧渔业丰收奖三等奖1项、县科技进步三等奖3项；被重庆市人民政府表彰为"重庆市生态文明先进个人"，获重庆市五一劳动奖章、重庆市五四青年红旗手、秀山县优秀人才、重庆市兽医系统实验室考核专家等荣誉称号。

新冠肺炎疫情防控工作开展以来，高平主动向组织提出申请，下沉到秀山县中和街道凤凰社区工作。开展对站前小区等住户的排查登记、宣传等工作。每日走访排查重点人员，不忘初心、牢记使命，确保辖区居民生命安全和身体健康。

重庆市黄德利：大足黑山羊的"领头羊"

黄德利，重庆市大足区农业技术服务中心高级兽医师。他充分利用"中国农技推广"App、微信、QQ、抖音等现代信息技术手段，开展线上指导、线上服务工作，在新冠肺炎疫情期间，指导养殖户做好大足黑山羊的饲养管理工作。区政府发出复工复产的消息后，黄德利第一时间就开始逐一探访贫困户，指导疫情期间的黑山羊养殖工作。

2019年4月，黄德利会同驻村工作队、村委会，试点组建了小滩村童子山黑山羊合作社，30户社员，其中16户贫困户。随后，合作社羊场选址、设计、建设指导……同步进行的还有饲养管理技术培训，黄德利的指导服务工作一样没落下。同年9月，童子山黑山羊合作社羊场建成投产。在黄德利带头培训、指导和精心服务下，2018年至今，新发展200余户贫困户养殖大足黑山羊，平均饲养2~3头母羊，每户增收5 000~10 000元。

近年来，大足区积极探索公益性农技推广与经营性服务融合发展机制，黄德利积极响应国家对农技人员的号召——以自身技术优势积极投身产业进企业，兼职重庆腾达牧业有限公司的总经理。通过这几年与全体员工共同努力，公司年产值达5 000多万元，成了重庆市农业产业化龙头企业。近几年，他牵头累计培训养殖人员5 000人次，带动1 000余户农户从事大足黑山羊养殖。

四川省杨维纲：科技扶贫显初心　乡村振兴践使命

杨维纲，四川省大竹县石河镇农业综合服务中心高级农艺师。29年来，他风里来，雨里去，一年四季庄稼地，一直跟农民打交道，一直与庄稼为伴。

作为大竹县人民政府聘任的第四批科技特派员优秀代表，杨维纲同志一直为7个贫困村的巴山红香椿的矮化密植高产栽培、病虫害绿色综合防控、技术培训等工作日夜奔忙，有效推动了香椿这一大竹县农业特色产业发展，2017年以来，累计培训椿农5 000余人次，发放技术资料20 000余份。在他的帮扶和指导下，7 个贫困村香椿产量明显提高，品质大幅提升，2020 年亩产达到 200 余公斤，亩产值达 3 000 余元，香椿产业已日益成为大竹县贫困群众脱贫增收的主要渠道。特别是作为香椿主产区的二郎镇，在他的帮助指导下，全镇 500 余户贫困户顺利脱贫。

2020 年伊始，新冠肺炎疫情突然暴发，2 月，大竹也出现病毒感染者，封场、封村、封路等措施相继开展。他用了两周时间，对 5 个村 25 户（好、中、差）做了调查，为当地党委、政府写了一份新冠肺炎疫情下香椿产业调查报告，真实反映了农民在香椿产业上的收入情况；总结了在全国新冠肺炎疫情冲击经济发展的大背景下，大竹香椿获得如此好收益的经验；提出了今后香椿产业发展建议。

四川省周桂虹：汶川果农贴心人

周桂虹，汶川县科学技术和农业畜牧局高级农艺师。二十八年来，她每年深入田间地头的时间在 300 天左右。近三年，周桂虹与同事们一起举办农民实用技术培训 200 余期，参训人数达 12 000 余人次，发放资料 12 000 余份；举办蔬菜栽培技术培训 80 余期，培训菜农 6 000 余人次，发放蔬菜实用栽培技术资料 6 000 余份；培养农村技术骨干 1 000 余人。

几十年来，她同其技术前辈、同辈一道，从无到有、到优，把汶川县的甜樱桃做成了全国驰名的"汶川甜樱桃"。目前，挂果面积达 2.7 万亩，年产量 897 万公斤，年销售收入 4.485 亿元。同时，她与其他科技人员一道，通过多年的艰辛，引进、试验 100 多个新品种，成功引进国内外水干果新品种 50 余个，使全县特色水果种植面积达到 7.5 万亩。其中，青红脆李种植面积达到 1.6 万亩，产量达 2 400 万公斤，销售收入 1.53 亿元；猕猴桃种植面积达到 3 万亩，产量 3 000 万公斤，销售收入 9 000 万元。

为了促进县里甜樱桃、青红脆李产业持续稳定安全健康发展，她积极指导果农严格按照技术规范进行绿色有机生产，着重从整形、间种、肥水管理、病虫害防治等几个方面加大对新果园的立体生态培育和老果园的技术改造，分别建成甜樱桃标准化示范园 5 000 余亩、青红脆李标准化示范园 3 000 余亩，带动了当地水果产业的经济发展。

四川省何昶熙：躬耕田野洒热汗　情系三农炼人生

何昶熙，中共党员，自贡市沿滩区农业农村局农业技术推广中心副主任，高级兽医师。无论在什么岗位担任什么角色，他都用自己无悔的青春默默耕耘，用朴素的人生演绎不平凡经历，把自己最美好的时光奉献给了广袤的乡村田野。

近四年来，他积极参加全区组织的养殖技术讲座，为农技人员和干部群众讲课 100 余场次，培训人员达 5 000 多人次。

他深入乡村院坝开展技术讲座、业务培训、政策咨询、疫病防控和诊疗治病等工作，每年进行新品种试验、示范，推广优良新品种 2～3 个，推广先进实用技术 3～4 项。自制 PPT 培训课件 16 个，畜禽防疫操作技术、畜禽采血测抗视频 2 个。全区 267 个畜禽专业户和规模养殖场畜禽养殖废弃物资源化利用率达 84.47%，规模养殖场畜禽粪污资源化利用设施配套率达 100%，有效推动了畜牧业生产发展，提高了养殖水平和效益。

新冠肺炎疫情发生后，何昶熙从大年三十开始奔赴于各个乡镇、畜禽养殖场、屠宰企业之间，积极组织防疫人员进行防控知识宣传和消毒灭源技术指导，有效促进了全区养殖业疫情防控。为了破解规模养殖场滞销难题，何昶熙主动与区市场监督管理局和区生态环境局对接，采取全区活禽畜定点统一、规范宰杀，即提高了畜禽产品质量，又保证了市场供给。

四川省潘复康：不忘初心当好人民的服务员

潘复康，犍为县清溪镇畜牧兽医站站长。潘复康同志虽然身患残疾（右脚工伤），但丝毫没有影响他对事业的满腔热忱、对畜牧兽医工作的热情奉献。在工作中，他几乎没有节假日和星期天，每年重大节假日都是带头在单位值班并坚持不定期下乡进行防疫知识宣传和技术指导。同时，认真做好节假日前后的食品卫生安全检查。工作中，每天的工作量平均都在 10 小时以上，在长年累月的基层工作中，从不计较个人得失，真正用实际行动践行了入党时的铮铮誓言。

为解决农产品质量安全问题，作为畜牧站带头人，潘复康同志积极参与"动物疫病可追溯体系"二维码耳标佩戴建设项目，针对清溪镇 26 个行政村、2 个社区、4 000 多户养殖户，积极指导和监督技术人员认真做好"动物疫病可追溯体系"二维码耳标的信息收集和信息发送工作。通过努力，全镇耳标佩戴率达到 100%，实现了对动物及其产品质量的迅速、快捷、准确的溯源。

为了推进现代农业、现代畜牧业示范区建设，先后改建和新建了 130 余个适度规模养殖场圈舍，购进安置母猪产子高床和仔猪保育高床 500 余套，大大地改善了养殖环境；并新建了 4 个标准化养殖小区和 4 个养殖专业合作社，带动了全镇养殖业的发展，促进了犍为县现代畜牧业转型升级和新农村建设。

四川省李兴勇：抗癌勇士成为回汉兄弟的"扶贫天使"

李兴勇，阆中市博树回族乡农业服务中心农艺师。工作三十多年如一日，跑遍了全乡每一个角落，将每一条村道烂熟于心；勤学不倦，博学多闻，成了同事推崇备至的"多面手"；肩挑重担，即使病魔缠身，也毅然冲在工作第一线。

在李兴勇的指导下，博树回族乡农民成功掌握了花生双行覆膜栽培新技术，并选择出最适宜这一区域种植的天府花生新品种，彻底补齐该乡花生种植方面品种退化、栽培技术不当的短板，如今花生每亩增产 100 斤、增收 300 元以上，花生种植面积由 2 800 亩陡增至 3 500 亩，实现全乡人均增收近100 余元。不仅如此，还在乡政府领导支持下，青山观村开始栽培猕猴桃树，120 亩丹参种植园也已投产。青山观村面貌正在改变。

由于长时间满负荷工作，2014 年 4 月、10 月，李兴勇先后被确诊身患甲状腺癌、膀胱癌。恰在此时，神州大地吹响脱贫攻坚战的冲锋号，阆中市制定了脱贫攻坚目标，将在 2020 年与全国全省实现全面同步小康。李兴勇毛遂自荐，先后兼任建档立卡贫困村来龙村驻村农技员、青山观村第一书记，青山观村驻村技术员。每月除请假半天化疗外，李兴勇都在自己本职和兼职岗位上，默默尽献自己的责任，经常到残疾人、贫困户种养殖业技能培训班担任花生种植、果树管理的主讲。

2017 年 1 月他被中共阆中市委、阆中市人民政府评为脱贫攻坚工作先进个人，2017 年 4 月被推荐为南充市"岗位学雷锋敬业标兵"，2019 年 5 月被入选四川"敬业奉献好人"，2019 年 6 月被评为南充市优秀共产党员，多次被阆中市农业农村局和博树乡党委政府评为先进个人。

四川省莫章秋：用心扶贫共奔小康

莫章秋，江安县仁和镇农业技术综合服务中心农艺师。参加工作 26 年来，他一直深入农业生产的第一线，认真从事经济作物和农作物新品种、新技术、新模式的试验、示范、推广和技术指导、农民培训，以及高效设施农业相关项目的实施与研究。

结合项目实施、科技下村、走访入户等机会，他开办了农民田间学校、农民夜校 158 场，培训各类农民 12 500 人次，赠送各类科技资料 6 000 多份。由于仁和镇比较偏僻、交通不便、信息不对称，莫章秋同志充分利用网络力量，多年来坚持将信息和动态上传到"中国农技推广"App 等，让更多人了解江安、认识仁和。同时，使用 E 农通、农业科技网络书屋等在线学习交流，不断充实自己，提高农技服务水平和能力。不仅为农户解决技术难题，还为业主解决销路问题。

2020 年，阿候瓦觉村干部及工作队通过决议，同意莫章秋同志建议，将 5 万元产业发展资金入股贫困户曲木木石发展山羊养殖，帮助贫困户曲木木石尽快脱贫。莫章秋同志负责，与其他帮扶队员一起，在马拖村流转土地 120 亩，引进优良品种紫薯与甜玉米进行套种，改变传统单一种植模式。

莫章秋同志援彝所在地阿候瓦觉村生活条件相当艰苦，长期以土豆为主食，但他从不抱怨，任劳任怨、勤勤恳恳，和当地群众同吃同住同劳动，严守组织纪律，为维护民族团结、脱贫攻坚工作贡献了自己的一份力量。

四川省石志勇：用智慧和汗水实现脱贫奔康梦农业现代梦

石志勇，四川省剑阁县高观镇农业服务中心高级农艺师。参加工作以来，她始终以高度的事业心和责任感，在四川剑门山区这片红色热土上，为剑门山区的农业发展默默地发挥自己的光和热。

38 年来，从推广"两杂"种子开始，推广农作物新品种 53 个，推广"两杂"种子 162 吨，常规种子 220 吨。2008 年，他与西南科技大学专家开展合作，建立西科麦 2 号、4 号种子繁殖基地，仅 4 年时间，就收获小麦良种 600 吨，为周边巴中、南充、汉中及三十多个市县提供种源。与四川西原油脂化工有限公司合作 10 余年，建立高芥酸油菜基地 1.2 万亩，同时，走"公司＋农户＋科研单位"

发展之路，实行统、供、销一条龙，供种 1.6 吨，年收购优质工业油菜籽 1 200 吨，实现了农民增收、财政增税。

石志勇通过外引技术、内融资金、上找项目、下出实效，结合村情实际，因地制宜发展特色产业，建成面积 430 亩的翠玉梨特色产业示范园，建成年出栏生猪 1 600 头的现代猪场一个，建成面积 2 700 米^2、年出栏土鸡 5 万羽的贫困户土鸡养殖小区 4 个。同时，积极争取上级支持，实施道路硬化、危旧房改造、改厨改厕改造等 21 个项目，累计争取投入资金 1 693.27 万元。如今，田坝村如期脱贫摘帽，贫困户全部脱贫，全村人均纯收入达到 1.3 万元，贫困户人均纯收入 0.86 万元，村集体经济年收入 10 万元，村容村貌发生了翻天覆地的变化，成为全镇第一脱贫示范村，被市政府评为幸福美丽新村。

四川省李英鸿：绵绵不尽农技情

李英鸿，资中县农业农村局农业信息站站长。从农技员到农业局土肥站的副站长、从农艺师到农业信息站的站长，李英鸿不忘初心，与农业一见倾心，与家乡父老乡亲血脉相连，情深似海。

从 2008 年开始，李英鸿参加了全县 33 个乡镇测土配方施肥及土壤采集、土壤分析化验和田间肥效试验，参与农业综合开发中低产土改造、高标准粮田建设等项目。2012 年，李英鸿参与了玉米新品种、新技术试验示范 14 个，培训农户 1 000 余人次。他亲自参加了编制、规划、组织项目的实施。由于成果突出，资中县获得了全国粮食生产先进奖励项目。

到 2017 年，整县推进建设益农信息社，建成 386 个，实现了全县 386 个行政村全覆盖。为保障益农信息社持续运营，李英鸿带领同事们逐一与电信、银行、保险、气象等部门联系，聚合各方资源，扎实开展公益服务、便民服务、电商服务、培训体验服务。为了让更多的人受益，让更多的人了解这项工作的实质，李英鸿再次动起了脑筋：印制发放培训资料、益农信息社宣传单 14 万份，参与益农信息社揭牌培训活动 300 场次。依托益农信息社，开展首届"中国农民丰收节·益农暖心行"活动。这场活动，广迎天下四方客，活动现场超过 2 000 余人。

贵州省万晓芹：用科技引领地方经济发展和农业事业进步的践行者

万晓芹，道真仡佬族苗族自治县现代高效农业园区服务中心管委会副主任、研究员。他负责食用菌产业，因政府决策科学、技术保障有力，用三年时间的努力，道真食用菌产业从零基础挤进了贵州省的重点产业县；解决了农林科技一线的多项疑难问题，发表论文 15 篇、获国家专利 5 件、选育新品种 1 个。

2017 年 3 月，万晓芹同志从洛龙镇调入道真自治县农业园区服务中心管委会工作，具体负责食用菌产业技术工作。作为全县食用菌产业发展的总技术负责人，他承担了全县食用菌产业发展规划、技术论证、技术方案制定、生产技术指导等各个方面的工作。因道真食用菌产业发展技术保障有力，政府积极支持和引导，增收见效明显。

通过三年时间的发展，道真食用菌产业从零基础挤进了贵州省食用菌产业发展重点县。在道真这个经济落后的少数民族集聚区，实现了一户贫困户种植食用菌 1 个标准大棚 1 季（6～7 个月）净收 3.5 万元以上的目标，创造了贫困户种植食用菌 1 季可脱贫、1 年可致富的产业扶贫典范。万晓芹同志负责的食用菌产业，2019 年实现产值 25 600 万元，带动全县农户 5 000 户 15 000 人稳定就业，已正式成为当地的主导产业之一，2020 年产值将成倍地增长，预计产值可实现 6 亿元以上。

贵州省余昌培：永葆一心向农的朴素情怀二十六载扎根山区送技术

余昌培，中共党员，贵州省盘州市畜牧水产产业发展中心副主任，高级畜牧师。二十六年如一日默默地耕耘在农技推广第一线，为盘州市广大农民脱贫致富、农村经济繁荣和生态建设作出了突出贡献，先后获得全国农技推广贡献奖、全国农业丰收奖三等奖、贵州省农业丰收奖一二三等奖、六盘水市科技进步奖二等奖等奖项，是六盘水市第三届和第四届市管专家、贵州省高层次创新型"千层次"人才。

他结合盘州实际，总结多年来农技推广的经验，编写了《养牛实用技术手册》《农作物秸秆饲料利用技术手册》《退牧还草技术手册》3 本技术培训手册，共 5 万余字，印刷了 2 万本发放给农民。他共举办各种农业技术培训会 200 多场次、培训农民 1.9 万人次。

工作 26 年来，余昌培参加了十多个畜牧养殖及草地生态建设项目，通过这些项目的示范和带动，为盘州市引进推广重大农业技术 5 项，扶持农户种植优质牧草 14.5 万亩，扶持农民养牛 4 万多头、养羊 2 万多只，促进农民增收近 2 亿元。

到盘州市普古乡播秋村驻村任第一书记两年多来，帮助剩余劳动力外出务工就业，激发贫困户内生动力。全村贫困户从 2014 年的 123 户 354 人减少到 2020 年的 0 户 0 人、贫困发生率下降 37.69%，播秋村摘掉了贫困村帽子。

贵州省贺孝刚：一生只为一事来　春华秋实耘播州

贺孝刚，遵义市播州区种植业发展服务中心高级农艺师。三十四年如一日扎根农村服务农民，曾获得贵州省农业丰收计划奖、遵义地区科学技术进步奖、遵义县农村实用科技推广应用奖、全国农业综合执法先进个人、全市农业农村工作先进个人、县级农技推广先进个人、年度考核优秀等诸多殊荣。

贺孝刚同志组织参与实施良种补贴工作，2004 年以来累计审核兑现水稻、玉米和小麦良种补贴及耕地地力保护补贴 40 289.4 万元，2013 年以来累计参保面积达 138.75 万亩次，认定受灾面积 3.26 万亩次，17 139 户农民获得赔偿 1 017.24 万元，极大增强了粮食生产抵抗灾害的能力。

多年来，结合产业发展实际，总结提炼出绿色高效优良种养集成技术 20 余个，示范推广的"321

工程"成为农业提质增效的重要载体。他还参与了农业投入品监管工作，推行农作物标准化生产技术，参与起草《黑木耳露地设施规程》《食用菌（黑木耳）设施大棚建设标准》等地方标准。他每年下乡200天以上，开展区级技术培训2次以上、镇级以下培训5期次以上；他的手机从未更换过电话号码，久而久之就成了农情电话、农技110，农户有疑难问题就会打电话咨询。

云南省张四春：高原湖泊土著鱼类的保护和利用专家

张四春，云南省玉溪市江川区畜牧水产站站长。多年来，星云湖、抚仙湖土著鱼类的科研及推广成果卓著，使他成为目前云南省水产业唯一入选云南省"万人计划"产业技术领军人才、云南省唯一荣获全国水生野生动物保护海昌技术奖。2016年，他荣获农业部2014—2016年度全国农牧渔业丰收奖农业技术推广贡献奖，2019年获全国神内基金农技推广奖，2020年入选玉溪市最美科技工作者。

通过微信群、农业信息网等，推送养殖技术，引导示范可控污智能化养殖技术，通过江川土著鱼类公共品牌创建，提高市场竞争力。其全心全意的服务，在推广土著鱼类创新集成技术、提供苗种和推动玉溪市水产养殖业发展方面成绩卓著，他先后获得51项荣誉。

张四春先后在省级以上刊物发表科技论文33篇，参与编写出版图书共4册。近年来，他在江川区水产技术推广站举办培训班8期，培训670人次，现场观摩培训10批次，参训800人次，池塘边的现场指导1 260次。

这些年来，通过他们的努力，星云湖白鱼以及抚仙湖所特有云南倒刺鲃、抚仙四须鲃、花鲈鲤、杞麓鲤和抚仙金线鲃等土著鱼类，通过人工驯养、人工繁殖和人工养殖成功，种群数量不断扩大，高原水乡的土著鱼类又重新活跃在抚仙湖和星云湖中。

云南省何建群：守护宾川县三十多万农民群众致富梦

何建群，宾川县植检植保站站长，农业推广研究员。34年来，她参与和主持了省、州、县科技课题60余项，荣获科技成果奖23项。

多年来，何建群围绕重点产业，组织培训场次达到855场次，培训人数达到8.3万人次以上。利用现代化的三农通、微信群、QQ群等信息化手段，指导广大种植户和新型农业经营主体进行有效防治，同时对他们提出的技术问题认真进行解决。何建群情系贫困山区，带动老百姓发展青花椒产业，目前，宾川县青花椒种植面积达到4.62万亩。

近5年来，他主持实施的项目课题有15项，技术成果推广应用面积达到215.16万亩、新增纯收益116 095.8万元，每亩新增纯收益539.58元；先后主持完成植物保护、引进新品种以及土壤肥料等农业新技术试验、示范研究300余组，主持鉴定出的作物病虫草害几百种。何建群先后荣获国家和省、州、县表彰奖励68项，其中省部级科技成果奖5项、地厅级科技成果奖18项。

何建群在国家级、省级刊物上发表科技论文 103 篇，主持制定出省级、州级地方农业规范 2 个、县级绿色食品团体标准 5 个、农作物栽培技术规程 6 个。他还主持编写实用技术书籍 14 本，发放到农民手中 20 万册，并作为宾川县农业广播电视学校和农函大培训的教材。

云南省普金安：让哀牢山乡绽放"智慧"之花

普金安，云南省玉溪市新平彝族傣族自治县经济作物工作站站长。25 年来，他一直战斗在农业生产第一线，先后获得省、市、县科技成果奖 17 项，取得专利 2 项，撰写论文 13 篇。

在新化乡白达莫村推广非洲菊种植时，普金安与同事挨家挨户上门做工作，讲技术、讲投入、讲产出。真诚沟通终于打消了群众的顾虑，黄家元种植的 1.2 亩非洲菊亩产 10.8 万支，产值 3.5 万元；张学平种植的 6 亩非洲菊，收入达到 10 万元以上。非洲菊的种植，让不少村民成为花卉市场的经纪人、市场通。

普金安和他的团队深知，智慧农业的关键是数据，需要解决数据获取、处理与应用三大问题。目前，全县已建立起 5 个水果区域试验点，利用多源卫星遥感数据监测作物长势长相；提取光谱信息，配合田间环境监测与农事管理信息分析建模，建立不同区域优质柑橘品种种植标准；如今全县 50 亩以上的连片果园各项信息已纳入数字农业体系动态监测系统，共计 9.38 万亩。

二十五年如一日，普金安无论是在乡镇还是县经济作物工作站，都把新技术推广作为农业头等大事抓，他励志创新，与团队一起用新技术主力新平农业产业转型升级。

云南省徐光：滇西"稻母"王

徐光，云南省保山市施甸县水长乡农业综合服务中心高级农艺师。徐光同志多次被表彰为优秀共产党员、先进工作者，获保山市农业科技进步奖、云南省农业厅科技，推广一等奖、二等奖，并在《云南农业》发表论文 2 篇，撰写技术资料、实施方案、培训教材、总结等材料 100 余份。

通过与农民建立微信群、打电话、发放技术材料、田间指导等方式，推广相关配套技术。2018 年，水长乡百亩方平均亩产 643.14 公斤和千亩片平均亩产 493.3 公斤。以 2018 年提供给湖南隆平种业有限公司的 20 多万公斤种子为例，合格率达 99.85%。

经统计测算，截至 2019 年，由徐光领衔的技术团队累计指导农民繁殖水稻两用核不育系 197 个品种、18 336 亩，繁殖种子 781.66 万公斤，可供 521.1 万亩两系杂交稻制种，可生产两系杂交稻种子 7.8 亿公斤，保障 7.8 亿亩两系杂交稻的推广应用，占全国需求量的 60% 以上；种植科研育种材料 26 万多份；利用稻桩再生，挽回海南失收的育种材料 2 588 份。水长乡繁殖的不育系种子平均亩产量 426.3 公斤，平均亩产值 3 751.44 元，较种植普通水稻每亩增收 1 801.44 元，增 92.38%，农民新增总产值 3 303.12 万元，为农民增收作出了突出贡献。

云南省张新华：南汀河畔胶园守护神

张新华，孟定农场管理委员会农业服务中心高级农艺师，兼任管委会科协秘书长、云南八业橡胶集团总经理助理。35年来，他把知识、技术、心血和汗水，倾情奉献给了边疆的橡胶事业。

2000年，云南农垦开始"橡胶树高产高效新割制技术"的研究和推广，作为项目研究成员的他负责孟定农场方案制定和组织实施，推广后实现平均亩产120公斤，达到世界先进水平；减少胶工870.5人，减少开支629.623万元；4～5级死皮率减少0.5%；人均年节约耗皮5厘米；农场年增加收入314.4万元。他单独撰写的《d/4割制效果好》一文在《临沧科技》上发表，作为"橡胶树高产高效新割制技术"项目主要完成人获云南农垦科学技术进步奖一等奖。从2013年起，在管理干部和技术员中推行自动气象短信服务及天气App，用于指导割胶生产，每年避免雨冲胶3刀，避免损失60万元。

30多年来，张新华一直致力提高割胶技术水平，每年组织对农场割胶工进行培训，亲自组织培训新胶工3 000多人，每年复训老胶工共计5万余人次。他受聘为临沧市热作科技指导站、临沧农校等单位组织的技术人员和胶农培训20多次，培训胶农8 000多人次，足迹踏遍临沧市植胶区每个村寨。

云南省余文艺：云岭之巅的"科技阿依帕"

余文艺，迪庆藏族自治州德钦县霞若乡农业综合服务中心主任。消除贫困、改善民生、逐步实现共同富裕，余文艺把脱贫职责扛在肩上，把脱贫任务抓在手上，千方百计促农增收，让贫困地方一处不落、贫困人口一人不落地同全国人民一道进入小康社会，当地老百姓亲切地称他为"科技阿依帕"（傈僳语意为"科技能人"）。

余文艺充分应用微信、抖音、快手、"中国农技推广"App等现代科技手段，完成示范户技术指导，协助示范户预定年度计划、定时定期培训、技术手册填写、上报，累计培训8 137人次，指导了全乡80户科技示范主体，入户率达100%。他发展了农民专业合作社和农村电子商务平台各7个，发展了合作社社员1 900多户，其中950户贫困户，地方高原特色农产品和中药材成品在农村电子商务平台营销，营销额占到全乡中药材总收入的45%。

为彻底摆脱传统的农耕生产方式，余文艺大力开展试验示范、探索技术创新，每年坚持引进一些新品种、新技术做试验、示范及推广。2019年末，全乡中药材总收入近4 000万元，人均收入由2012年的1 458元增加到如今的4 357元，中药材产业收入比重占农民收入的23%左右，平均亩产值达3 241元，比一般粮食作物增值近159.6%。今天，种植中药材已成霞若乡山区农民脱贫致富的有效途径，为霞若乡决胜全面小康洒下了一个基层农技员最朴实的汗水。

云南省切麦：基诺山上的"金孔雀"

切麦，景洪市勐养镇农业综合服务中心高级农艺师。工作 26 年来，切麦用扎实的理论知识和丰富的实践经验，为勐养镇的农业发展作出了巨大的贡献。

2015 年，切麦被抽调到勐养镇扶贫办协助开展产业扶贫工作。勐养镇共有建档立卡贫困人口 300 户 1 178 人，涉及 7 个村委会 55 个村小组。根据实际需要制定培训计划，主动联系农业专家到贫困村进行授课和现场指导；共组织开展了 24 期产业技术培训，共有建档立卡户 1 159 人参加，通过培训切实提高了贫困群众的劳动技能，为全镇脱贫摘帽打下了良好的基础。

为提高农作物新品种的推广应用率，她组织引进了水稻、玉米等农作物新品种，通过试验示范和技术的推广与普及，大大提高了当地农民科学种田的水平；所撰写的《浅谈勐养镇杂交水稻高产栽培技术要点》《勐养镇推广水稻高产创建病虫草鼠害综合防治措施及建议》两篇论文先后发表并刊登在《农民致富之友》（月刊）。

26 年扎实的基层农技工作，让切麦收获了"科技进步二等奖""优秀共产党""科技先进工作者""优秀技术指导员"等 20 多个荣誉称号，一摞厚厚的证书见证了她辛勤的付出与出色的成绩。

西藏自治区果珍：把温暖留在农户心中

果珍，林芝市巴宜区农技推广服务站农艺师，深入一线对农牧民群众手把手传授，开展指导种植业实用技术等推广工作，把农业科技推广工作作为自己的头等大事。

为了能向农牧民群众开展面对面的实用技术培训，坚持参加各种形式的业务技术培训，学习农作物病虫害防治、农作物栽培技术、现代农业发展、农产品质量安全监管等知识，从而使自己的业务素质和工作能力得到了快速提高。

在西藏农业标准化和高产创建示范、良种繁育基地建设、测土配方施肥以及新品种的引进与示范等重大项目的实施过程中，果珍同志都承担着重要的科技推广服务工作，坚持长期与农牧民群众同吃、同住、同劳动。近两年来，站内引进的各新品种小麦平均每亩增产 155 斤以上，青稞平均每亩增长 203 斤，油菜每亩增长 75 斤，玉米每亩增长 750 斤以上。

"情系农村、心系群众"的理念，果珍同志与当地群众的感情更加融洽了。为了及时指导农牧民群众的生产管理、为农牧民群众排忧解难，果珍同志始终保持与群众"零距离"。农技推广工作不仅把科技送到了农户，也把温暖留在了农民的心里。

西藏自治区梁炜君：甘当服务者　勇做带头人

梁炜君，西藏芒康县农业技术推广站副站长。十一年来，他一直坚守服务三农的理念，认真学习，勤于钻研，吃苦耐劳，忘我工作，充分体现了一名共产党员的先进性。

十几年的工作生涯中，不仅累计完成二级种子田良种繁育基地建设 3 万余亩，推广藏青 2000 优质青稞种植达 1.6 万亩、喜玛拉 22 号优质小麦种植 1.4 万亩，为全县粮食作物的良种选育打下了坚实的基础；而且累计完成耕地保护与质量提升项目基地建设和粮油绿色高产高效创建基地 60 余万亩。

重视高素质农民培育工作，用理论指导实践的方式改善传统种养植方式。在他的组织下，每年县里最少会开展两次培训，并邀请西藏农牧学院、区市农业专家作为培训老师，形成培训体系，切实让农牧民群众学到知识技术。

传统农牧业逐步迈向现代化发展时，积极向上级业务部门争取资金，开展经济作物引进示范工作。2020 年，为创建芒康中药材种植基地和高品质饲草基地，助力产业精准扶贫工作，85 亩当归示范种植基地和 20 亩构树基地建设项目相继落地，现示范种植生长良好。此举为增强芒康县特色种植业发展、扶持种植大户等新型农业经营主体发挥了积极作用，为助力农牧民收入增加开辟新途径。

陕西省王录俊：为一方百姓富裕架桥铺路

王录俊，渭南市临渭区葡萄研究所所长、高级农艺师、省十三次党代会代表、陕西最美科技工作者、全国优秀科技特派员、全国科技助力精准扶贫先进个人。

从 20 世纪 90 年代末期以来，王录俊多次自费走访山东、河南和杨凌等地，请教专家，观摩考察，先后引进了 100 余个葡萄品种，让临渭区成为陕西第一大葡萄产区、全国第三大葡萄产区。

王录俊主持制定的《红地球葡萄栽培系列标准》《葡萄贮藏保鲜技术规程》等 5 项标准被作为省级地方标准发布。他先后主持实施了国家星火计划、省科技统筹创新计划、省重大科技创新、省果业发展计划、省引智专项及省重大农技推广等项目 20 余项。

多年来，他为果农授课 500 多场次，培训农民 6 万余人次，其中专门针对贫困村、贫困户进行的培训达 100 多场次，培训贫困户 3 000 余人次。除了为贫困户培训技术以外，他还为贫困户免费搭建避雨棚、发放避雨棚膜等物资，扶持贫困户种植葡萄，其中 70% 贫困户发展葡萄产业成功脱贫，近 50% 贫困户通过种植葡萄奔入小康生活。经王录俊的带动，20 余年间，葡萄种植在这里从 7 户发展到 10 余万户 28 万亩，年总产值超过 28 亿元，人均增收 8 000 元以上。与时俱进，王录俊始终跋涉在迈向下一个科技高峰的路上，不知疲倦。

陕西省杨茂胜：扎根在黄土地上的一粒种子

杨茂胜，陕西省三原县种子管理站品种试验站站长、高级农艺师。25 年里，他全身心投入自己的每一个岗位，用自己对农业的满腔热情，无私奉献，用辛勤的汗珠撒满了三秦大地和大江南北，为三原农业的发展贡献出了青春，成为扎根在黄土地上的"一粒种子"。

毕业后，杨茂胜被分配到种子检验科从事检验工作，协助油菜品种开发工作。在秦优 8 号双低油菜新品种培育成功后,他又动身要求到江苏、安徽、湖北等地进行试验、示范及推广工作,在长江沿岸推广千万亩,开辟了县级公司面向全国市场的先河。

杨茂胜积极开展试验示范活动,每年玉米、小麦收获前期,都邀请省市领导、科研专家、种业界同仁及县乡农技干部、农技员、科技示范户等来试验站进行考察观摩,交流新品种动向,鉴别筛选新优品种,真正达到示范辐射带动作用。试验站连续 4 年作为西北农林科技大学农学院的学生实习基地,他每次认真为学生讲解玉米、小麦、油菜育种及试验技术。

20 多年里,他共引进适合陕西大面积种植推广的玉米品种 10 个、小麦新品种 6 个;参与选育并通过国家或陕西审定的玉米、小麦、油菜等新品种 8 个;独立完成自主研究培育并通过审定和登记的双低优质杂交油菜品种秦优 12 后、金油杂 2009、秦优 168、秦优 188、秦优 198 等 5 个,累计在陕西、长江中下游等地推广种植面积 710 万亩,平均亩增产 15%,累计实现社会效益 7 亿元。

陕西省杜君梅:植保战线"一枝梅"

杜君梅,洛川县植保植检站副站长,延安市优秀共产党员、延安市"最美农业人"、中共延安市第五次党代会代表、陕西省"践行农业精神标兵""病虫测报标兵""植保先锋人物"、全国农作物重大病虫害数字化监测预警建设先进工作者。

在精准扶贫工作中,杜君梅深入了解致贫原因,利用自己的专业所长,对贫困村的果农进行技术培训。几年来,在她和同事们的帮助下,这些贫困户的果园管理水平得到很大提高,果品优果率从 63% 提高到了 82%,人均收入增加了 1 520 元。

20 年来,她跑遍全县 300 多个村,累计发布病虫情报 986 期 10 万余份,制作病虫标本 200 多盒,拍摄病虫照片 4 万余张,完成国家、省、市、县试验示范 24 项,发表论文 10 余篇,参与实施的项目多次获省市农业科技推广成果奖。

杜君梅,她就像一朵开放于洛川高原上美丽的梅花,默默无闻地当着洛川苹果的"安全卫士"。她是这片高原的女儿,在未来的日子里,她要为这里的父老乡亲做更多的事情……

陕西省马红林:立足本职全身心投入畜牧技术推广

马红林,陕西省麟游县畜牧兽医技术推广站动物卫生监督股股长。2010 年以来,他 5 次荣获省级先进个人、4 次荣获市级先进个人,麟游县第九届优秀政协委员。

近 10 年,在他的努力下,肉牛短期育肥、全日粮饲喂等技术得到了大面积推广,普及率达到了 75% 以上,编印肉牛育肥技术资料 500 多份,对养牛大户和基层站人员进行业务技术培训 1 300 多人次,直接增加农民收入 2 500 万元以上。

麟游县是国家扶贫重点县,为此,他经常下乡进村入户,了解群众诉求意愿,为群众出主意、想办法。针对当地畜牧产业单一的问题,他积极动员群众发展养蜂产业,短短 3 年全县新增养蜂农户

1 500 户，增收 56 万元，全县 110 户贫困户因养蜂实现了脱贫。

多年来，他认真落实防疫责任和各项防控措施，坚持每年春秋防疫深入村组逐户逐畜免疫注射，确保了免疫率、挂标率均保持在 100%，有效预防了疫病的发生。

保障广大群众吃上"放心肉"、喝上"放心奶"是畜牧兽医工作者的初心和使命。他担任动物卫生监督股股长后，坚持把畜产品质量安全作为工作重中之重，累计检疫出县境动物 6 800 万头（只）、动物产品 22.5 万吨，为确保人民群众身体健康和公共卫生安全作出了积极贡献。

甘肃省管青霞：用初心破解农技推广难题

管青霞，甘肃省陇西县农业技术推广中心副主任、研究员。30 年来，一直活跃在农业技术推广第一线工作，在新品种引进、新技术研发、新材料筛选以及标准化基地建设等方面作出重要贡献，展示出了创新、务实、刻苦、奉献的农技人精神。

针对连作导致土传病害、化肥农药滥施乱用等问题，管青霞组织单位人员成立了中药材研发技术团队，进行多项次、多区域的技术研究；不仅有效解决了当前制约中药材发展的瓶颈性难题，还获得了《一种中药材的 35 cm 地膜露头栽培方法》《一种中药材的 50 cm 地膜露头栽培方法》《一种中药材的地膜育苗方法》等 3 项国家发明专利，制订了《党参栽培技术》等 6 项甘肃省地方标准。

作为 2 万亩中药材绿色标准化种植和生态有机药源基地技术负责人，管青霞将可能遇到的土壤连作、干旱、土传病害、鼠害等困难一一整理出来，与技术团队一起讨论并列出了详细的应对措施，将技术集成整理成标准化种植技术编写出来，散发给每户种植户。在重点示范区从种苗选择、科学施肥、土壤和种苗处理，从不同深松机械、移栽机种植，对标准化种植、农机农艺融合的技术集成进行了集中展示。

陇西发生新冠肺炎疫情而正式打响了疫情阻击战，她带着 12 名同事驻守重点小区，这个小区不仅有确诊病例、疑似病例，还有密切接触者。隔离不隔关注、隔离不隔温暖，住户为表达感谢共同集资委托物业为值守人员送来了酒精等防护品，并将感谢信贴在了小区公示栏，县新冠肺炎疫情宣传组的记者对此进行了报道。

甘肃省李国华：服务三农的追梦人

李国华，宁县农业技术推广中心副主任、高级农艺师。30 多年来，他始终默默无闻地工作在农业生产一线，在平凡的岗位上，用实际行动诠释着服务三农的情怀和梦想。

他对农作物主要病虫害进行定点观测和预测预报，并通过县绿色农业网、县电视台、手机短信、微信等途径及时发布《病虫情报》，指导农民提前进行预防和防治，实现统防统治和群防群控。每年开展植保技术培训 10 余场次，培训农民 2 400 多人次，发放科技材料 7 000 余份，植保技术咨询 600 余人次。通过精心指导，广泛发动群众，全县每年防治各类病虫草鼠害 500 万亩次，挽回粮食损失

27 000 吨，挽回果树损失 1 600 吨，挽回蔬菜损失 10 000 吨。

在他的技术指导下，甘沟驿镇 627 户建档立卡贫困户，全部实现大棚蔬菜产业覆盖，其中自种 378 户，代种 249 户，自种户当年户均收益 2 万元以上，代种户户均收益 1.2 万元以上。"一花独放不是春，万紫千红春满园。"在服务甘沟驿镇 2 508 座塑料大棚设施蔬菜生产的过程中，县上其他 15 个乡镇的 2.75 万座大棚蔬菜生产，哪里发生病虫害，哪里就有他的身影，为发展现代农业、实现乡村振兴作出贡献。

甘肃省马君峰：倾注一生不言苦　甘洒汗水献事业

马君峰，甘肃省酒泉市农业技术推广中心研究员。他从参加工作的那天起，就把畜牧技术推广服务作为自己矢志不渝的责任和追求去努力、去奋斗。

从 20 世纪 80 年代的人工孵化、黄牛改良、配合饲料技术推广应用，到后来的暖棚养殖、重大动物疫病防控、标准化养殖小区建设等几十项重大技术试验示范推广都未离开他的指导和参与，他吃苦耐劳、不怕脏、不怕累，始终坚持在第一线亲自操作、亲自指导、亲自培训宣传，使各项技术从刚开始的农户不接受、不认同，逐渐被认可和支持，最后实现了全面推广应用。

马君峰先后主持参与编写各类畜牧技术推广研究项目 30 余项，开展各类畜牧技术培训 390 多场次，培训养殖农户及乡镇技术人员 5 万多人次，参与编写各类专题调研材料 50 余份，主持编写印发标准化养殖小区建设等标准规范 17 套 2.8 万份（册）；引进、试验、示范各类实用新技术 138 项，使全区畜禽规模养殖新技术应用率达到 80% 以上。

在畜牧兽医技术推广服务中，不断改进和探索研究先进的畜牧生产技术及设施设备，近年来，取得国家发明专利一项，新型实用技术专利 16 项，有效解决了影响畜牧业生产发展的关键性技术难题，提高了畜牧业生产水平及养殖经济和社会效益，也在本单位、本行业技术服务队伍建设中发挥了较好的示范带动作用。

甘肃省李春平：扎根基层挥洒汗水写奉献

李春平，甘南藏族自治州临潭县农业技术推广站高级农艺师。他是临潭县广大农牧民群众最熟悉的朋友和贴心人，二十六年如一日在临潭大地上默默奉献。

26 年来，他"晴天一身土，雨天一身泥"，常年在田间地头奔忙，先后参与实施了项目 30 多项，主持实施了项目 20 多项，尤其在双低杂交油菜的推广应用方面，走在全州前列，使全县优质双低杂交油菜得到快速发展。为了不违农时，适时开展农技培训，他编著了《临潭县耕地地力评价》《临潭县测土配方施肥技术问答》《临潭县中药材种植技术指导手册》《杂交油菜丰产栽培技术》和《临潭县农作物配方施肥指导意见》等培训教材和材料。他参与开展各种培训班 143 场，培训农牧民上万人，为全县中药材、油菜种植和大田病虫害防治打下了坚实的基础。

在各个乡镇开展农业新技术、新产品的引进与试验示范工作，他提出临潭县在不同区域发展"一药（藏中药材）、二青（优质青稞）、三油（双低杂交油菜）"的农业生产思路。辛勤的汗水换来了全县中药材产业的快速发展，自 2011 年进行种植业结构调整至今，积极推广中药材面积累计近 120 万亩左右，当地中药材总收入近 50 亿元左右。

他常说："农民需要什么，我就给他们讲什么；哪里需要我，我就到哪里去。作为一名农业技术干部，农村是我的根本，土地是我的战场，农业技术是我的武器，只要农民群众满意，就是我最大的乐趣。"

甘肃省马玉鑫：巾帼不让须眉农技推广的排头兵

马玉鑫，新城镇畜牧兽医站站长。10 年来，她以强烈的事业心和高度的工作责任感，爱岗敬业，艰苦奋斗，默默地为全镇畜牧业发展辛勤工作，甘于奉献，使新城镇畜牧兽医工作成为全市的排头兵。

自担任镇畜牧兽医站站长后，在孩子年幼且丈夫长期在外地工作顾不上家的情况下，每年坚守动物疫情排查、动物防疫等工作岗位，始终带头冲在一线。在疫病防治工作中，她坚决执行上级决定，提早谋划，多方联动，采取划片包干、责任到人的防控体系，做到防重于治，带领全镇村级防疫员做到村不漏户、户不漏畜、畜不漏针，连续多年保持全镇重大动物疫病免疫密度达到 99％以上。

2016 年，按照省市的相关规定，羊布鲁氏菌病被纳入强制免疫计划，新城镇被定为布病免疫先行乡镇。她作为镇畜牧兽医站站长参与谋划全镇的项目实施，夏天每天穿着不透气的防护服，进羊圈对种公羊和奶山羊进行采血，冬天脚踩寒冰，跟着防疫员一起钻羊圈抓羊。免疫期间不能吃东西、喝水，一天下来，几乎虚脱。在免疫过程中慢慢摸索出适合本市的免疫方式方法，为其他两个乡镇的布病免疫提供了坚实可靠的经验和依据。

马玉鑫同志为人朴实，不怕困难，心系群众，关心他人，受到广大群众的爱戴，工作成绩得到了领导的充分肯定。她认为要投入无限地为人民服务当中去，投身到广袤的农村大地中去，为全市农业和农村经济发展添砖加瓦。

青海省郭正朴：海拔三千米高地的"国塞曼巴"

郭正朴，都兰县热水乡畜牧兽医站高级兽医师。都兰县海拔高、山大沟深、点多面广、交通工具缺乏，郭正朴常常骑着自己的摩托车，有时甚至徒步几十里地，送医送药上门为牧民群众服务，赢得了领导和农牧民的称赞与信任。

长期的工作中，郭正朴养成了先深入各个村社对牲畜存栏数、疫情监测、农牧民需求进行摸底，然后进行工作安排部署的习惯。他主动承包防疫难度最大的村社，并亲自注苗及督促其他防疫员，以保证防疫密度达到 100％。在他的带领下，现在热水乡牧民变被动防疫为主动防疫，牲畜免疫率达到

100％，一直未发生过重大动物疫病。

30 年的时光与牛羊为伍，坚持研究动物疫病防治，有的放矢进行动物防疫检疫，兢兢业业开展农技宣传推广，35 篇科技论文发表于全国中文核心期刊和省级期刊，先后获得专利 4 项、省级科技成果 3 项。负责开展的"柴达木马标准""放牧羊鼻蝇蛆病的防治及分子生物学研究"等项目获得了省级成果，取得了良好的社会效益和经济效益，为兽医科学研究、农业技术推广、生产实践提供了较为准确的科学依据，同时为当地畜牧业发展作出了贡献。

宁夏回族自治区张庆华：一腔豪情愚公志

张庆华，平罗县农业技术推广服务中心高级农艺师。"学农的人，心都是跟着泥土长的。"张庆华说。这些年，他扑在田间地头，帮助农民有了产业，脱贫攻坚就有了源源不断的"造血"能力。学农、干农、爱农的张庆华充分发挥了一名共产党员的先锋模范作用。

2011—2016 年，张庆华承担平罗县国家级蔬菜标准园创建工作，负责园区实施方案的撰写、试验示范技术指导和实施、档案数据整理、总结撰写等工作。6 年全县建成连片面积 1 000 亩国家级蔬菜标准园 5 个，全部顺利通过宁夏回族自治区农牧厅考核验收，争取农业部蔬菜标准园补助资金 300 多万元，为全县蔬菜标准化生产树立了典型和样板。

在平罗县生态移民帮扶工作中，张庆华带领蔬菜站 6 名技术干部，组成生态移民产业帮扶技术服务小组，每天坚持到移民村开展技术指导。平罗县近 5 年累计种植脱水蔬菜 26 万亩，成为全国出口脱水蔬菜生产基地，产品出口欧盟、韩国、日本，出口占全国 25％。宁夏菜心和越夏番茄，5 年累计推广 12 万亩，产品销往香港、深圳、上海，亩效益 2 万元以上。

在张庆华的蔬菜技术团队的努力下，平罗县建成了各类瓜菜园区 30 多个，蔬菜种植面积达到 20 万亩以上；完成"菜篮子"优质蔬菜种植 10 万亩，指导育苗中心年培育优质瓜菜种苗 800 万株以上，平罗县成为宁夏蔬菜种植大县之一，瓜菜产业已成为平罗县农民增收的支柱产业之一。这些重大成果凝聚着农技员的汗水，他的努力和付出映照在农民的笑容里，生长在芬芳的泥土中。

新疆维吾尔自治区杨莉：播种金秋的农技人

杨莉，伊犁哈萨克自治州特克斯县乔拉克铁热克乡农业技术推广中心农艺师。从事农业技术推广工作 20 余年，她踏遍了特克斯县的山山水水，在这片热土上倾注了所有的热情和心血。

把较深奥的农业科技用简洁通俗方式传授给农民，帮助农民增产增收，是她最大的心愿。她有效利用现场会、田间地头现场指导、农民夜校、微信群、云平台等多种培训方式，培训人达 2 万余人次、建档立卡贫困户 3 000 人次；改变了过去特克斯县只能种植小麦、油葵、玉米、胡麻等常规作物的种植结构；推广使用四项实用新型专利的覆盖面达 100％，工作效率在以前工具的基础上翻了两番，不仅节省了劳动用工，而且提高了农产品产量及质量。

杨莉独立取得发明专利 4 项，参与编写《加工番茄栽培技术百问百答》和《向日葵有害生物》，发表论文 45 篇，其中国家级 21 篇，自治区级 19 篇，自治州级 5 篇。

多年来，她对自己的事业无怨无悔，以"授人香草，手留余香，送人玫瑰，心自芬芳"的工作理念，激励着自己不断进步。

新疆维吾尔自治区热汗古丽·买合木提：辛勤耕耘　服务农户

热汗古力·买合木提，新和县农业技术推广站高级农艺师。三十二年如一日始终坚持在农业生产第一线，讲科技、搞试验、做示范，和农民朋友面对面、心贴心交流，足迹遍布新和大大小小 126 个村庄的田间地头，诠释了一名基层农技人员对农民群众的挚爱。

每年一半以上的时间，深入田间、农户，安排试验、调查农情、开展技术指导。农民在生产中遇到疑难问题，不管是刮风下雨、时间早晚，他都能及时赶到现场进行诊断，提出解决办法。组织农技培训，将自己丰富的理论和实践经验，用浅显易懂的语言送到群众的手里，每年参与技术培训 30 余场次，培训农民 6 000 余人次。

热爱三农，服务三农，精益求精，忘我工作。2014 年、2015 年均因在温室大棚开展工作时，不慎摔倒导致左腿骨折两次。2018 年开始负责塔什艾日克镇英阿瓦提村等 6 个村的贫困户技术指导服务工作，帮助发展小拱棚、陆地蔬菜、黑木耳等经济作物以增加农民收入，在农业生产关键环节，到每个贫困村进行技术指导，与贫困户保持电话联系，确保技术服务畅通。2011—2013 年被自治区评为优秀科技特派员。

她说："我无悔我的选择与执着，我热爱农业，热爱蔬菜产业，愿将毕生心血奉献给三农事业。"

新疆维吾尔自治区关丽菊：一切为了大地的丰收

关丽菊，伊犁哈萨克自治州农业技术推广中心农艺师。十八年如一日，她在农业生产第一线从事农作物新品种、新技术、新模式的试验、示范、推广和技术指导，培训农民以及高效设施农业相关项目的实施与研究工作。在平凡岗位上默默耕耘，为全县的农业增效、农民增收贡献了自己全部的力量。

由于工作踏实、甘于奉献，她先后获得全国农业先进工作者、全国三八红旗手、新疆最美人、自治区优秀农业技术推广员、伊犁州优秀共产党员、伊犁州十佳农业科技工作者等荣誉称号。

关丽菊主持并参与有机水稻标准化生产与示范推广项目、稻鸭共作栽培技术与推广项目、高效益多熟制栽培模式研究与推广项目、测土配方施肥项目、红花新品种引进及配套栽培技术研究、新疆有害生物稻水象甲防控技术研究等课题，开展新品种试验 5 个，化肥减量试验 4 个，新技术推广应用 4 项，参与制定水稻、红花、多熟制技术地方标准的制定，执笔撰写 15 篇学术论文。

关丽菊累计开展农业科技培训和科普讲座共 68 期，培训乡村干部和农民 3 116 人次，审阅修改

"科技之冬"培训教材 6 种，发放科普书籍 1 580 余册，科普宣传资料 2 412 份，建立科普示范基地 3 个，培育农业科技示范户 225 户，辐射带动全县 630 户农民增产、增收。

新疆维吾尔自治区王燕：把文章写在大地上

王燕，新疆维吾尔自治区奇台县植保站站长。2000 年，她被分配于奇台县农业技术推广中心工作至今，从业 20 年始终不忘初心，奋斗在岗位上。

从业 10 余年，经过她的努力，引进高效、低毒、低残留、持效期长的新农药 52 种、新型施药器械 5 种，推广应用面积 2 200 余万亩次以上，提高防治效果 12.13%，节约成本 2 257 万元。每年处理农事纠纷达 10 余起，从业以来为受害人挽回经济损失 200 余万元。通过坐堂门诊、田间指导、电话咨询、广播电视专题、科技下乡、科技之冬、现场会等形式，培训农民和技术员 15 614 人次，将农业科学技术面对面地传授给农民朋友。她获得国家、区、州等相关农业部门颁发的各类奖项达 30 余项，2019 年被选为昌吉回族自治州科学技术协会第五次代表大会委员。

她认为体现一个基层农技人员的价值，不是其所得的奖项，而是在本职工作发挥专业特长，切实解决农业生产问题，提高农民科技意识，普及先进科学技术，让农民增产增收，让农业成为有奔头的产业，让农民成为有吸引力的职业。农业之路任重道远，她将会在以后的工作中再接再厉，不断学习改进，不断提升专业技能，不断增长为三农服务的本领。

新疆维吾尔自治区蒋贵菊：攻坚克难坚守初心的"践行者"

蒋贵菊，新疆博乐市农机推广站站长。近 5 年来，她组织参加各类农机化专题培训班 70 期，培训基层专业技术人员 1 110 人次，培训农牧民 7 508 人次。同时，每年都参加博乐市开展的"科技之冬""科普宣传月""千万农机培训活动""科技下乡"等活动 60 余次，受益人数达 4 000 人次。她致力推广农机化新技术，帮助为农户节本增效，取得成效显著。为解决群众应用农业先进适用新技术的顾虑，她勇担风险，与农户签订无偿但自己承担风险的技术服务协议。每年从农作物播种到收获，她全程服务，从不懈怠，春天冒着风寒，跟机播种作业，夏天顶着酷暑指导农户田间中耕、打药、化控作业，主持棉花高产综合机械化示范基地建设面积 28 487.36 亩，主持粮食高产综合机械化示范基地建设面积 12 000 亩，为示范区内农户节本增效达 790.3 万元。

由她主持实施的农机化新技术 10 余项，棉花机械化收获技术亩节本增效 200 元左右、精量播种亩节本增效 60 元左右；联合整地机械化技术、膜下滴灌机械化技术、残膜回收机械化技术等农机化新技术在当地农业生产中使用率已达 95% 以上；正在推广的智能机械化技术——无人机植保、深松、卫星定位导航、植保机械智能控制系统、设施养殖及环控技术深受老百姓欢迎。每一项新技术的广泛使用都极大地推动了当地农业机械化的发展步伐，极大地提高了劳动生产率，降低了农民的劳动强度和生产成本，为农业增效、农民增收作出了贡献。

最受欢迎的特聘农技员

陈进忠：苦心学习钻研技术　增收致富不忘乡亲

陈进忠，男，54岁，汉族，中共党员，特聘服务河北省饶阳县葡萄产业。2008年，陈进忠被选举进村委会工作，同年河北省第三批产业扶贫项目落户到西草芦村，大家认为发展大棚葡萄种植是实现稳定脱贫的出路。于是他积极联系施工队，协调地块、葡萄苗，带领群众发展大棚葡萄。经过艰苦努力，最终在原饶阳县林业局、中国农学会葡萄分会、河北省农村科学院石家庄果树研究所领导专家的帮助下，西草芦村的葡萄种植成功，每亩葡萄收入在2.5万元以上，老百姓笑了。为了进一步巩固脱贫成果，2012年组织贫困户成立饶阳县碧夏萄园葡萄种植专业合作社。2013年，碧夏萄园葡萄种植专业合作社选送的葡萄获得全国葡萄促早栽培优质评选金奖。2015年，碧夏萄园葡萄种植专业合作社选送的葡萄获得河北省林业厅优质葡萄评选银奖。

陈进忠同志被选为特聘农技员后，他与其他9名特聘农技员承包了县里83个贫困村的产业扶贫技术服务工作，与贫困村签订了技术服务协议，并从每个贫困村中选出产业有代表性的贫困户或农户，与其签订技术服务协议，以点带面带动整个村的产业发展。他自费参加全国葡萄种植交流会学习葡萄种植技术，回来后免费地传播给种植户，积极深入田间地头指导农民，无论多忙、刮风下雨，随叫随到，有时还给贫困户垫钱买农资。在农民教育培训期间，他争当培训班的班主任，并给学员授课，指导实习，2018—2019年协助县农业农村局培训高素质农民1 000余人次。

"我是农业农村局的一名特聘农技员，是一名共产党员，帮助农民脱贫致富奔小康就是我的责任和义务，贫困户能够脱贫就是对我最大的回报。"

闫振国：勇攀科技登高峰　无私奉献利人民

闫振国，56岁，汉族，特聘服务山西省阳高县蔬菜产业。以农产品优质增市值促致富是闫振国从事大棚种植以来的一贯追求。他把学用科技当作实现梦想的法宝，成为阳高县引进安装大棚先进设施第一人、绿色生产第一人。他在全县率先引进安装了大棚全自动智能放风机、水肥一体化膜下滴灌、防虫网等先进设施。春季别人买化肥、置农药，闫振国却运大粪、置秸秆、购熊蜂。闫振国把"天敌昆虫防虫害、生物菌剂防病害，不留半点农药害，真正绿色无公害"贯穿整个生产管理流程，实现大棚产品质优、价高。他还把自己的大棚视为"试验田"，在自家大棚尝试种植筛选新品种，试验示范成功后推广给种植户。近年来，他示范培育的金特尔番茄、晋白三号大白菜等品种得到全县推广。

为了让农民掌握科技实现脱贫致富，闫振国每周都要深入龙泉、古城、马家皂、北徐屯、王官屯、下深井等大棚种植乡镇及周边天镇县部分村庄，实地传授日光温室蔬菜种植技术，手把手地教出了一大批种植能手。和富新村 700 多栋大棚经过他的指导，每栋大棚纯利润达 2 万多元。他还建立"微信课堂"随时解答农民所难。为了便于服务农民，闫振国建起了吸纳 400 名大棚种植农民的"设施蔬菜技术交流微信群"，晚上在微信上答复农民遇到的实际问题。近 3 年，累计开展现场技术管理指导 80 多场次，网上解答 1 000 多次，对 1 万栋日光温棚进行了跟踪服务。

"勇攀科技高峰作表率，无私奉献利人民"，这是闫振国被评为阳高县道德模范的颁奖词。

孙继文：特聘农技员为科尔沁区农技推广事业添光彩

孙继文，48 岁，汉族，中共党员，特聘服务内蒙古通辽市科尔沁区设施农业发展。设施农业起步早、发展快，但由于城市增容扩建，2012 年以后设施农业发展开始滞缓，面积萎缩，甚至出现了棚室荒弃现象。如何再次振兴设施产业？孙继文开始思考出路。2017 年，他克服了重重困难，率先带领全体村民在本村带头示范搞起了聚氯乙烯（PVC）联栋温室。2018 年，他自费带领村民、科技示范户、贫困户共计 30 余人赴辽宁省北镇市、赤峰市宁城县等地学习并进行选苗引种。2019 年，有 50 户农民、20 户科技示范户、12 户贫困户恢复了 600 多亩棚室重新进行设施蔬菜生产。通过技术帮扶，有 30 户贫困户实现产业脱贫、300 多户种菜农户实现增收达 15％以上，受益农民达到 5 000 人以上。2020 年初，他带头成立了农耕园种植合作社，建立了农药残留检测站，成立了蔬菜配送中心，形成一条龙的农业产业链服务，吸纳了周边镇村农户 500 户。

作为科尔沁区的特聘农技员，他推广的园艺品种品质优异，甜瓜产量打破了当地记录；推广的小葱沟种法解决了沙性土壤上难以一次性抓全苗的技术难题，巧用除草剂成功解决了圆葱育苗人工除草成本高的问题；推广的日光温室温湿调控技术有效解决了黄瓜霜霉病防治难这一问题；推广的物理防虫网无害化防虫技术每亩蔬菜减少农药用量 70％以上等。疫情期间，他利用抖音、快手等录制科技培训小视频 50 期，解决了疫情期间技术培训的问题与难题，

孙继文深受广大农民群众欢迎。他却说"我和土地有感情，和农民是朋友，我除了农业技术没有其他长处，所以把余生还要继续洒进田野村庄。"

陈申宽：倾注三农服务热情　一生致力农技推广

陈申宽，64 岁，汉族，中共党员，特聘服务内蒙古扎兰屯市特色农作物产业。陈申宽早年毕业于扎兰屯农牧学校农学专业并留校任教。尽管已经退休，他仍然一心扑在科技扶贫技术服务上，热情丝毫不减。2018 年应聘成为扎兰屯市特聘农技员以来，他先后承担了扎兰屯市南木乡大兴村等 4 个贫困村的农技指导工作。他积极为农技推广搭建"产、学、研"相结合的服务平台，推动行业专业技术人员、科研院所和中高职院校专业人员、乡土人才及相应的企业单位集聚合作。组织科技人才团队进驻大兴村指导产业扶贫工作，使该村 2019 年成为全国"一村一品"示范村，顺利摘掉贫困村"帽

子"。2018—2020 年，陈申宽组织苗木生产团队，在贫困村成吉思汗镇奋斗村、高台子街道办事处新郊村，与当地的农民专业合作社合作实施绿化苗木繁育项目。组织集资 30 余万元，开展了云杉杯苗育苗项目，与贫困村贫困户通过产业发展建立了紧密型利益联结机制，每年支付劳务费用 15 万余元，使农民在务工的同时学到技术，提高了经济收入。

技术服务指导方面，陈申宽带领团队在西德胜村推广黑木耳种植、大球盖菇种植技术。该村大球盖菇种植面积从 2018 年的 5 亩发展到 2020 年的 300 亩，每天带动该村贫困户用工人数 20 余人。在定点服务的大兴村，主要围绕甜玉米产业开展科技服务，因地制宜编制了《甜玉米生产技术规程》和《甜玉米主要病虫防治技术规程》两项地方标准。

陈申宽几十年不间断走千家入万户，推广普及科技成果，倾心贫困户脱贫致富，默默地倾注服务三农全部热情，成为扎兰屯市广大农民心中最受欢迎和尊敬的农技员。

张良林：把养鸡致富经传给每个需要的人

张良林，62 岁，汉族，中共党员，特聘服务安徽省灵璧县家禽养殖产业。张良林担任特聘农技员期间，负责养鸡技术推广，积极参与扶贫工作。与村委会合作，在全县 8 个乡镇 12 个重点贫困村开展技术培训，张良林负责授课、提供技术资料，愿意养鸡的还免费提供鸡苗。张良林还积极与养殖大户联合，通过大户就近带动周边小户，由大户为小户提供帮扶服务，解决小户养殖过程中遇到的技术问题，更好地帮扶贫困户。掌握了技术，贫困户增强了发展的信心。杨疃镇红光村一家贫困户学会了养鸡技术后，逐年扩大养殖规模，从最初的 200 只发展到了现在 12 000 只，被宿州市农业农村局认定为家庭养殖场，并加入了灵璧县良林家禽产业化联合体，年收入超过 30 万元。

此外，为解决对家庭无劳动能力、无经营能力的老弱病残户的帮扶问题，张良林用自己的财产作抵押，为此类贫困户每户贷款 5 万元，集体发展养殖业。贫困户每年领取固定分红 3 000 元，分红钱当年即打入贫困户的个人账户，而到期还款由他承担，消除贫困户的后顾之忧。三年来，共为 133 户参股分红 33 万元。

担任特聘农技员以来，张良林累计举办技术培训班 52 期，发放养鸡技术手册 1 418 册，为 634 户贫困户免费送鸡苗 21.5 万只，支出各项扶贫费用达 130 余万元，解决周边贫困户 200 人就业，带动全县 150 户走上了养鸡致富路。每逢提及张良林，大家纷纷竖起大拇指夸赞：像张良林这样的特聘员就是好！

郭小兵：植根沃土终无悔　竭尽全力为三农

郭小兵，42 岁，汉族，中共党员，特聘服务江西省鹰潭市余江区水稻产业。2019 年，通过择优竞选的郭小兵成为余江区特聘农技员，主要负责推广水稻育秧、起秧、插秧等重点种植环节新技术以及产业扶贫等工作。郭小兵多次组织全区稻粮主产村的农民合作社、家庭农场带头人外出考察学习。为进一步加强新品种新技术示范，与鹰潭市农业科学研究院合作建立了一批水稻新品种新技术示范基地。推广的常规水稻品种早籼 615，采用"多播一斤种、多增百斤粮"的方法，平均每亩增产 200 斤以上。为了做好产业扶贫，郭小兵以江西省赣民种业科技有限公司为依托，采用"公司＋合作社＋种田大户＋贫困农户""4＋1"的经营模式，辐射带动农户 1 100 多户。2019 年，他在 10 多个乡镇举办了水稻新品种种植技术培训，培训贫困户近千户。另外，还通过土地托管和田间务工等形式，帮助 150 余户贫困户脱贫。2020 年初，面对突如其来的新冠肺炎疫情，郭小兵为贫困户捐赠 1 万多斤（价值 7 万余元）的早稻优质种子，发放给 11 个乡（镇）的部分贫困户，助力他们春耕备耕。

郭小兵坚持为农户排忧解难、答疑解惑。全区乡村农家院落、田间地头都能听到他讲课的声音，都能看到他忙碌的身影。2020 年 3 月的一天晚上，一位种粮大户打电话给郭小兵，自家两千多斤种子还不发芽，急坏了。郭小兵连夜赶往他家。检查后郭小兵找到症结所在：种粮大户把种子摊放在瓷片地面上，因瓷板下面温度低，影响了发芽。接受了郭小兵的指导，两天后种粮大户告知他种子发芽情势良好。

在余江，经常能听到农户们这样夸赞郭小兵，"郭农技员讲课都爱听，通俗易懂又适用"，"咱村里来了农技员，家家户户种地不作难"。

周正祥：以匠心传承技艺　以真心服务茶农

周正祥，34 岁，汉族，特聘服务河南省商城县茶叶产业。周正祥是商城县高山茶种植、制作方面的世家传人，2019 年开始被聘为特聘农技员，为提高商城高山茶的品牌价值和全县茶产业发展作出贡献。为了解决茶产业"低产、低效、低附加值"的普遍问题，周正祥赴湖南、安徽等地考察学习，从优化品种入手，引进良种、改良茶园。他还对茶叶制作技术进行"改革"，将传统工艺拆分为 12 道工序，引进小型杀青机、理条机等新设备，升级了第六代绿茶生产线，生产效率提升 24 倍，推动实现商城高山茶标准化、现代化生产。周正祥以"茶厂＋合作社＋贫困户"模式，茶厂业务辐射带动周边六个产茶乡镇，帮助更多的农户尤其是贫困户获得更高收益，带动当地 38 户贫困户脱贫。

2019 年，被选评为特聘农技员后，为了推广先进的茶叶种植加工技术，周正祥经常深入农户茶园，开展现场指导，组织现场教学，集中培训茶农 6 次近 400 人次。周正祥还编制了《商城高山茶种植规程》《商城高山茶加工技术规范》《商城高山茶茶叶收获规程及收获采集后各道工序的操作规程》等小册子，并将技术要领制作成短视频，以便茶农学习。周正祥还善于使用信息化工具，在县里建立了技术服务微信群，为茶农提供种苗、机械、当天鲜叶价格、病虫害防治等信息服务；在中国农技推广信息平台上传服务案例、技术指导文章和视频，与全国同行学习交流。

周正祥的辛勤努力，为商城县茶产业的发展注入了新活力，为农业技术推广服务的推进添加了新动能，受到广大茶农一致好评，"小周农技员还真行"。

杨广军：农技推广助力小辣椒成为脱贫致富大产业

　　杨广军，48岁，汉族，中共党员，特聘服务河南省内黄县辣椒产业。杨广军作为特聘农技员，发挥自己20多年植保工作经验的优势，为28个村庄和多个农民种植专业合作社进行辣椒产业技术指导和培训服务。为了"春争日""夏挣时"不误春耕生产，每天骑摩托早出晚归，多的时候一天跑六七个村庄，有时一天只顾吃一顿饭，但他毫无怨言。服务一年多来，举办田间培训6期，培训人员500人次，举办大型朝天椒现场观摩会1次，在河南广播电视台开展技术讲座6次，接听12316三农服务热线解答技术问题3 000多人次。以科技带动贫困户脱贫取得实实在在的成效，当地推广大蒜套种朝天椒先进栽培"三二"式模式，取得每亩效益1.2万元，被中央电视台农业农村频道《田间示范秀》节目报道。

　　经过长期试验比较，杨广军筛选出适宜当地的辣椒新品种10个，新技术5项，新产品2个。为了切实把技术传授到农民手中，杨广军用三个月的时间编写了《大蒜朝天椒"三二"式模式套种与栽培技术》培训教材，自行筹措资金印刷3 000册提供给农民。此外，他还充分发挥信息化手段便利，在朝天椒苗床整地技术关键时期，通过微信群、网络视频等方式，开展网上技术咨询指导服务。通过示范指导，解决了朝天椒病虫害防治、科学施肥、死棵、落花落果等农户普遍关心的问题，推广面积3.5万亩，帮扶建档立卡贫困户22户，技术脱贫22户，带动1 000多户椒农增产增收。

　　在农业技术推广服务方面的努力也为个人赢得荣誉，杨广军被评为河南省"农民欢迎的专家"。

范世荷：推广食用菌技术让大家都富起来

　　范世荷，44岁，汉族，中共党员，特聘服务湖北省远安县和枝江市食用菌产业。1997年，范世荷作为香菇袋料种植技术人才来到远安县，开展食用菌科研开发、菌种生产、干鲜菇销售、技术推广和配套服务工作，创办香菇标准化、规模化、集约化生产基地，打造"公司（合作社）＋基地＋农户"模式。20多年来，范世荷积极推广袋料种植技术、革新鲜菇烘干技术，推动远安香菇种植逐步从椴木生产转变为袋料生产。目前，90%以上的农户熟练掌握了香菇标准化生产技术，70%以上的农户家庭收入超过4万元，取得良好经济效益。贫困帮扶方面，采用"代管代种"模式，带动无劳动能力的贫困户17户，平均每户2 800袋，免费提供菇棚和种植管理技术指导，保底每户收益4 000元，让他们依靠食用菌产业脱贫。

　　为了做好食用菌栽培试验示范推广，与华中农业大学等高校院所开展科技合作，先后引进和选育了多个优质高产食用菌新品种，完善科研、示范、推广、生产一体化的技术推广体系，并为菇农提供产前、产中、产后一条龙服务。范世荷配合各级农技部门，协调新型农业经营主体带头人，开展食用菌技术推广。近5年来，范世荷累计培训菇农3 000多人次，下乡服务上万人次。远安香菇标准化基地种植量同比增长15.5%，出口企业从1家增至4家，香菇产业得到长足发展。

站在田坎边，范世荷憧憬着明年的好收成，"一个人富不算富，大家富才是真的富，我要尽自己最大的努力把大家带动起来发展香菇产业，实现共同富裕。"

杨火勤："香菇小镇"上的食用菌专家

杨火勤，49岁，汉族，中共党员，特聘服务湖北省房县食用菌产业。2017年，杨火勤受房县政府招商到沙河乡火光村发展食用菌产业。沙河乡火光村海拔高，是种植夏季反季节食用菌的理想之地，杨火勤把精心培育20多年的5个香菇品种带给沙河。这些品种菌种好、技术成熟、菌袋成活率高，得到快速推广。强劲的技术支撑和不断创新推动食用菌产业快速发展，让沙河一年四季都飘散着浓浓的菇香，点燃了当地群众脱贫致富的希望。品种、技术推广应用后，夏菇生产填补了市场空白，快速占领销售份额，现已热销至全国多个省份。杨火勤领办的合作社年产食用菌1000万袋以上，菌袋成本控制在每袋2.5元以下，菇农纯利润在4元左右，农户年收入最高达到10万元。

自2018年开始，杨火勤一直担任房县食用菌特聘农技员。三年来，杨火勤走遍了沙河乡、万峪河乡的村村组组，摸清了种植香菇的农户和贫困户基本情况，为自己的服务对象建立了信息档案。他帮助农户做好生产计划，科学确定种植规模、种植品种、种植时间，为农户算好效益账。每逢关键生产环节，组织技术员都下村下户指导农户生产。分村培训菇农，组织农户理论学习并到示范大棚现场观摩，累计培训12期，培训农民1600多人次。杨火勤还组建沙河香菇技术交流群、万峪河香菇技术交流群，每天发布生产场景、管理心得、市场信息近百条，会员达到670多人。

技术推广取得了良好效果，成活率比原来农户生产提高了10%以上，效益提高30%以上。乡亲们有了扎实的技术，那才算真正走上致富路！

刘志喜：开出产业"良方"的园艺专家

刘志喜，65岁，汉族，特聘服务四川省康定市蔬菜水果产业。刘志喜长期从事水果、蔬菜等特色园艺作物的新品种、新技术、新材料的引进及试验示范工作。通过对自然条件的分析，刘志喜认为该区域发展高原特色水果具有优势，并开出整村推进发展优质甜樱桃、苹果产业的"良方"。2016年退休后，刘志喜被康定市特聘为（水果、蔬菜）专家。他深入乡镇、村、组、户，田间地边手把手培训指导农户学习新技术。水果方面，引进栽培苹果新品种8个、甜樱桃新品种8种、中华樱桃新品种4个。蔬菜方面，组织开展技术培训20余次、提供咨询服务300多次，编写蔬菜资料10多份，发放5000多份。对章古农业科技示范园采取了定期现场指导，培训果农5000多人次，提供咨询服务1000多人次。

经过几年的努力，2019年，庄上村400亩甜樱桃4个生产基地进入盛产期，产品质量达到优质，深受消费者青睐，产值达百万元以上；杠江沟120亩优质苹果连续两年抗灾保丰产取得了较好的收成，收入超过百万元以上。2020年，羊场村400亩甜樱桃生产基地、叫吉沟村苹果生产基地、大坝村苹果生产基地、角坝村甜樱桃生产基地、泥洛村苹果生产基地等已进入初果期，丰收在望。对瓦斯沟村、章古村枇杷基地进行指导培训后，枇杷的产量和质量也得到了大幅提升，预计果农收入也会明显提高。

刘志喜开出的"良方"已经结出产业发展的硕果，以苹果和樱桃为代表的特色园艺作物产业成为当地农户收入的一大支柱，为带动当地脱贫致富作出实实在在的贡献。

周平林：真情服务诠释农技员的责任与担当

周平林，54岁，汉族，中共党员，特聘服务四川省盐源县蔬菜水果产业。自2019年8月成为特聘农技员以来，周平林便每天骑着摩托车穿梭在树河的乡村小道上，为乡里乡亲推广农业新技术，解决农业生产中遇到的问题。在树河镇大水田村千亩核桃国家级示范园区建设过程中，他走遍了大水田村每户的核桃林地，再热的天，也从不间断。推广矮桩芽接技术、合理密植、测土配方施肥、病虫害绿色防控、林下种植中药材、林下禽类养殖……在周平林保姆式科技服务的支持下，果农们得到了实惠。2019年，发展核桃树下种植就使每亩增加收入3 000余元，带动部分养殖户增加收入20余万元。杜果品种改良取得成果，在沿江河谷地带推广面积5 000多亩。推广的黄果标准化管理技术也帮助果农大幅增收。

周平林为农民送资料上门、传技术到户、指导到田，总是想办法去帮助他们，用实际行动取得了农民的信任，成了农民的科技引路人。担任特聘农技员一年多来，他始终围绕核桃、青花椒、黄果的提质增效及杜果、枇杷的标准化种植，每月定期开办农业科技培训班，累计组织开展各类实用技术培训10余场，提供技术指导1 000余人次，为农民解决各种生产上的技术难题20多个，培养科技示范户60余户，带动1 000余户农民使用新品种、新技术，增产增收效果明显。躬耕青山绿水间，周平林始终凭着一颗赤诚的心，在平凡的岗位上默默发挥着一名特聘农技员的力量。

农民打心眼里喜欢这个特聘农技员，经常有农民点名要他到村里进行技术培训。"有事找特聘农技员"成了当地村民的流行语。周平林常说，"农民是我们的衣食父母，为他们服务是我的职责所在，做好农技服务是我义不容辞的责任。"

李树美：特色林果引跑者　农技推广服务员

李树美，69岁，汉族，特聘服务云南省富民县苹果产业。他曾担任昭通地区经作站站长，长期致力于苹果技术推广和产业发展，利用自己在现代苹果栽培和产业化生产中的技术创新经验，进行优质苹果新品种和栽培技术示范推广，先后成功打造了"昭通优质苹果""西山区团结乡苹果""富民县百花山庄树美苹果"，成为云南省的一张苹果名片。2018年，退休后的李树美被富民县聘为特聘农技员，更加聚焦推广技术、创新品牌。通过持之以恒的研究实践，总结出一套"树美管理法"，建立了苹果全程规范化管理技术及方法，并将种植方法标准化、产地认证化、果品品牌化、销售价格统一化，从而有效提升了果品价值，增加果农收入，也使"树美"苹果成为云南滇中的区域品牌。

为把科学技术送到农民手中，李树美经常深入田间地头指导农户种植果树，每年举办各类培训班、科普讲座和现场示范活动等 30 多场，每年组织各地区的种植户到百花山庄参观学习，配合县、镇科协和农业部门联合举办农函大培训班，受省、市农业部门指派到各地参与苹果树栽培和管理的培训与指导……。近年来，据不完全统计，李树美累计参加各种培训辅导班 500 余场次，培训农技人员 2 万余人次。在他的引领示范下，树美合作社的果农，户均果树种植面积 30～35 亩，年收入均在 35 万～45 万元，原来是建档立卡贫困户的果农也已经脱贫奔小康。

富民县现已种下苹果树 30 余万株，预计 2 年后种植总面积可达 1 万亩，产值达 1 亿元，为把富民县打造成为"云果产业园"提供了坚实基础。

张恩鸿：三十年最美坚守助力产业发展

张恩鸿，51 岁，汉族，特聘服务云南省通海县蔬菜花卉产业。通海县是全国有名的蔬菜生产大县，近年来蔬菜产业却面临品质提升难和进入高端市场难的困境。"大水漫灌、化肥农药使用不合理，粗放的生产方式亟须转变。"2018 年，张恩鸿凭借过硬的专业技术和丰富的农业生产实践经验，被特聘为云南省通海县特聘农技员。三年来，他努力引导农民将种植模式从粗放型向精细型转变，积极推广普及绿色防控措施。"以前一亩地施肥 200 公斤，现在减到了 53 公斤，产量略有降低，品质好了很多，用工成本也减少了，算下来收益提高了。"一户示范主体说。经张恩鸿指导和服务的菜农都获得了较好收益，全县四分之一以上农户接受了绿色发展理念和生态环保型农资，绿色种植理念深入农户心中。

张恩鸿的手机里存着 1 376 名农民朋友的电话，遍及全县每个村。只要群众有需要，不管多晚多远都会第一时间赶到现场去指导。据不完全统计，三年来，张恩鸿"传经送宝"2 874 次，培训农民 14 896 余人次，组织开展菜农技术讲座 57 余场，现场指导 4 900 多人次。他还与全县技术服务指导小组一起，制定了 10 余个蔬菜、花卉种植实用技术规范，引导全县农户恪守绿色食品种植标准。根据农民种植作物种类，张恩鸿还建立了 30 多个微信群，通过远程交流，联结了全县 40% 的农资经营企业和种田能手，打造出一支深潜在滇中大地的科技推广队伍。

"农民是我们的衣食父母，为他们服务是我们的职责所在，做好农技服务是我们义不容辞的责任。""有事找张老师"成为当地农民的流行语，张恩鸿用实际行动赢得了农民的信任，被农民朋友亲切地称为"传经送宝人"。

朱继宏：让技术下田　让产品上线

朱继宏，49 岁，汉族，中共党员，特聘服务陕西省眉县猕猴桃产业。在眉县的猕猴桃果园里，经常可以看到朱继宏为果农田间培训指导的身影。从事农技特聘服务工作以来，他大力开展技术帮扶，累计举办科技培训班 216 场次，月均 10 场次以上。他还主动与眉县技工学校联系对接，在 11 个帮扶村中广泛动员贫困户参加免费技能培训。2019 年，他大胆创新，率先举办眉县猴娃桥网红猕猴桃 3 期视商培训班。2020 年，连续举办 4 期直播带货培训班，培训学员 400 余人，积极打造眉县销售网红，发展"视商＋网红＋淘宝＋线下渠道"模式，促进猕猴桃的线上销售。他还坚持通过微信群宣传眉县猕猴桃标准化生产十大技术要点，举办手机语音测土施肥培训班，组织 290 多名果农参加，都取得了很好的效果。

按照特聘服务要求，朱继宏与包抓的 3 镇 11 个村、结对帮扶的 24 个村共 467 户贫困户签订了帮扶协议，收购贫困户猕猴桃 89.4 万公斤，销售旺季每天吸纳贫困劳动力 240 多人在合作社就业。他积极推行扶贫"果园托管模式"，对 157 户贫困户的猕猴桃园进行技术指导、农资配送、资金赊欠、果品销售"四托管"服务。他大部分时间都深入果园，对贫困户及果农从果树修剪、疏花疏果、猕猴桃授粉、标准化作业、测土配方施肥、病虫害防治等方面进行指导。此外，朱继宏将汤峪镇屯庄村 860 亩的猕猴桃示范园按照绿色生产模式打造成生态猕猴桃标准化示范园。

一年零九个月的农技特聘服务工作中，朱继宏将饱满炽热的三农情怀投入农技特聘服务中，以提升果农科技应用水平为目标、以田间技术指导服务为常态、以带动贫困户精准脱贫为己任，辛勤努力，做出了显著成绩。

康天明：躬身田野三十载　科技扶贫显初心

康天明，60 岁，汉族，特聘服务陕西省永寿县苹果产业。康天明是远近闻名的"土专家""田秀才"，作为特聘农技员，在永寿县四个百亩苹果示范园经常可以见到他的身影。不管是建园规划、树苗采购，还是苗木栽植、支架系统安装等，康天明都现场进行技术指导。仅 2019 年冬季和 2020 年春季，他指导全县发展高品质双矮示范苹果园 3 500 余亩且全部实现规范化栽植，苗木长势良好。康天明还积极动员周边群众发展高效生态循环农业，带头施用动物生产的有机肥，尤其是发展高品质双矮苹果种植，推广新品系，并提供技术指导和资金帮扶。他领办的合作社带动周边 3 个村 60 多户贫困户、110 余户一般农户，计划再建 800 亩高品质双矮示范苹果园，吸纳 360 户贫困户和一般农户，提供 123 个用工岗位。

作为一名特聘农技员，他躬身实践，不忘现代化果园管理的知识和技术学习。为了推广果树栽植新技术新理念，向上级组织部门申请，建立了永寿县现代果业专家工作站，经常邀请专家来现场指导，自己创办的农民学校培训果农 7 800 多人次，率先试种新品系瑞阳、瑞雪并大获成功，目前已在本地大面积推广。他指导果农用有机肥替代化肥农药使果品质量大幅度提升，探索出了一条绿色果树生产的新路子，果品农药残留监测全部达标，为本地果业走向现代化、走向世界打通了一条绿色道路。

躬身田野三十载，苹果红了等君来。所有成绩的取得，都凝聚了老康的心血和希望。康天明说："一个人富了不算什么，乡亲们富了才算真正的富裕。"

才保：推广特色生态畜牧　带动农民增收致富

才保，49岁，藏族，中共党员，特聘服务青海省刚察县藏羊和牦牛养殖产业。从2018年开始担任特聘农技员，才保主要负责藏羊高效养殖技术指导与科技示范户培训工作。才保将宁夏村专业合作社"统一饲养、统一配种、统一防疫、统一轮牧"的"四统一"管理模式传授给藏羊产业科技示范户。示范户家中畜群结构得到优化，生产母畜比例达80％以上，仔畜繁活率达90％以上，通过羔羊早期断奶、集中养殖和统一出售，畜牧业生产经济效益得到明显提升。由于本地少数民族群众多，对技术的准确掌握和有效沟通尤为重要。才保担任科技示范户培训藏语教师，对于科技示范户的养殖问题的解答总是耐心再耐心。才保用自己的努力将藏羊高效养殖技术在全县范围内推广，为刚察县藏羊产业发展作出了贡献。

才保充分借助资源力量，带动村集体经济发展，打赢了宁夏村脱贫攻坚战。他积极整合利用州县农牧资金224万元，全面完成生态畜牧业专业合作社股份制改造。所在村入股户32户，经营户17户，在县域率先实现生态畜牧业合作社的首次分红。目前，宁夏村14名建档立卡贫困户实现全部脱贫。2019年，村集体经济收入达32.71万元，合作社入股资金达729.85万元。他提倡大力发展股份制畜牧业生产经营模式，推广以藏羊、牦牛、羔羊、犊牛、"大白毛"和畜产品加工销售为一体的特色生态畜牧业，实现了畜牧业从粗放型向集约型、规模型、效益型、生态型转变。

光阴荏苒，岁月的白发过早爬上了他的双鬓，面对"感动刚察人物""优秀共产党员"等诸多荣誉，他却说："群众的幸福，就是我最大的心愿。"

高志华：古稀之年仍然奋斗在一线的推广老兵

高志华，70岁，汉族，中共党员，特聘服务新疆维吾尔自治区哈密市伊州区蔬菜产业。伊州区2019年特聘农技员高志华年逾古稀，依然奔走在各乡村进行着农业技术服务。高志华在农村为民服务过程中，只要一到田间地头，看不出他是一个年近70岁的人，他浑身就像有使不完的劲。他说："我是闲不住的人，我不到田间地头我就会得病。"高志华结合伊州区的重点工作精准脱贫，参加帮扶了7个贫困村农业种植任务，采取巡回服务的方式对贫困村进行技术指导。"搬迁户和平原乡农民不同，他们以前是牧民从没种过地，没有基本种植知识，得从最基础的地方开始教。"每到一户农牧民家，都要亲手"打样"，教会了才肯罢休。他还通过建立电话、微信等方式，线上指导农户1 200多人次。

2020年，哈密市益友农产品专业合作社第一年种植辣椒，种植面积1 000亩，合作社理事长找到了高志华，高志华二话不说，从播种、出苗到结果，全程跟踪服务，特别在关键生长季节，不管天有多热，他都不辞辛苦，一家一家跑，一块地一块地看，这块地水浇多了、那块地有病了等，不知疲劳。这样的例子还很多，只要农民生产上有需求，他都第一时间去帮助解决问题，就这样，一年来，高志华跑遍了伊州区的每一个农业种植乡镇。为了让更多的农民获得科技培训，2020年高志华积极联系相关部门，制作了番茄栽培管理技术、桃树栽培管理技术、设施农业日光温室修建规程以及病虫害防治等6部科教片。

"我喜欢农业种植，几十年来一直做这一项工作。我要教会更多的农牧民，让他们都能通过种植增加收入，我也就心满意足了。"

马万宝：几十年如一日研发推广羊肚菌种植技术

马万宝，57岁，汉族，特聘服务新疆维吾尔自治区温泉县食用菌产业。马万宝多年以来一直从事食用菌的组培和种植工作，掌握一手过硬的食用菌种植技术。作为温泉县特聘农技员，利用自己的特长，把田间学堂建在地头，面对面手把手传授农民实用技术，为农民提供全程技术跟踪服务，带领全县种植户发展食用菌产业。近两年，依托基地开展技术培训达12次，培训人数达300余人次，并成功带会一批会技术的种植户。马万宝不断引种试种羊肚菌新品种、新技术，多中选优、逐步筛选出6个羊肚菌新品种，得到大面积推广。现在正在研发林下野生羊肚菌种，野生羊肚菌对自然灾害的防御很好，种植省工、省时，资金投入少，成功研发推广将为温泉县种植户节本增收开辟出一条新路。

马万宝通过创办合作社带动周边林下种植羊肚菌。2019年，带动贫困户47户，每户增收3 000~4 000元，2020年继续带动47户林下种植黑木耳，为贫困户脱贫作出了贡献。他还运用现代化的经营理念，改变了过去"散、乱、差"的种植格局，形成了生产资料、育种、生产管理、操作规程、品牌销售"五统一"的新模式。羊肚菌、木耳生产实现了从零散到集中、从低端到高端、从零散销售到品牌营销的巨大转变。马万宝还善于利用"互联网＋"技术，创新销售模式。他还紧跟潮流，通过快手短视频、微信朋友圈等平台助力羊肚菌销售，帮县里闯一条网络致富路。

"羊肚菌喜欢'三分阳，七分阴'的生长环境，温泉河谷林生态环境和湿度都非常适合羊肚菌的生长。我们要抓住优势不断提高产量。"天刚刚亮，马万宝又下地指导了。

索朗贡布：不忘初心四十年　矢志动物疫病防控技术推广

索朗贡布，61岁，藏族，特聘服务西藏自治区拉萨市达孜区畜牧产业。索朗贡布长期从事基层兽医工作，以一颗真诚的心，四十二年如一日在乡镇兽医这个岗位上默默坚守，作出了不平凡的贡献。达孜区6个乡镇131组养殖户达6 324户，牲畜86 640头（只、匹），现在包乡的德庆镇4个村36组2 184户，牲畜22 181头（只、匹）。索朗贡布作为特聘农技员和老农技员，不仅要做好包乡工作，还要协助站长做好全县兽医工作，范围广、工作量大、责任重。"不多想，群众的急需就是我的工作需要。"索朗贡布不仅是说在嘴上，更是落实在行动上。他把手机号码告诉塔杰乡、德庆镇的每一户养殖户，并承诺：不管何时何地，只要一个电话保证第一时间赶到。

　　索朗贡布每年还与其他动物防疫员一样下村开展防疫工作，可以说是 365 天没有双休日、没有节假日。风里来，雨里行，雨天一身泥，晴天一身灰。动物防疫工作任务重，压力大，工作辛苦。索朗贡布的妻子身体不是很好，但是她理解丈夫的工作，是贤内助，经常帮助丈夫打点内务、发放疫苗、接待群众来访等。为了达孜区畜牧业工作有序开展，索朗贡布不仅刻苦钻研畜牧兽医知识、奶牛饲养养殖知识，还经常利用休息时间给年青乡村兽医、县畜牧兽防站干部、实习生讲授畜牧兽医相关知识。

　　他，就像蜡烛，燃烧自己，照亮别人，"奉献不言苦，追求无止境"。索朗贡四十二年如一日，兢兢业业地工作在动物防疫一线。达孜区的农牧民说，找索朗贡布很容易，在养殖户的家中，在畜禽圈舍里；可他的家里人却说，找他很难，早出晚归的，总是看不到他的身影。

第八篇
媒体宣传
报道

战疫保供专题报道

非同寻常，今年春耕为啥不一般？

来源：新华社（2020 年 2 月 28 日）

原田春雨后，和风吹草轻。又到一年春耕备耕农忙时节。习近平总书记日前指出，当前，要在严格落实分区分级差异化疫情防控措施的同时，全力组织春耕生产，确保不误农时，保障夏粮丰收。年年进行的春耕"四季歌"，今年为啥不一般？

意义不一般——越是面对风险挑战，越要稳住农业

春意最浓在田间。眼下在华北，冬小麦已返青；在江南，油菜花即将陆续盛开；在东北西北，冻土之下也萌动着春的气息。今年，新冠肺炎疫情为春耕备耕带来了挑战。

"越是面对风险挑战，越要稳住农业，越要确保粮食和重要副食品安全。"

25 日召开的全国春季农业生产工作电视电话会议，传达学习了习近平总书记的重要指示。习近平总书记强调，各级党委要把三农工作摆到重中之重的位置，统筹抓好决胜全面建成小康社会、决战脱贫攻坚的重点任务，把农业基础打得更牢，把三农领域短板补得更实，为打赢疫情防控阻击战、实现全年经济社会发展目标任务提供有力支撑。

此前两天，习近平总书记 23 日在就有序复工复产提出要求时，已对不失时机抓好春季农业生产作出部署，指出要抓紧解决影响春耕备耕的突出问题，组织好农资生产、流通、供应，确保农业生产不误农时。

"今年是一个特殊的年份，搞好春耕生产，夺取农业丰收，对打赢脱贫攻坚战、全面建成小康社会意义重大。"中央农村工作领导小组办公室主任、农业农村部部长韩长赋日前表示，要坚持疫情防控和农业生产"两手抓""两不误"，保障春季农业生产正常有序进行，坚决打好防疫情夺小康之年农业丰收攻坚战，确保农业农村发展重点任务如期完成。

值得关注的是，往年每年 3 月中下旬，按惯例会由国务院召开全国春季农业生产工作会议，而今年的这场会比往年提前了近一个月时间——这个不一般的会议以电视电话会议形式召开、一直开到了县级单位，提出要统筹抓好农村疫情防控和春季农业生产，迅速恢复农业生产秩序，抓紧解决制约春耕生产的突出问题，稳定春播面积，确保夏粮生产首战告捷。

难题不一般——面对疫情影响，春耕要有新办法

农时等不起人！在华北、江南、华南，农民们已经纷纷下田。即使在冰雪尚未消融的东北、西

北，此时也是农资销售和农机整修的农时旺季。受疫情影响，忙于春耕备耕的农民遭遇新挑战新问题。

比如，受疫情影响，物流不畅，农资送不到田头。不少农民反映，眼看着农时不等人，却不能赶集采购化肥、农药、种子、地膜等，担心误了农时、影响收成。而另一头的农资生产厂家也犯愁：物流不畅让农资积压如山。山东省滨州市国盛农业科技有限公司负责人赵培国说，半个多月后就是冬小麦用肥高峰，如果肥料运不来将面临庄稼缺肥、影响产量的风险。

农业农村部农情调度显示，今年夏粮生产基础较好，冬小麦播种面积3.32亿亩，目前墒情和苗情有利，但夺取丰收还要过"倒春寒"、病虫害、"干热风"等关口。

一年之计在于春。这句话，最重的分量在田间。冬小麦是夏粮的主体，也是每年我国农民收获的头一茬粮食，而春播粮食面积占全年一半以上。全力抓好春季田管和春耕备耕，关系着后面的粮食生产是不是能如期进行，更关系到14亿中国人的饭碗能不能继续端得牢。

面对疫情带来的影响，从中央部委到各地正在采取新的办法，积极有效地解决难题。

措施不一般——抓紧抓实抓细春季农业生产

从中央到地方，一系列非常之举已部署。在抓好疫情防控的基础上，各地、各有关部门在严格落实分区分级差异化疫情防控措施的同时，全力动员组织春耕生产。

兵马未动，粮草先行。种粮人的"粮草"就是农资。国家发展改革委等16部门联合印发通知，要求有力有序有效推动化肥及其原辅料生产企业复工复产，努力增加春耕前化肥产量，保障化肥等农资及原辅料运输畅通。

农业农村部等有关部门通过分类分区精准施策，指导无疫情或者疫情较轻的地方不误农时抓好抓紧春耕备耕；把化肥、农药等农资纳入国务院联防联控机制生活物资保障范围。交通运输部等部门也明确要求，严禁未经县级及以上地方人民政府批准擅自设卡拦截、随意断路封路阻断交通的行为，确保春耕生产所需的种子、化肥、农药等农资运输畅通。

为了稳定农民基本收益，给种粮人吃上"定心丸"，日前召开的国务院常务会议已确定，今年稻谷最低收购价保持稳定，视情可适当提高。鼓励有条件的地区恢复双季稻。财政部日前确定，中央财政将通过农业生产救灾资金，支持水稻、小麦等农作物重大病虫害和草地贪夜蛾防控。

对种植、养殖大户来说，最重要的是能否得到金融支持的"及时雨"。中国农业发展银行今年以来已发放种子、化肥、农机装备等农资农技贷款30亿元，发放高标准农田建设、农村土地流转及规模化经营贷款45亿元。中国农业银行对受疫情影响暂时受困的农资、农产品生产加工流通企业以及农户，严格实施不抽贷、不断贷、不压贷政策，支持其开展春耕备耕生产。

气象人、农技人等助农群体也都在行动——湖北气象部门加强与农业农村部门合作，依托智慧农业气象服务系统，做好面向主要"菜篮子"生产企业的直通式气象服务，力保关键时期蔬菜等农产品产得好、送得出、用得上。

各地农技人员通过网站、App、公众号以及微信群、QQ群开展线上指导服务。在农技推广信息服务平台"中国农技推广"，37万多名农技推广人员、6 000多名产业技术体系专家教授在线解答技术难题、提供远程问诊。

一场合力推进春耕生产、稳定经济社会大局的生动画面，正在广阔田野蓬勃展现！

春分时节，农技员在忙啥？

来源：新华社（2020年3月19日）

20日就是春分，各地农民大多已下田忙活起来。我国有规模庞大的农民群体，也有人数世界第一的农技推广队伍——全国有51万名服务农业生产一线的农技员。春耕大忙时节，广大农技员怎么在为农民提供技术指导？

安徽省阜阳市颍上县夏桥镇的种粮大户李文清，几天前碰上了一件烦心事：受暖冬天气影响，今年部分小麦拔节期提前。他为施肥这件事犯了难。

"怎么判断施肥时间？""施肥量该怎么把握？"在自家田块边，李文清向专程赶来的县农业农村局农业推广研究员王冠军接连发问。

"你从麦苗顶部往下看展开的第一叶片和第三叶片颜色差异。如果第三叶片颜色比第一叶片黄就说明缺肥了，要赶紧施。黄得越'狠'、施肥量越大。"王冠军一边比画一边说，"要是颜色差异不大，就可以推迟施肥时间，或施肥量小些。"

李文清根据专家建议确定了施肥时机和用量，心里一块石头落了地。数以万计像王冠军这样的农技员正活跃在各地，查农情、解疑虑，指导春耕生产。

草地贪夜蛾是去年进入我国的一种农业重大有害生物，已在云南等地"安家落户"，近期在南方8省份农田里查见幼虫，境外虫源迁入量也逐步增大。同时，一些国家的沙漠蝗灾情会不会影响我国，也是让人高度关注的事。

本月初，中央应对新型冠状病毒感染肺炎疫情工作领导小组印发的当前春耕生产工作指南对防控重大病虫害、搞好技术指导培训等提出明确要求，成为农技员们的行动指南和一项重点工作。

手机如今成了农民的新农具，微信群和客户端就是农技推广的新途径。为应对新冠肺炎疫情影响，除了在田间地头指导农户，各地农技员更多利用互联网平台进行"线上"答疑，农民的问题也是五花八门。

在农业农村部科技教育司主办的"中国农技推广信息平台"上，常见提问是这样——

"小麦发生冻害怎么办？"

"水稻缺磷会怎样？"

"如何预防大棚甜瓜出现畸形瓜？"

……

而让人挠头的问题是这样——

"肉鹅多少斤左右出售最佳？"

"苋菜可以清热解毒是真的吗？"

"生猪现在能跨省调运了吗？"

"五行在中兽医学上的应用如何?"

"高速路边种地污染大吗?"

"玉兰花的花语和寓意是什么?"

......

要答上来这些问题可不容易。农技员们不但得懂技术,还要了解市场行情、知晓传统文化、掌握政策动态、涉猎跨界知识等。

在这个信息平台上,国家现代农业产业技术体系等 6 000 多名专家教授、37 万多名农技员,通过视频互动、远程诊断、在线答疑等方式为全国农民提供技术指导。这个全国最大的农技服务网络汇聚了 2 万多个农业生产实用技术、15 万多个春耕视频、1 000 多万张农情图谱,今春以来已累计解答了 580 多万个技术问题,农技员们的日服务轨迹达 252 万千米,相当于绕地球 63 圈。

在一对一解答问题的同时,农技推广体系还通过开设网络课程广泛传播春耕时期的农业生产知识。几天前,全国农业技术推广服务中心的《农药科学安全使用技术培训》课程上线直播。全国各地植保植检系统的技术人员、新型农业经营主体、专业化统防统治组织工作人员等 5 万多人观看了培训视频。

他们还开办了"战疫情保春耕农业技术讲座",以专家授课、在线互动等方式开展培训,手机扫二维码就可以进入课程学习,到现在已制作了 21 个课件。

春耕生产的一个重点工作是夏粮,而夏粮的主体是冬小麦。眼下正是麦苗长得好不好、能形成多大产量的关键期。农业农村部已启动"奋战 100 天夺夏粮丰收行动",要求各地在抓好疫情防控的前提下强化技术指导服务,落实防病治虫、防灾减灾各项措施。

在农村广阔天地间,全国农技队伍正合力唱出一曲丰收的希望之歌!

扎实抓好春季农业生产

来源:《人民日报》(2020 年 2 月 7 日)

立春时节,各地春耕备耕正有序开展。在做好疫情防控工作的同时,要扎实抓好春季农业生产,确保粮食等重要农产品稳产保供,稳住三农基本盘。

春耕备耕中,农民种田用上了哪些新设备?农资准备是否充足……记者走访云南、重庆、安徽、山东等地,深入了解各地春耕备耕开展的具体情况。透过田间地头忙碌的身影,我们对今年丰产增收充满信心。

——编者

汇民农机合作社——检修农机　就等下地

春节期间,袁国洪没得闲,作为云南省曲靖市沾益区菱角乡汇民农机专业合作社的负责人,他必须赶在大规模育苗前，确保合作社备足机械设备。

"拖拉机跑了一年，得保养；4 年前买的设备，今年该换离合。"戴着口罩，袁国洪一边加注机油一边向记者介绍合作社备耕的情况。拖拉机、起垄机、铺膜机，合作社的机械设备不少，维修保养工作量自然也不小。"保养备件都有，这个简单；老员工不少，技术不愁。"袁国洪说，幸好合作社已经成立了五六年，老员工多。

抓紧春耕备耕，也不能忽略了疫情防控。往年只有在喷农药或者灰尘多时才需要的口罩，现在也成了必备品。

大年初三，袁国洪决定去查看育苗设备，权衡再三，决定只喊上杨路会。"他是老员工，跟我有交情，我好开口。"袁国洪说，疫情防控，安全第一。"人越少越好，还能节省口罩。不然万一哪个职工感染，合作社整个都得隔离，且不说耽误了农时、能不能赚到钱，影响了疫情防控可咋办？"

沾益区多山，土地面积相对分散，农机合作社经营起来并不容易。加上这几年外出务工的人越来越多，想找熟练工人并不容易，不过袁国洪还是看好农机市场的未来："出去的人多了，土地托管集中经营的也会慢慢多起来，农业机械的需求量也会慢慢涨起来。"

春风拂过，袁国洪满怀憧憬。"备好农机，抓好时机，咱就下地。"

农机手罗先华——戴着口罩　下田耕地

2 月 5 日一大早，农机手罗先华就出门耕地了。临走时，妻子反复叮嘱他，一定要戴口罩。"要戴上，安全第一。"

清晨，重庆市梁平区仁贤镇五一社区的水田里，罗先华驾驶的耕地机打破了山村的宁静。虽然四周旷野空无一人，罗先华还是端端正正地戴着口罩。

"人勤春来早。"罗先华说，虽然从 2 月到 5 月都能耕地，但是早开始一天，就能多干一天。农业的规律对农机手来说也不例外，多付出才能多收获。

罗先华说，春节前和立春后，他都不得闲。最忙的时候一天要做 10 多个小时。每年除了 6 月、7 月、8 月是淡季，活儿不多，其他月份里，耕田、育秧、插秧……一项接着一项，谁都不敢误了农时。

今年是罗先华干农机手的第十二个年头了，他喜欢驾驶拖拉机驰骋在田野里的感觉。"这样子当农民，比打工自由多了。"罗先华说，去年一年，自己给家里带回去了 13 万元的收入。

"现在进行春耕生产的都是镇里的种植大户，镇里每天都会抽调工作人员对耕作者进行定时监测和记录。"仁贤镇副镇长王世玉说，仁贤镇有 1.9 万亩水稻，镇里要求散户 3 月前不要外出耕作，确有耕作需求的种植大户，需向镇里报备登记后方可作业。在村里，还有镇上卫生院医护人员和村社干部组成的小分队，他们也会对罗先华这样的耕作者进行体温检测，检查防控措施。

"这样是对的。"罗先华很认可镇里的举措，"如果是服务散户，数十家一起做，每家都要派人来排队等着。先做大户就好办，来一个人协调就行了。你看，这块田我一个人就平整完了。"

他说话完毕，耕地机又在田里欢腾起来，它将杂草翻耕到泥土里化作养料，开始孕育出新的生机。

同丰种业公司——备齐农资　送货到家

初春时节，地处皖北地区的涡阳县，绿油油的田野里充满希望。在涡阳县楚店镇宋徐村，同丰种业有限公司的十几台机器轰鸣，正在给冬小麦打除草剂、追返青肥。"今年小麦的长势喜人，我们得抓紧施肥。否则等到天气转暖，小麦长高后再施肥，就不赶趟了。"公司业务经理王凯说。

目前，同丰种业的两个基地加起来，流转的土地达到 6 500 亩。公司主要生产小麦、大豆种子，供应安徽、江苏两省农村市场，其中麦种是国家认定的强筋小麦品种且技术已较成熟。

年前，王凯就开始准备农资。公司与另外两家农资公司签订协议，将 500 多袋尿素早早运到了仓库里。

眼下，农资的现场销售因为疫情受到一定影响。"不过问题不大。"王凯说，"以尿素为例，每亩地大概需要施肥 10 公斤，6 500 亩地用量还是挺大的。但供应上没有问题，群众订货后我们可以随时送货上门。"

不仅如此，为降低病毒感染风险，现在公司员工进出，都会采用 75％的酒精消毒，同时仓库空气还会通过换气扇进行二次过滤。为了不耽误生产，员工们会根据工作排期，每天戴好口罩坐车直接到田间地头指导农民作业。

"为了减少村民出行，我们联系了农资公司，将农民急需的化肥、除草剂等直接送货上门。"涡阳县农业农村局生产室主任杨玉亭说，眼下天气转暖，也使得诸如小麦纹枯病等病虫害开始显现。在组织企业送农资上门的同时，政府计划进一步加大对乡镇农资代销部门的农资调配，确保农民能够就近采购。

农技人员马鹏——送技上门　促农增收

前几日，山东省临沭县店头镇的种植户郇亚军有些郁闷：大棚里的黄瓜叶子开始发黄，受损严重，这一季黄瓜怕是要打了水漂。

这时，一名戴着口罩的男子风尘仆仆而来，让郇亚军喜上眉梢。这男子名叫马鹏，是店头镇农技人员，春耕在即，他得赶紧到联系的种植户家里走访一下，正碰上郇亚军发愁呢。

"别着急，进棚看看。"马鹏一弯腰，便钻进了温室内。

看了一会儿，马鹏便有了主意："这是大棚内光照和土壤养分不足所致。注意增加光照，采用增施速效水溶肥，及时摘取病害较重发黄的老叶，你这黄瓜自然能'活过来'！"他一边安抚郇亚军，一边将手中的袋子递给郇亚军，说："这是口罩和消毒液，你先拿着用。种大棚的同时，疫情防控也马虎不得啊！"

黄瓜有了救，捧着物资，郇亚军连声道谢。

日前，临沭县临沭街道召开了春耕备播工作会议，随后，街道的 30 多名农技人员全部到村入户，调研和协助群众开展配方施肥工作。

临沭街道农业综合服务中心农技人员赵鹏程说，配方施肥是按照土壤养分和作物品种的差异施用不同的配方肥料，一方面可以减少农民在化肥方面的投入，提高农作物产量，节本增效；另一方面可以提高农作物品质，减少病虫害，还可以防止土壤板结，减少耕地污染。

在临沭街道曙新村，近百户农民尝到了配方施肥和大棚蔬菜种植的甜头。现在全村已发展大棚蔬菜 100 余亩，每亩年收入过万元。

县里还制作了施肥建议卡，为群众种上配方田免费提供全方位的技术服务。仅临沭街道一地，6 万余亩配方田播种后，土壤肥料利用率预计将提高 3～5 个百分点，亩节本增效 25 元以上，总节本增效 150 万元以上。

春耕遇难题　专家在线答

来源：《人民日报》（2020 年 3 月 30 日）

"小麦返青一般情况下浇几次水？""早春果树如何防治好蚜虫？""请问韭菜在这个季节为什么会发黄甚至有些腐烂？""图片中的水稻浸染了什么病害？"每天晚上登录"中国农技推广"App，回答农民朋友提出的技术问题，已经成为湖南省益阳市桃江县桃花江镇农业综合服务站农技员崔志斌几年来的习惯。

当前正值春耕备耕的关键时期，做了 30 多年农技员的崔志斌格外忙碌。"早稻就要抛秧了，我们最近在推广机械化抛秧，白天要下乡示范指导；晚上回来我一般都会上网回答农民的问题，写一下工作日志。"

作为全国首批"互联网＋农技推广"服务之星，崔志斌在平台上有 1 200 多个粉丝，累计解答问题 4.6 万个，特别受农民网友的欢迎。安徽省宿州市一位农民网友焦虑地提问："我的西瓜栽了 20 多天，瓜叶不舒展是怎么回事？"崔志斌仔细看了网友上传的图片，认真分析原因："应该是气温偏低，导致根系生长发育不良。"这个问题下面，还有其他 20 多位农技员的及时答复，基本判断与崔志斌一致，认为是低温、缺水、缺肥造成的问题，有的还详尽地给予了技术指导。

"中国农技推广"是农业农村部近年建设的农技推广信息服务平台，平台上有 37 万多名农技推广人员、6 000 名专家教授线上解答技术难题、开展技术指导，新型农业经营主体和广大农户都可以通过网页、手机 App 和微信公众号注册登录。新冠肺炎疫情发生以来，除了在田间地头指导农户，各地农技人员更多利用互联网平台进行"线上"答疑指导。据统计，今年 1 月以来，平台上农业专家发表春耕技术文章 3.69 万篇，农技人员发布服务日志 160 多万条，线上解答农业问题 580 多万个，组织农户在线学习 1 500 万次，实现了农技指导 24 小时高效服务，专家农民无障碍沟通互动。

一对一解答问题的同时，农技推广体系还通过开设网络课程广泛传播春耕时期的农业生产知识。几天前，全国农业技术推广服务中心的《农药科学安全使用技术培训》课程上线直播，全国各地有 5 万多名从事植保植检的技术人员、新型农业经营主体等观看了培训视频。

农技服务走到"线上"，离不开信息技术与管理方式的创新支撑。在国家农业信息化工程技术研究中心的农技推广服务大数据中心，记者看到大屏幕上实时滚动的"全国农技人员上线人数分布图"

"农情动态""日志星云图"等一系列数据图表。在这里，每位农技人员的日志、服务轨迹、问答、关注度、粉丝数、被采纳数、点赞数等大数据清晰可查。

国家农业信息化工程技术研究中心副主任吴华瑞介绍，平台的建设不仅促进了农业科研、推广、应用的有效衔接，还实现了农技推广队伍的履职能力与全国农技补助项目实施效果的精准考核。借助定位系统形成的服务轨迹显示，今春以来，农技人员每天进村入户到田服务总里程累计达到 252 万千米，相当于绕地球 63 圈；平均每天上报实时农情信息 9 700 多条，服务日志 1.98 万例，发送现场实时图片 10 万余张……。数据显示，目前，农技人员的线上服务时间已经超过线下服务时间，平均每天线上解答春耕生产问题 6.99 万次，问题解答率超过 90%。

"今年农技推广服务的一大特点是线上线下相结合，近期我们依托平台构建了覆盖全国不同地域、涵盖主要产业、面向全产业链的农技服务春耕大数据库，为农技推广体系更好地在线服务春耕备耕做足了准备。"农业农村部科技教育司司长廖西元表示，下一步将提高"中国农技推广"的覆盖面和使用率，充分发挥信息化便捷高效优势，在线开展生产指导和技术服务，为农技推广服务插上信息化的翅膀，为抓好春季农业生产作出更大贡献。

春耕备耕忙 播种新希望

来源：《光明日报》（2020 年 2 月 8 日）

今年的中央 1 号文件明确提出，粮食生产要稳字当头，稳政策、稳面积、稳产量。一年之计在于春，春耕生产对于全年粮食生产稳定至关重要。今年春耕生产面临怎样的形势？农资供应是否有保障？记者对此进行了采访。

立春第二天，在江西万载县白水乡的田野里，村民陈怡祥、谢启亮正在给油菜除草。"去年冬种以来，气温较常年偏高，冬季降水多，油菜长势喜人，我们得抓紧施肥除草。"陈怡祥说。

抓紧春耕备耕，也不能忽视疫情防控。万载县在做好防疫工作的同时，引导群众合理错时劳作，为保障市场供应、增加农民收入打下基础。

在我国，春季田间管理的重点是夏季粮油作物，主要是冬小麦和油菜，产量超过全年粮食产量的五分之一。目前，北方大部主产区冬小麦处于越冬期，长江流域冬油菜已经进入蕾薹期。土壤墒情普遍较好，有利于小麦油菜生长。

农业农村部最新农情调度显示，今年夏季粮油播种面积保持稳定，冬小麦面积 3.32 亿亩，比上年持平略减；冬油菜面积 9 200 多万亩，同比增加 270 万亩。"从目前来看，夏粮面积是稳定的，苗情长势较好，奠定了丰收的基础。"农业农村部种植业管理司司长潘文博表示。

日前，山东省临沭县临沭街道召开了春耕备播工作会议，随后，街道的 30 多名农技人员全部到村入户，调研和协助群众开展配方施肥。

临沭街道农业综合服务中心农技人员赵鹏程介绍，配方施肥一方面可以减少化肥投入，提高农作物产量，节本增效；另一方面可以提高农作物品质，减少病虫害，还可以防止土壤板结，减少耕地污染。

稳定粮食产量，离不开精准的技术指导和服务，离不开科学的防灾减灾措施的落地。

"去年的草地贪夜蛾对粮食生产威胁很大，好在我们有效防控，今年什么情况还不好说。"河北省宁晋县农业农村局高级农艺师梁建辉表示。

事实上，今年春季田管和春耕备耕的确面临一些问题。气象部门预测，春耕期间我国局部气温波动幅度大，部分小麦产区可能出现阶段性强降温，"倒春寒"发生概率较大。据潘文博介绍，今年华北中东部、山东半岛等冬小麦主产区，降水可能较常年偏多 2 至 5 成，华南江南部分地区春旱露头，小麦条锈病、赤霉病、蚜虫发生流行风险较高。为此，各主产区要及时发布气象和病虫信息，做好统防统治。

抓疫情防控的同时，确保物流渠道畅通，有序推进备春耕十分关键。农业农村部有关负责人表示，备春耕正有序推进，但局部地区农资运输受阻等问题不容忽视。

江西芦溪县宣传好良种补贴、农机购置补贴等支农惠农政策，协调农资经营企业备足春耕生产所需的农药、化肥、种子、农膜等农用物资，重点对种子、化肥和农药等农业生产投入品进行监管，对辖区内所属企业建立不良记录企业数据库，扩大随机检查覆盖面，充分利用农闲时机，指导农机合作社、种植大户做好农机具维护保养，为春耕生产做好农机具和技术保障。

"今年农资已经到位，我种了近 600 亩油菜，由于管理得较精细，目前长势都较好，今年有望丰收。"芦溪县河下村油菜种植大户易军林说道。

"当前抓好疫情防控的同时，要抓好种子化肥农药的供应。尤其是畅通物流渠道，满足春耕生产的用种、用肥、用药需求。"潘文博表示，要切实加强农资储备调运监管，让农民买得放心、用得安心、耕得及时。

"疫"线上奋战的农技人

来源：《农民日报》（2020 年 2 月 21 日）

2 月 18 日，山东省东营市东营区龙居镇农业技术员张文科在指导西史村农户分级采收番茄并协助配送。受疫情影响，近期用工短缺、销售渠道变窄，东营区通过组织农技员送技术、志愿者助力收获、开辟"绿色通道"、搭建农超对接等措施解决技术、收获、销售等问题，全力保障农民利益和市场供应。

安徽省宿州市埇桥区农技人员行动起来引导农民有序搞好农业生产。

新疆阿勒泰地区富蕴县喀拉通克镇克孜勒库村是全县居民"菜篮子"功臣村，县农技人员上门为种植户进行技术指导。

新型冠状病毒肺炎疫情来势汹汹，疫情就是命令，防控就是责任。全国各地农技人员行动起来，线上线下开展农业生产指导服务，开展"菜篮子"等农产品保供服务，加大动物疫病防控力度，配合防控措施在农村落实，在田间地头、在蔬菜批发市场、在乡村值守点、在公路检查点，到处可见他们忙碌的身影。

线上指导效率高　线下服务解难题

"这个是初投产的树，一般以轻剪为主，一是剪除病虫枝，二是剪掉长枝……"2月8日，在四川省青神县瑞峰镇的椪柑果园里，县农业农村局高级农技师徐海涛戴着口罩对着手机演示着，这是青神县"智慧党建网上农技学校"开年第一课。"这是我第一次在网上直播讲课，从面对面到屏对屏，既有利于疫情防控又不耽误农业生产。"徐海涛说。

青神县享有"中国椪柑之乡"美誉。春节过后，正值新长成的果树需要修枝的时候。由于疫情防控形势严峻，原定技术指导、培训等现场活动都受到一定影响。为保障农资供应、确保农业丰产，县政府及县农业农村局等相关部门给予农户和养殖户全力支持，开通网上农技学校、协调保障储备农资等措施，既满足了农户发展生产的需求，也确保技术送到家。

眼下，湖南省茶陵县秩堂镇石龙村的800亩油菜进入抽薹期，许多已经绽放金黄的花朵，长势喜人、生机盎然。一大早，石龙村的贫困户彭志元在自家的油菜地里清沟排渍，农技员黄文平则在一旁传授油菜抽薹期施肥、病虫害防治等技术。彭志元说："现在我们每年的收入都逐渐增加，日子越过越好了。今年我种了3亩油菜，又可以增收3 000元。"

茶陵县农业农村局粮油站站长黄文平说："我们主要是指导农户做好科学施肥，抓好病虫防控，打好苗架，确保油菜丰产丰收，保证农民增产增收。"石龙村是秩堂镇万亩油菜基地的主阵地，像彭志元这样的贫困户，石龙村有47户，已经全部脱贫。为进一步巩固脱贫成果，疫情暴发以来，县农业部门在做好农户防疫措施的同时，组织技术指导组，深入生产一线开展"一对一""一对多"的指导服务，帮助农户解决生产中的技术难题。

在线上，由农技员和数万计的"土专家""田秀才"组成的"农技专家队"通过网络直播、微信群等多种信息化手段，满足了疫情之下农业生产的迫切需求。在线下，农技员不畏困难奔赴田间地头指导服务，解决生产难题。线上线下齐发力，为农业增产农民增收提供了坚实的技术保障。

"问诊把脉"为富民　稳产保供定民心

"把小果子去掉，只保留约1/3的大果……"2月14日，在四川省泸州市纳溪区天仙镇银罗村枇杷种植基地，天仙洞枇杷专业合作社理事长、枇杷管理农技员杨香俊正指导果农疏果。"眼下正是枇杷春管的关键时刻，如果管理不好，今年就无法获得好收成，我们一边宣传疫情防控，一边指导果农加强管理，两手抓，两不误。"杨香俊说。

天仙洞枇杷远近闻名，是当地的富民产业，老百姓有句话说："一株枇杷做大一个产业，一个产业带富一方百姓。"疫情当前，但农时不能耽误。立春过后，气温回升，枇杷春季管理也提上日程。为保证不误农时，天仙镇组织农技人员深入田间地头为果农开展生产指导，对枇杷种植"问诊把脉"。同时，还通过App、微信群等信息化手段开展远程指导服务，帮助群众解决生产难题，提醒村民做好追肥除草、排水降渍、抗旱保苗、病虫防控等工作，推进农业绿色生产，为稳产保供打下基础。

在防控新冠肺炎疫情中，压实"菜篮子"做好农产品稳产保供尤为重要。安徽省池州市贵池区农业技术推广中心园艺站高级农艺师章新春多了一项新任务，每天都要进市场查看最新蔬菜价格和供应情况，制定《贵池区当前在地蔬菜供应情况》报表，实时掌握全区在田主要蔬菜面积、产量及供应情况，每日结合农贸市场蔬菜行情与重点种植大户、企业进行沟通交流，了解生产销售情况并每日上报市农技推广中心，在当地像他这样的农技员有六七十人。

疫情之下，各地农技员奔波在田间地头指导生产的同时，还忙碌在蔬菜"保供"一线，摸清本地蔬菜生产能力，确保价稳供应足，守护住"菜篮子"。

乡村防控担重任　敢打硬仗不畏难

推广新技术、应用新品种，教农民如何科学种田，这是农技员的本职工作。但农技员的工作可不止这些，他们承担着很多繁杂而琐碎的农业农村工作。丰收之年需要他们，突发灾害时更离不开他们，特别是疫情防控期间，农技员主动冲锋在前，主动作为，奋战在乡村防疫工作一线。

莫跃莲和丈夫钟全辅同为贵州都匀市平浪镇的普通农技员。面对这次突如其来的新冠肺炎疫情，这对农技员"夫妻档"冲锋在疫情防控第一线，从正月初二开始，一直坚守在村疫情防控监测点。他们的独子钟成德既心疼父母的疲劳，又感动于父母的付出，主动向文峰村村委会提出申请做一名志愿者，与父母共同值守卡点。他们既是一家人，也是"战友"，共同坚守防疫一线，每天兢兢业业为来往车辆登记、核查、消毒、测量体温，一个口罩、一副手套就是他们战斗的"盔甲"。一家三口忙碌的身影，成为值守卡点一道独特的"风景"。

内蒙古科右前旗动物疫控中心王强放弃春节假日，主动准备消毒防护物资，积极参加入户排查及小区出入口检查消毒防控工作。疫情防控关键时期，防疫不能松劲儿，他主动请缨到公路交通要道站岗监测过往人员车辆，严查野生动物及来源不明的畜禽，仅正月十五一天就检查畜禽 1 000 多只（次），进行仔细严格确认，消除一切传染隐患。防控期间，王强记挂着养殖户接羔不能耽搁，他利用倒班换岗时间，去公路疫情检查点儿旁边的哈拉黑林家窑村指导牧民羊群接羔生产。

陕西澄城县特聘农技员翟书民主动在本村进行防控值班，坚守在村里的防控一线，为保护家乡村邻的安全，坚守奋战。特聘农技员郭发定心系村庄公益事业，自掏腰包为村子防控一线的党员干部买牛奶、鸡蛋、饼干、饮料等物品，爱心慰问。

在疫情防控这场没有硝烟的战场上，就是有这样一群人，他们叫农技员，他们既有"硬核"技术，又有情怀担当，为农业生产和乡村发展默默奉献，坚守一线。

农技人员一线指导农户抗灾补损

来源：《农民日报》（2020 年 7 月 21 日）

近期，我国南方部分地区暴雨频发，为降低灾害对生产造成的不利影响，全国农业技术推广服务中心和农业农村部蔬菜、果树、茶叶、中药材专家指导组编制了应对高温、暴雨、洪涝等灾害的生产技术指导意见。各地农技人员根据技术指导意见和当地产业受灾情况，深入生产一线采取多种形式指导农业抗灾补损，帮助农民群众解决防灾减灾难题，力争把灾害损失降到最低。

湖北枝江市100多名农业农村部门技术人员及时下沉到田间地头，指导村民进行生产自救，确保灾年不减收。农业技术人员一边统计核实灾情，一边传授救灾知识，在强调及时排水、减少作物受淹时间的同时，指导村民要及时补苗，并采取叶面施肥措施，防控好螟虫、稻飞虱的侵害。

受连日来强降雨影响，安徽省太湖县渔业养殖遭受不同程度的经济损失。县渔业服务中心技术人员来到渔业养殖重点企业、渔业养殖示范户，做好受灾情况摸底登记，科学指导防灾抗灾工作，减少汛情对养殖经营主体的财产损失。渔技人员采取分类指导，按池塘养殖要求固牢塘坝，做好防逃设施，还要重点关注鱼病害防治；稻虾养殖要做到小龙虾应捕尽捕，推广繁养分离技术，提前谋划消毒、除野等准备工作。

江西省德安县林泉乡种植养殖业遭受洪涝灾害，农业基础设施也遭到不同程度的损毁。暴雨过后，农技人员全员进村入户，对全乡水稻、蔬菜等农作物和小龙虾、鱼等水产品受灾情况进行核实登记上报，现场指导种粮大户对受灾较轻的稻田及时排涝、清洗禾苗、抢抓阴晴天气开展水稻病虫害防治工作，对受灾严重的水稻田及时采取补种或改种。

受暴雨影响，湖南澧县水稻、棉花、玉米、葡萄、中药材等多种农作物面临严峻考验，为将损失减少到最低，做到灾前损失灾后补，澧县启动应急预案，组织100多名农技人员下沉到重点受灾区域，指导受灾农户开展抗灾自救工作。按照"水退到哪里，服务到哪里"的原则，澧县制定了各类作物抗灾补损技术指导方案，并组织技术团队，因地制宜进行具体施策、具体指导，确保全县农业大灾之年保丰收。

农技员"线上线下"齐忙碌 战"疫"保供两不误

来源：农业农村部新闻办公室（2020年2月12日）

当前正值新冠肺炎疫情防控关键时刻，也是夏季粮油田管和春耕备耕的重要节点。为保证农产品供应充足、不误农时，在疫情防控期间，全国各地农技人员不仅深入田间地头为农民开展线下的生产指导，还通过网站、App、微信群等信息化手段开展线上技术服务，帮助农民解决生产难题，为稳产保供提供有力支撑。

田间地头忙指导

疫情当前，农时也不能耽误。连日来，各地农技人员深入农业农村一线，在做好疫情防控的同时，指导农民进行科学生产，帮助农民增收致富。

杜绍成是山东省郯城县泉源乡东五湖村大棚种植户，近日，他遇到了一个棘手问题，赶紧求助乡农业综合服务中心高级农艺师李友亮。根据现场的"诊断"，李友亮很快就给杜绍成开出了"处方"，帮他解决了生产难题。

湖南省吉首市双塘街道大兴村的西瓜种植基地一片忙碌景象，种植户陈本忠带着七八个村民忙得不亦乐乎。听说西瓜种植基地这两天都在忙着移栽瓜苗，缺人手，驻村第一书记唐新军带着两名队员利用自己农技员的身份赶来帮忙。唐新军说："栽晚的话会影响瓜农收入，因为它是第一茬苗，所以要抢时间，我们工作队就一起来帮助他。"

"防控期间，这些农业专家还能坚持为我们进行现场技术指导，我们种地更有信心了。"杜绍成感慨道。

线上服务效率高

2月7日，在安徽巢湖市柘皋镇三星村松海家庭农场大棚蔬菜基地，新收获的莴笋、红椒、白菜等蔬菜正在装车运往蔬菜批发市场。农场负责人王松海说："疫情期间，我们市里的农业专家给种植户的技术指导，就从来没有中断过。"

据巢湖市农业技术推广中心主任胡鹏介绍，疫情防控期间全市农技部门组织 200 多名技术人员开展保增长技术服务工作，通过微信、电话、手机 App 等多渠道对蔬菜种植户开展在季蔬菜技术指导，服务效率高。

安徽省淮南市潘集区贺疃镇农技站站长李德福 30 多年来扎根农村基层农业生产一线免费指导农民，是一位"长在地里"的农技专家，曾获"全国最美农技员"荣誉称号。他的手机里保存着 2 400 多位农户的联系方式，农忙时节一天要接到 100 多个咨询电话。连日来，李德福利用微信视频、微信群公告、电话通知、广播等多种手段，一方面发动群众在保证疫情防控安全的前提下，有序开展春季田管和春耕备耕；另一方面，及时发布气象、病虫信息，提醒村民做好追肥除草、排水降渍、抗旱保苗、病虫防控等，推进农业绿色生产，提高农业关键技术到位率和覆盖面。

信息手段显优势

"中国农技推广"是农业农村部近年建设的农技推广信息服务平台，组织 37 万多名农技推广人员、6 000 多名产业技术体系专家教授线上解答技术难题、开展技术指导、提供远程问诊。1月下旬以来，"中国农技推广"平台以视频、长图、H5、音频等多种形式，及时推送政府部门疫情防控工作要求和科学防护知识，面向全国农村地区发送"致广大农民朋友的一封信""不误农时抓好春耕备耕"等新冠肺炎疫情防控、农业生产相关政策措施 120 多篇，"菜篮子"等重要农产品技术指导 300 多条，疫情防控知识、农业生产信息 1 100 多篇，浏览量 580 多万次。专家和农技人员运用信息化高效便捷、覆盖面广等优势，线上及时解答农业问题 41 万多个，发布服务日志 38 万多条，实现了农技指导 24 小时全天候、跨时空高效服务，专家农民无障碍沟通互动。

"疫情防控正处在关键时期，我们将充分发挥信息化便捷高效等优势，组织全国农业科技力量在线开展生产指导和技术服务，为保障'菜篮子'等农产品供应，抓好春季农业生产，科学高效防控新冠肺炎疫情作出新的更大贡献。"农业农村部科技教育司负责人表示，下一步，将进一步提高"中国农技推广"在农业科技人员和生产经营者中的覆盖面和使用率，加速推进农技推广服务信息化建设工作，让农技人员应用信息化等新方式新理念为三农服务，让广大农民搭乘"互联网＋"的快车。

农业技术推广工作宣传报道

手把手、面对面、心贴心
——特聘农技员助力脱贫攻坚综述

来源：新华社（2020年7月1日）

初夏时节，在湖北省宜昌市五峰土家族自治县傅家堰乡，青山如黛，橘园青翠，果实挂满枝头。白庙村村民正忙着锄草、培土和施肥。

"通过用有机肥替代化肥，进行生草栽培、生态防控，亩均节本增效500元以上。"五峰白庙柑橘专业合作社理事长张汉清说。

张汉清2019年1月被聘为县里的首批特聘农技员。2019年他组织了7次培训，内容包括多种作物栽培技术和病虫害防治，培训人员700人次以上，其中贫困户240人次以上。

白庙村一组的贫困户王经国是合作社社员之一。"张汉青带领大家建设示范基地，种柑橘的效益大大提升，我家还盖上了新房。"他高兴地说。

柑橘产业带来的甜蜜是特聘农技员助力脱贫攻坚成效的缩影。针对很多贫困地区产业科技服务跟不上、市场信息不畅等突出问题，2018年，农业农村部在全国贫困地区实施农技推广服务特聘计划，通过政府购买服务方式从乡土专家、种养能手、新型经营主体骨干、科教单位招募特聘农技员。2019年，农业农村部又推动在832个贫困县实施特聘计划全覆盖，共招募了4200多名特聘农技员。

技术示范、带动发展种养业、雇佣贫困群众务工……在各自的特长产业领域，很多特聘农技员做给群众看，带着群众干，帮着群众富，成为脱贫致富的"领头雁"。手把手、面对面、心贴心的帮扶，得到了老乡们纷纷竖起的大拇指。

在陕西，渭南市澄城县的18名特聘农技员活跃在田间地头。他们每人联系13户贫困户，带动发展苹果、樱桃、冬枣、花椒、梨、中药材及设施果蔬等产业，联系的234户贫困户如今已全部脱贫。

在河南，信阳市商城县其鹏茶叶专业合作社理事长周正祥成为特聘农技员后，为改变当地茶叶低产、产业低效的问题，给茶农引进了良种、小型杀青机、理条机等，还打造了高山茶示范基地，通过"现身说法"示范品种改良、技术和效益。通过录制短视频、建立微信群答疑等线上技术服务，受到茶农广泛好评。

据农业农村部科技教育司技术推广处处长崔江浩介绍，特聘计划扩大了农技服务供给来源，弥补了公益性农技服务不足，强化了贫困地区特色产业发展的技术指导，是基层农技推广队伍建设的一次创新，实现了"三大突破"：特聘农技员招募不涉及编制，可快速充实基层农技推广服务力量；对年龄、学历等没有"硬杠杠"，谁能干就用谁，突破了农技人员来源的限制；突破了现有农技推广队伍管理障碍，不合格的及时解除聘任关系，合格的聘用期满后优先予以续聘，激发了特聘农技员干事创业的热情。

下一步，农业农村部将持续在贫困地区开展实施特聘计划，深入总结可复制、可推广的做法经验，进一步完善管理措施和制度体系，围绕科技服务支撑农业产业发展，逐步在全国范围普遍实施。

我国露地甘蓝无人化生产实现新突破

来源：新华社（2020 年 10 月 30 日）

日前，在位于北京小汤山的国家现代农业科技示范展示基地，无人驾驶的拖拉机带动全自动收获机，一边行驶一边将一垄甘蓝收获离地，通过采收臂运输到同步拖拉机货车上，完成采收、转运全过程。这一幕引起了现场不少观摩专家的兴趣。

这是记者在 2020 年农业农村部引领性技术"蔬菜规模化生产人机智能协作技术"展示交流活动中看到的。

在活动现场，技术人员只需拿出手机，就可以下达指令使无人收获机械进行采收作业。目前，露地甘蓝在耕整地、起垄及移栽、水肥灌溉、植保打药和采收等关键环节均实现了智能化无人作业。

北京市农林科学院国家农业信息化工程技术研究中心副主任吴华瑞表示，甘蓝在河北、甘肃、河南、山东、四川、湖北、江苏等地种植面积较大，种植过程中面临用工和成本问题突出。人工成本约占生产成本的 70％以上，其中移栽和收获用工量最大，在农村老龄化和农业比较效益较低的情况下，需要加快研究和推广全程机械化生产模式。

"蔬菜规模化生产人机智能协作技术"由全国农业技术推广服务中心、北京农业信息技术研究中心牵头，针对蔬菜规模化生产的全环节智能化管理与作业需求，构建了以 5G、卫星、雷达、无人机、传感器等为载体的天空地立体化监测传感网络，打造了人机智能协作智慧大脑，研发了无人智慧农机作业集群，建立了全程技术解决方案。

据了解，目前这项技术在河北省赵县、张北县以及甘肃省定西市等地示范推广，智能化耕作方式代替了以往经验性的粗放管理，实现水、肥、药的精准利用，平均减少人工投入成本约 55％，分别减少水、肥、药施用量 25％、31％、70％。

农业农村部科技教育司二级巡视员闫成表示，2018 年以来，农业农村部每年遴选发布十大绿色增产、节本增效、生态环保、质量安全的引领性技术，组建产学研一体化联合体，加强技术集成熟化与组装配套，开展技术示范观摩与交流研讨，引领带动农业产业升级换代。下一步，将继续做好引领性技术集成示范，发挥国家现代农业科技示范展示基地的载体作用，为农业高质量发展提供更有力的科技支撑。

种地变得更智能

来源：《人民日报》（2020年6月15日）

"三夏"大忙时节，顶着火辣辣的日头，江苏省射阳县内的临海农场职工徐士忠站在地头，一副气定神闲的模样。金黄的麦浪中，一台台小麦无人收割机隆隆作响。"无人收割机不用农机手，晚上抢收也不怕累。在后台智慧麦作系统设定好程序就行，我管理的2500亩地，比往年能提前一天收割完呢！"

徐士忠说的智慧麦作系统，是农业农村部十大引领性技术之一——北斗导航支持下的智慧麦作技术。这项引领性技术由南京农业大学领衔，主要包括北斗导航支持下的小麦无人播种收获技术、无人机支持下的小麦精确施肥喷药技术以及物联网支持下的小麦智慧灌溉技术。

"智慧麦作，让种地变得更智能。"江苏省农垦农业发展股份有限公司临海分公司总经理黄礼庆说，"通过实施这套技术，今年小麦生产实现精确播种、施肥、施药、灌溉和收获，既省成本，效果又好，每亩地增产5%，算下来每亩节本增收100多元。"

南京农业大学智慧农业研究院副院长田永超介绍，智慧麦作技术将北斗导航、现代农学、信息技术、农业工程等应用于小麦耕、种、管、收全过程，实现生产作业从粗放到精确、从机械到智能、从有人到无人。

这套智慧农业技术究竟"聪明"在哪里？

首先是立体化感知农业信息。以前种地主要靠老把式的经验，现在可以通过卫星遥感、无人机、田间物联网设备共同架设"天眼地网"，定量、全面、立体化地获取农情数据。

数据有了，种、肥、水、药的施用量怎么确定？田永超表示，农民施肥喷药大多是凭经验，现在智能技术可以根据当地的气候条件、土壤信息、品种特性、植物长势等，开具种、肥、水、药的"细方子"。

"就拿我们农场来说，不同地块的土壤肥力有差异，播种时就不会平均化，而是根据智慧麦作系统的处方精量播种。"黄礼庆介绍。

有了数字化的"处方"，如何实施？关键是研发智能化农机装备，并将农机、农艺与信息技术融合，给田里的"铁疙瘩"装上"活脑袋"。

农业农村部南京农业机械化研究所副主任张文毅介绍，目前，天空地立体化苗情监测诊断技术、无人机支持下的作物精确机喷药技术、基于物联网的灌溉技术等单项技术趋于成熟，已在全国主要麦作区示范应用。小麦无人播种收获技术已初具雏形，取得了一系列关键技术突破，有望在近年内实现应用。

农业农村部科技教育司副司长张晔表示，随着我国农业发展从数量保障型向质量推动型转变，迫切需要遴选示范一批引领农业提质增效转型升级的重大技术，形成一批贯穿农业生产生活全过程的优质绿色增效技术体系。"既要确保当前产得出足够的粮食，更要为未来粮食持续供得上、产得优打造

'动力源'。"

2018 年以来，农业农村部落实创新驱动发展战略和"藏粮于技"战略，每年组织开展 10 项引领性技术集成示范活动，着力树立农业绿色高质量发展技术导向，推动重要成果快速集成转化落地，汇聚农业高校、科研单位、基层农技服务体系示范推广合力。活动实施以来，遴选示范了小麦节水保优、油菜生产全程机械化、受控式集装箱循环水绿色生态养殖、蔬菜全程绿色高效生产等一批引领性重大技术，为新时期产学研用一体化和重要农业技术快速普及应用探索了新模式。

张晔表示，今年将聚焦稳定粮食生产和农产品有效供给，着力推动引领性技术的集成化、实用化、轻简化，畅通"专家—农技人员—示范展示基地—示范主体—新型经营主体（小农户）"链式技术推广通道，实现技术和农业生产紧密结合，切实发挥科技对保障粮食安全和农业产业转型升级的决定性作用。

它来收玉米了！ 籽粒机收引领玉米产业高质量发展

来源：《人民日报》（2020 年 10 月 15 日）

十月，在山东泰安市岱岳区马庄镇的玉米示范基地里，一行行玉米植株被"吞掉"，随之"吐出"玉米秸秆、玉米芯，而脱粒的玉米籽粒进入车斗清洁筛选中，采收完成后玉米籽粒如喷泉般倾泻而出，全过程省时省力。

近日全国引领性技术玉米籽粒机收观摩交流会在山东泰安举办，农业农村部组织专家对泰安夏玉米示范区 10 个不同品种籽粒机收以及 5 个型号的自走式籽粒收获机作业效果进行了综合测评，全方位展现了一批适合玉米籽粒机收的好品种、好机械、好技术，推进良种良法良机深度融合引领玉米产业高质量发展。

打通玉米生产全程机械化的"最后一公里"

玉米是我国种植面积最大、总产量最多的粮食作物，抓好玉米生产对确保我国谷物基本自给、保障国家粮食安全具有重要作用。目前，玉米籽粒机收是制约我国玉米生产全程机械化的"最后一公里"。收获是玉米生产过程中最繁重的体力劳动环节，约占整个玉米种植过程中人工投入的 50%～60%，发展玉米机械化收获能够大幅度提高生产效率。世界上多数经济发达国家玉米生产早已实现了全程机械化，20 世纪 70 年代美国已全面实现了玉米机械粒收。

我国玉米机械化收获起步较晚，而且长期以来是以收获果穗为主。2010 年以前，我国仅有零星的小面积玉米籽粒机械化收获研究和试验，此后有关理论基础、关键技术、集成模式等不同层面的研究逐渐增多，品种和机械的筛选与评价工作逐步展开。2014 年，国家玉米良种重大科研联合攻关启动实施主要农作物生产全程机械化示范项目，推进了玉米籽粒机收技术快速发展。2015 年，开展了东北玉米机收籽粒品种筛选及产销模式创新项目研究。2016年起，连续5年在主产区开展玉米籽粒机收技术试验，以品种、机械为主体的区域性玉米籽粒低破碎机械化收获技术研究推广逐步开展。2018年，"玉米籽粒低破碎机械化收获技术"被列入全国农业十大引领性技术，着力集成品种、栽培、机械、仓储等系统性技术体系。

农业农村部科技教育司有关负责人表示，2018年以来，每年开展十大引领性技术集成示范，建立政产学研推用多方主体横向联动、纵向贯通、立体协同的工作机制，构建"专家—农技人员—示范基地—新型经营主体（小农户）"链式技术推广应用模式，实现集成熟化、示范展示、推广应用无缝连接，让生产经营主体一看就懂、一学就会、一用就灵，切实发挥引领性技术在推动产业增效和农业转型升级的重大带动作用。

经过3年联合、攻关技术集成和试验示范，我国玉米籽粒机收技术指标体系不断完善提升，关键技术不断集成配套，技术模式不断熟化优化，已形成以籽粒脱水快抗倒伏的品种创新选育、高产高效栽培技术集成配套和低破损率低损失率收获机械改进为核心的技术体系。随着全国重大引领性农业技术集成示范，东北地区、黄淮海地区等玉米主要产区玉米籽粒机收面积不断扩大。

推进玉米产业良种良法良机深度融合

全国农业技术推广服务中心粮食作物技术处处长吕修涛介绍说，长期以来，我国玉米机收以收果穗为主，收获模式多为摘穗—晾晒—脱粒—入库（销售），费工费时，还存在存放难、脱粒难、霉变概率增加等风险，籽粒机收有效解决了传统机械穗收存在的问题。

良种、良法和良机是玉米籽粒机收的三大支柱，降低玉米籽粒含水率、机收破碎率和田间损失率是玉米机收的技术要求。中国农业科学院作物科学研究所研究员王天宇介绍说，玉米籽粒机收对品种有特殊的要求，一般选择耐密、抗倒、后期脱水快的品种，要求收获时籽粒含水率在25％以下、倒伏倒折率之和在5％以下，产量与当地主栽品种相当。

近年来，适宜玉米籽粒机收专用化品种不断涌现。截至2019年，累计国审适宜籽粒机收的玉米品种34个，其中2017年8个、2018年9个、2019年17个。第一批通过国审的宜粒收品种京农科728，2017—2019年全国累计推广面积已达688万亩。京农科728、郑源玉432、丰德存玉10号等机收品种的推广应用，为技术推广奠定了坚实的基础。

如何选配良机？农业机械试验鉴定总站、农业机械化技术开发推广总站粮作机械处处长张树阁介绍说，适合玉米籽粒收获的机型要求破碎率低，不跑粮，收获时落粒落穗率低，总损失率不超过5％；杂质率不高于3％；作业效率高，割台设计科学，减少落穗率等。近年来，适宜籽粒机收的实用化农机不断完善，自走式摘穗型、茎穗兼收型等不同功能的收获机械大量推广应用，可靠性持续提高，并向纵轴流、高性能、智能化方向发展。目前，已有54个企业的140个机型获得国家支持的农业机械推广鉴定证书。

提高种植密度、出苗整齐度和籽粒成熟度也是玉米籽粒机收的关键技术。王天宇研究员说："玉米籽粒机收技术从最初的关注品种和机械筛选，逐步向良种良法配套、农机农艺结合转变。已形成以抗倒伏和快脱水为基础，配套田间管理关键技术，可复制可推广的技术模式。"

多年多地试验示范表明，玉米籽粒机收比果穗机收节约成本 15％，降低粮损 6％左右，提升品质等级 1 级以上，亩节本增效 150 元左右，相当于每斤降低成本 0.1～0.15 元。同时，将秸秆直接粉碎还田，有利于培肥地力，具有重要的生态价值。加快推进玉米籽粒机收，实现生产全程机械化，是我国玉米生产方式转型升级、增强玉米产业竞争力的关键之举。

玉米籽粒机收仍需破解难题多点发力

全国引领性技术玉米籽粒机收观摩交流会公布的夏玉米品种示范区 10 个不同品种籽粒机收评价结果表明，品种基本能够满足当地籽粒机收需要，但仍存在籽粒含水率偏高、破碎率超标等问题，遴选适宜机收品种任重道远。长期以来，我国玉米育种以产量为目标，早熟、耐密、高产、脱水快、抗性强等宜粒收种质材料相对缺乏。同时，我国幅员辽阔，自然环境差异大，东北、西北地区对熟期要求严格，黄淮海、西南等多熟地区需要前后茬搭配，对品种脱水特性要求高。专家建议，要加强专用化、本地化、差异化育种攻关，为促进玉米生产全程机械化奠定基础。

与国外先进水平相比，我国玉米籽粒收获机械还存在作业效率不高、可靠性不够、前后环节不搭配、作业质量有待提升等问题。同时，南方产区生育期短，籽粒脱水时间不够，籽粒直收破损率偏高，还需突破高含水率条件下柔性脱粒等核心技术，加强机具研发、改良和配套。

玉米籽粒机收仍需强化技术集成。一方面，围绕高产、抗倒伏、促早熟、快脱水，需加强增密、单粒精播、种肥同播、化控防倒等关键技术集成；另一方面，围绕轻简、省工、高效，要加强节种、减肥、减药、水肥一体化等技术配套。

实际上，玉米机械粒收技术涉及产前、产中、产后，是一项系统工程，当前生产关键环节农机和农艺不匹配、田间生产与收储运不匹配等问题，是"难点"，更是"痛点"。目前吉林、山东、河南等多省农业农村部门反映，籽粒收获后期处理能力不足。籽粒收获要发展，后期的烘干、仓储、转运等环节必须完善，而烘干恰恰是短板环节，产地烘干能力不足，仓储场地条件有限，快速转运体系尚未建成，直接影响籽粒收获的推进。

"在玉米生产全程机械化各环节中，田间管理、烘干、秸秆处理等明显滞后。"中国农业大学张东兴教授指出，我国农机化发展水平不均衡，制约了玉米产业全程全面机械化发展。目前我国粮食机械烘干不到 10％，与发达国家粮食机械化烘干达 95％相比有很大差距；我国玉米籽粒收获时的含水率比美国高近 8 个百分点，需加强烘干配套，做到及时烘干、安全入仓。

另外，玉米主产区长期形成的"果穗储藏＋灵活卖粮"经营方式普遍存在，小农户"捂粮惜售""待价而沽"，不愿在收获季集中卖粮，在一定程度上影响了玉米籽粒收获技术发展。专家认为，推进玉米籽粒机收要多点协同发力，比如，形成不同规模、不同运行方式的农资＋农机＋金融＋种植的生产模式，烘干、加工、储存、销售的收储运模式，引入"粮食银行"等新业态，促进玉米生产规模化、经营产业化，进一步理顺产前、产中、产后各环节需求，探索不同规模经营下的生产模式和发展机制。

脱贫攻坚的"硬脊梁"

——中央财政支持农技推广服务特聘计划工作纪实

来源：《中国财经报》（2020年7月27日）

初夏时节，青山如黛。湖北省五峰县傅家堰乡白庙村泗洋河谷连片柑橘园里深绿色的果实挂满了枝头，一派丰收在望的景象。

"今年柑橘挂果比往年要好，这得感谢特聘技术员张汉清手把手教我们技术。"白庙村种植大户覃士富说。

两年来，在张汉清的技术服务和带动下，白庙村的柑橘产业越发红火了。2019年，该村柑橘销售收入达87万元。贫困户单一柑橘产业增收2 000元以上的有53户。

2017年，财政部、农业部印发方案，在5省7个贫困地区开展农技推广服务特聘计划试点。2018年，在全国贫困地区实施农技推广服务特聘计划。目前，该计划已在全国832多个县实施，共有特聘农技员近4 200名。

近日，国务院扶贫办组织第三方对贯彻落实《中共中央 国务院关于打赢脱贫攻坚战三年行动的指导意见》措施任务进行了评估。"农技服务特聘计划"被评为"好"，评估机构认为，特聘计划有总体设计，考虑到了地方产业特色和实用性，为贫困县产业发展及贫困户从事生产和增收提供了有效支撑，具备良好的可持续性。

脱贫攻坚的"硬抓手"

3年来，各地将特聘计划作为贫困地区扶贫攻坚的重要抓手。特聘农技员有很好的技术，大多数是龙头企业、专业合作社的负责人或技术负责人，通过发挥其生产和市场融合优势，促进特色产业快速发展。

白庙村是传统柑橘种植村，柑橘品质好、效益高，远近闻名。但树种老化、产量不稳定、价格不高等因素，一直制约着柑橘产业做大做强。

"不改良品种至少每年还有一点收入，更新换代则需要时间才能看到效益，万一不成功怎么办？"橘农们找到了症结，却很少有人尝试改变。

2009年，张汉清联合部分种植户，成立了五峰白庙柑桔专业合作社，一边积极开拓市场，一边着手进行品种改良。他们根据本地气候和土壤条件，选定了优质新品种，免费为社员提供技术，实行统一施肥、修枝以及种植管理。

很快，柑橘产量提升、价格提高，效益大大提升。张汉清被选为五峰县第五批乡土拔尖人才，2019年1月被聘为五峰首批特聘农技员。

2019年，在白庙、鸭儿坪等村，张汉清组织了7次培训，培训人员700人次以上，其中贫困户

240 人次以上。培训内容包括柑橘、茶叶、中药材和木瓜等作物的栽培技术及草地贪夜蛾等病虫害防治。

随着合作社的不断发展壮大，张汉清还不断吸纳新的社员，现有在册社员 122 户，其中贫困户 81 户，同时积极开拓市场，带动周边柑橘产业快速发展。

张汉清只是众多特聘农技员中的一员。针对贫困地区农业产业小、区域性强等特点，特聘农技员充分发挥个人专长和帮贫带贫的职责，为贫困户量体裁衣、精准施策，提供规划产业、方案制定、技术指导、服务跟踪等服务，成为脱贫攻坚的"硬脊梁"。

产业兴旺的"排头兵"

一片叶子，成就了一个产业，富裕了一方百姓。在河南省商城县，茶叶是名副其实的主导产业之一，这当中，也凝聚着特聘农业员的心血。

特聘农技员周正祥是河南省商城县其鹏茶叶专业合作社理事长。为了改变当地茶产业"低能、低产、低效、低科技含量"的现状，他先后从湖南、安徽、福建等地引进 4 800 万株国家级茶叶良种，提供给周边茶农试种。

近年来，周正祥还独立研发升级了第六代绿茶生产线，使生产效率提升了 24 倍，实现了商城高山茶标准化、现代化生产。

为了让茶农信服，周正祥专门打造了高山茶示范基地，并编制《商城高山茶种植规程》等。针对种植和加工中容易出现的问题，周正祥录制解答视频教程，并建立茶农微信群，方便茶农随时观看学习和解答其疑惑。

周正祥还创新模式带动贫困户增收。一是以企业为主导，更新茶叶良种种植面积，通过土地流转，带动周边涉茶贫困户增收。每年仅租金一项，贫困户就能每亩增收 600 元。二是通过"公司＋基地＋农户"的方式，采用"五统一"办法（即公司统一规划布局、统一提供茶树种苗和肥料、统一技术指导、统一种植保险、统一保价回收）帮助贫困户发展茶园，每亩茶园每年收入 6 000 余元，除去 2 000 余元生产成本，每亩效益达 4 000 元以上。三是三次就业，三次获益。在茶叶种植培管环节，实现第一次就业，茶农人均工资每年达到 3.6 万元；茶农参与鲜叶采摘、毛茶初制加工，实现第二次就业，每天采摘鲜叶收入可达 100 元左右，毛茶加工增值能达到每公斤 6～8 元；贫困户农闲时到茶企从事制茶、包装、捡梗等工作，实现第三次就业。

茶产业使农民在家门口实现了就业，也使其迅速摆脱贫困。

众多特聘农技员和周正祥一样，把自己所种植或栽植的田块建设成农业科技示范田，充分发挥传帮带作用，成为产业兴旺的"排头兵"。

不仅如此，特聘农技员在认真调查研究、了解情况的基础上，每年对村镇乃至全县的产业发展提出科学、合理、可行的建议。

农业农村部科技教育司司长廖西元介绍，为了在全国贫困地区更好地实施农技推广服务特聘计划，国家将其作为基层农技推广体系改革与建设补助项目重点任务之一，并在补助项目年度考核中赋予较高权重。3 年来，已累计落实特聘农技员支持资金 9 600 多万元，并完善了相关规章制度和协议，强化规范管理。

乡村振兴的"领路人"

特聘计划实施以来，特聘农技员作为各自领域的行家里手，成为乡村振兴的领路人。

藤茶是云南省红河州红河县本那河流域特有的一种生态药茶。该县洛恩乡特聘农技员李保斗将藤茶育苗、栽培和加工技术汇编成《藤茶栽培与加工实用技术》，并以理论讲授与现场操作指导的形式对广大村民进行培训。截至 2019 年底，已辐射带动洛恩乡 4 个村委会、12 个村民小组发展藤茶，推广种植面积 650 亩，受益农户达 80 户，其中建档立卡贫困户 48 户，产值 56 万元。

为了让特聘农技员计划行稳致远，各地纷纷出台办法予以规范。如陕西省澄城县签订了特聘农技员服务协议，建立特聘农技员包联贫困户制度，制定特聘农技员考核办法，助力贫困户发展产业。

"通过实施特聘计划，以政府购买服务的形式，将一批优秀的农村乡土人才纳入农技推广服务的队伍中，为他们施展才干、发挥能力、干事创业搭建了一个很好的平台。"廖西元说。

近年来，通过特聘计划的实施，不仅壮大了农技推广队伍，还弥补了基层公益性农技推广工作短板，解决了农技推广"最后一公里"问题。农业农村部部长韩长赋表示："这是一项有益的探索，可总结推广到其他地区。"

2020 年，农业农村部继续实施贫困地区特聘计划全覆盖，在未脱贫摘帽 52 个挂牌督战贫困县及部定点扶贫县，将特聘计划纳入产业技术顾问制度一并实施，让科技帮扶发挥好合力作用。

附　录

2020 年度农业行业国家科学技术奖励名单

国家自然科学奖（二等奖）

序号	项目名	主要完成人及单位
1	水稻高产与氮肥高效利用协同调控的分子基础	傅向东（中国科学院遗传与发育生物学研究所），黄先忠（中国科学院遗传与发育生物学研究所），王少奎（中国科学院遗传与发育生物学研究所），刘倩（中国科学院遗传与发育生物学研究所）
2	水稻驯化的分子机理研究	孙传清（中国农业大学），谭禄宾（中国农业大学），朱作峰（中国农业大学），谢道昕（清华大学），付永彩（中国农业大学）

国家技术发明奖（二等奖）

序号	项目名	主要完成人及单位
1	良种牛羊卵子高效利用快繁关键技术	田见晖（中国农业大学），张家新（内蒙古农业大学），安磊（中国农业大学），朱化彬（中国农业科学院北京畜牧兽医研究所），翁士乔（宁波三生生物科技有限公司），杜卫华［中国农业科学院北京畜牧兽医研究所（中国动物卫生与流行病学中心北京分中心）］
2	水稻抗褐飞虱基因的发掘与利用	何光存（武汉大学），陈荣智（武汉大学），杜波（武汉大学），祝莉莉（武汉大学），郭建平（武汉大学），舒理慧（武汉大学）
3	小麦耐热基因发掘与种质创新技术及育种利用	孙其信（中国农业大学），李辉（河北省农林科学院粮油作物研究所），彭惠茹（中国农业大学），李梅芳（湖北省农业科学院粮食作物研究所），倪中福（中国农业大学），张文杰（河北婴泊种业科技有限公司）
4	苹果优质高效育种技术创建及新品种培育与应用	陈学森（山东农业大学），毛志泉（山东农业大学），王楠（山东农业大学），徐月华（蓬莱市果树工作总站），王志刚（山东省果茶技术推广站），张宗营（山东农业大学）

国家技术进步奖（一等奖）

序号	项目名	主要完成人	主要完成单位
1	水稻遗传资源的创制保护和研究利用	罗利军，徐建龙，聂守军，童汉华，高世伟，林秀云，黎志康，唐昌华，余新桥，梅押卫，辜琼瑶，夏加发，张帆，刘宝海，章善庆	上海市农业生物基因中心，中国水稻研究所，中国农业科学院作物科学研究所，黑龙江省农业科学院绥化分院，吉林省农业科学院，云南省农业科学院粮食作物研究所，安徽省农业科学院水稻研究所，浙江勿忘农种业股份有限公司，上海天谷生物科技股份有限公司，云南金瑞种业有限公司

国家技术进步奖（二等奖）

序号	项目名	主要完成人	主要完成单位
1	玉米优异种质资源规模化发掘与创新利用	王天宇，黎裕，杨俊品，扈光辉，刘成，王晓鸣，杨华，王振华，程伟东，李永祥	中国农业科学院作物科学研究所，四川省农业科学院作物研究所，黑龙江省农业科学院玉米研究所，新疆农业科学院粮食作物研究所，重庆市农业科学院，河南省农业科学院粮食作物研究所，广西壮族自治区农业科学院玉米研究所
2	高产优质、多抗广适玉米品种京科968的培育与应用	赵久然，王元东，邢锦丰，王荣焕，刘春阁，宋伟，张华生，杨国航，陈传永，徐田军	北京市农林科学院
3	超高产专用早籼稻品种中嘉早17等的选育与应用	胡培松，唐绍清，杨尧城，焦桂爱，罗炬，谢黎虹，邵高能，魏祥进，圣忠华，蔡金洋	中国水稻研究所，嘉兴市农业科学研究院
4	长江中游优质中籼稻新品种培育与应用	游艾青，戚华雄，周勇，徐得泽，刘凯，吴爽，夏明元，周强，曹鹏，田永宏	湖北省农业科学院，安徽省农业科学院水稻研究所，扬州大学，黄冈市农业科学院，湖北省农业技术推广总站，襄阳市农业科学院，湖北国宝桥米有限公司
5	食品动物新型专用药物的创制与应用	肖希龙，郝智慧，沈建忠，贾德强，王海挺，汤树生，王春元，何家康，刘元元，刘全才	中国农业大学，青岛蔚蓝生物股份有限公司，齐鲁动物保健品有限公司，青岛农业大学，广西大学
6	畜禽饲料质量安全控制关键技术创建与应用	秦玉昌，李军国，张军民，王红英，王卫国，李俊，薛敏，饶正华，杨洁，汤超华	中国农业科学院北京畜牧兽医研究所，中国农业科学院饲料研究所，中国农业大学，河南工业大学，中国农业科学院农业质量标准与检测技术研究所

（续）

序号	项目名	主要完成人	主要完成单位
7	奶及奶制品安全控制与质量提升关键技术	王加启，郑楠，张养东，李松励，郑百芹，王成，张树秋，吕志勇，杨志刚，王惠铭	中国农业科学院北京畜牧兽医研究所，唐山市畜牧水产品质量监测中心，新疆农业科学院农业质量标准与检测技术研究所，山东省农业科学院农业质量标准与检测技术研究所，内蒙古伊利实业集团股份有限公司，内蒙古蒙牛乳业（集团）股份有限公司，光明乳业股份有限公司
8	奶牛高发病防治系列新兽药创制与应用	李秀波，路永强，刘义明，徐飞，陈孝杰，石波，李艳华，张正海，贾国宾，赵炳超	中国农业科学院饲料研究所，北京市畜牧总站，中牧实业股份有限公司，河北远征药业有限公司，齐鲁动物保健品有限公司，华秦源（北京）动物药业有限公司
9	猪圆环病毒病的免疫预防关键技术研究及应用	周继勇，刘长明，刘爵，杨汉春，金玉兰，顾金燕，粟硕，李守军，邢刚，邱文英	浙江大学，中国农业科学院哈尔滨兽医研究所，中国农业大学，北京市农林科学院，南京农业大学，天津瑞普生物技术股份有限公司，华派生物工程集团有限公司
10	特色浆果高品质保鲜与加工关键技术及产业化	郜海燕，陈杭君，李斌，孙健，周剑忠，吴伟杰，穆宏磊，李绍振，孟宪军，吴晓蒙	浙江省农业科学院，沈阳农业大学，中国农业大学，江苏省农业科学院，北京汇源饮料食品集团有限公司，海通食品集团有限公司，丹东君澳食品股份有限公司
11	玉米淀粉及其深加工产品的高效生物制造关键技术与产业化	佟毅，曲音波，李义，李才明，陶进，刘国栋，陈博，程力，王兆光，周勇	中粮集团有限公司，山东大学，江南大学，兆光生物工程（邹平）有限公司
12	食品工业专用油脂升级制造关键技术及产业化	刘元法，孟宗，汪勇，马传国，黄健花，王兴国，王满意，柳新荣，黄海瑚，龙显杏	江南大学，河南工业大学，中粮营养健康研究院有限公司，暨南大学，佳禾食品工业股份有限公司，上海海融食品科技股份有限公司，肇庆市嘉溢食品机械装备有限公司
13	营养健康导向的亚热带果蔬设计加工关键技术及产业化	张名位，张瑞芬，邓媛元，孙智达，谢海辉，刘磊，黄菲，李文治，王丽娜，吴福培	广东省农业科学院蚕业与农产品加工研究所，华中农业大学，中国科学院华南植物园，广东生命一号药业股份有限公司，无限极（中国）有限公司，威海百合生物技术股份有限公司
14	粮食作物主要杂草抗药性治理关键技术与应用	柏连阳，王金信，陶波，崔海兰，张帅，连磊，潘浪，路兴涛，刘都才，杨霞	湖南省农业科学院，中国农业科学院植物保护研究所，青岛清原抗性杂草防治有限公司，湖南农业大学，全国农业技术推广服务中心，山东农业大学，湖南农大海特农化有限公司
15	北方旱地农田抗旱适水种植技术及应用	梅旭荣，孙占祥，樊廷录，周怀平，赵长星，刘恩科，钟永红，龚道枝，冯良山，孙东宝	中国农业科学院农业环境与可持续发展研究所，辽宁省农业科学院，甘肃省农业科学院，山西省农业科学院农业环境与资源研究所，青岛农业大学，全国农业技术推广服务中心
16	基于北斗的农业机械自动导航作业关键技术及应用	罗锡文，赵春江，孟志军，王桂民，张智刚，陈立平，王进，付卫强，刘卉，朱金光	华南农业大学，北京农业智能装备技术研究中心，北京农业信息技术研究中心，雷沃重工股份有限公司，首都师范大学

（续）

序号	项目名	主要完成人	主要完成单位
17	优势天敌昆虫控制蔬菜重大害虫的关键技术及应用	陈学新，张帆，刘万学，刘树生，郑永利，刘万才，邱宝利，王甦，张桂芬，郭晓军	浙江大学，北京市农林科学院，中国农业科学院植物保护研究所，全国农业技术推广服务中心，华南农业大学，浙江省农产品质量安全中心
18	主要粮食作物养分资源高效利用关键技术	周卫，何萍，艾超，孙建光，黄绍文，王玉军，余喜初，孙静文，张水清，乔艳	中国农业科学院农业资源与农业区划研究所，江西省红壤研究所，河南省农业科学院植物营养与资源环境研究所，湖北省农业科学院植保土肥研究所
19	绿茶自动化加工与数字化品控关键技术装备及应用	宛晓春，张正竹，江东，夏涛，宁井铭，李兵，李尚庆，黄剑虹，常宏，谢一平	安徽农业大学，合肥美亚光电技术股份有限公司，浙江上洋机械股份有限公司，谢裕大茶叶股份有限公司

2020年农业技术推广系统获选全国先进工作者名单

姓名	职位	职称
齐长红	北京市昌平区农业技术推广站站长	高级农艺师
康爱国	河北省张家口市康保县植保植检站农业技术推广研究员	农业技术推广研究员
张树春	黑龙江省绥化市北林区农业技术推广中心主任	农业技术推广研究员
于杰（女）	黑龙江省农业技术推广站站长	研究员
施永海	上海市水产研究所（上海市水产技术推广站）副所长、副站长	研究员
陈淑芳（女）	浙江省象山县畜牧兽医总站站长	兽医师
王金良	浙江省海盐县农业技术推广中心首席专家	高级农艺师
张启勇	安徽省植物保护总站副站长	农艺师
朱建忠	四川省泸州市现代农业发展促进中心粮油生产科农业技术推广研究员	农业技术推广研究员
梁增基	陕西省长武县农业技术推广中心技术员	研究员
赵贵宾	甘肃省农业技术推广总站站长	农业技术推广研究员
许振林	青海省农牧机械推广站推广科科长	推广研究员三级
王　峰	宁夏回族自治区固原市农业技术推广服务中心主任	农业技术推广研究员

国家现代农业科技示范展示基地名单

序号	基地名称	建设运营单位
1	国家现代农业科技示范展示基地（昌平）	北京市农业技术推广站
2	国家现代农业科技示范展示基地（通州）	北京中农富通园艺有限公司

（续）

序号	基地名称	建设运营单位
3	国家现代农业科技示范展示基地（小汤山）	北京市农林科学院
4	国家现代农业科技示范展示基地（顺义）	中国农业科学院作物科学研究所
5	国家现代农业科技示范展示基地（宁河）	天津市天祥水产有限责任公司
6	国家现代农业科技示范展示基地（武清）	天津新世纪牧业有限公司
7	国家现代农业科技示范展示基地（辛集）	河北省辛集市马兰农场
8	国家现代农业科技示范展示基地（鹿泉）	河北省石家庄天泉良种奶牛有限公司
9	国家现代农业科技示范展示基地（曹妃甸）	河北省唐山市曹妃甸区会达水产养殖有限公司
10	国家现代农业科技示范展示基地（永清）	河北恒都美业农业开发有限公司
11	国家现代农业科技示范展示基地（曲周）	中国农业大学
12	国家现代农业科技示范展示基地（廊坊）	中国农业科学院植物保护研究所
13	国家现代农业科技示范展示基地（文水）	山西大象农牧集团有限公司
14	国家现代农业科技示范展示基地（汾西）	山西省汾西县高寒农牧专业合作社
15	国家现代农业科技示范展示基地（阿荣旗）	内蒙古阿荣旗农业技术推广中心
16	国家现代农业科技示范展示基地（乌拉特中旗）	内蒙古农业大学
17	国家现代农业科技示范展示基地（科尔沁）	内蒙古科尔沁肉牛种业股份有限公司
18	国家现代农业科技示范展示基地（乌兰图克）	内蒙古富川养殖科技股份有限公司
19	国家现代农业科技示范展示基地（盘锦）	辽宁省盘锦光合蟹业有限公司
20	国家现代农业科技示范展示基地（沈河）	沈阳农业大学
21	国家现代农业科技示范展示基地（辽中）	沈阳农业大学
22	国家现代农业科技示范展示基地（海城）	辽宁省海城市三星生态农业有限公司
23	国家现代农业科技示范展示基地（梨树）	吉林省梨树县农技推广中心
24	国家现代农业科技示范展示基地（净月）	吉林农业大学
25	国家现代农业科技示范展示基地（抚松）	吉林省精气神有限公司
26	国家现代农业科技示范展示基地（道外）	黑龙江省农业科学院
27	国家现代农业科技示范展示基地（宾县）	黑龙江省哈尔滨永和菜业有限公司
28	国家现代农业科技示范展示基地（松北）	黑龙江省哈尔滨市农业科学院
29	国家现代农业科技示范展示基地（庆安）	黑龙江东禾农业集团有限公司
30	国家现代农业科技示范展示基地（海湾）	上海星辉蔬菜有限公司
31	国家现代农业科技示范展示基地（马陆）	上海马陆葡萄公园有限公司
32	国家现代农业科技示范展示基地（灌南）	江苏省灌南县蔬菜办公室
33	国家现代农业科技示范展示基地（丰县）	江苏大沙河现代农业综合开发集团有限公司
34	国家现代农业科技示范展示基地（金坛）	江苏省常州市金坛区农业试验站
35	国家现代农业科技示范展示基地（响水）	江苏省响水县蔬菜生产技术指导站
36	国家现代农业科技示范展示基地（扬州）	江苏省扬州三江农业科技发展有限公司
37	国家现代农业科技示范展示基地（江宁）	南京农业大学
38	国家现代农业科技示范展示基地（扬中）	中国水产科学研究院淡水渔业研究中心

序号	基地名称	建设运营单位
39	国家现代农业科技示范展示基地（武义）	浙江更香有机茶业开发有限公司
40	国家现代农业科技示范展示基地（余杭）	浙江恒泽生态农业科技有限公司
41	国家现代农业科技示范展示基地（舒城）	安徽省舒城县农业科学研究所
42	国家现代农业科技示范展示基地（徽州）	安徽谢裕大茶叶股份有限公司
43	国家现代农业科技示范展示基地（宜秀）	安徽宇顺高科种业股份有限公司
44	国家现代农业科技示范展示基地（义安）	安徽张林渔业有限公司
45	国家现代农业科技示范展示基地（泗县）	安徽泗县石龙湖田园综合开发有限公司
46	国家现代农业科技示范展示基地（界首）	安徽丰絮农业科技股份有限公司
47	国家现代农业科技示范展示基地（宣州）	中国农业科学院烟草研究所
48	国家现代农业科技示范展示基地（福清）	福建三华农业有限公司
49	国家现代农业科技示范展示基地（西塘）	福建省泉州市农业科学研究所
50	国家现代农业科技示范展示基地（云霄）	福建省漳州绿洲农业发展股份有限公司
51	国家现代农业科技示范展示基地（吉州）	江西省井冈山农业科技园管理委员会
52	国家现代农业科技示范展示基地（进贤）	江西省红壤研究所
53	国家现代农业科技示范展示基地（信丰）	江西绿萌科技控股有限公司
54	国家现代农业科技示范展示基地（南昌）	江西省蚕桑茶叶研究所
55	国家现代农业科技示范展示基地（袁州）	宜春市袁州区中州米业有限公司
56	国家现代农业科技示范展示基地（任城）	济宁市四季园苗木种植有限公司
57	国家现代农业科技示范展示基地（齐河）	山东省齐河县宋坊良种繁殖场
58	国家现代农业科技示范展示基地（南湖）	山东省诸城市万景源农业科技有限公司
59	国家现代农业科技示范展示基地（垦利）	山东景明海洋科技有限公司
60	国家现代农业科技示范展示基地（福山）	山东省烟台市农业科学研究院
61	国家现代农业科技示范展示基地（德州）	中国农业科学院德州盐碱土改良实验站
62	国家现代农业科技示范展示基地（新乡）	河南科技学院
63	国家现代农业科技示范展示基地（周口）	河南省黄泛区实业集团有限公司
64	国家现代农业科技示范展示基地（新县）	河南草木人生态茶业有限责任公司
65	国家现代农业科技示范展示基地（武湖）	武汉市农业科学院
66	国家现代农业科技示范展示基地（公安）	湖北省金秋农业高新技术有限公司
67	国家现代农业科技示范展示基地（鄂城）	武汉大学
68	国家现代农业科技示范展示基地（武陵山）	湖北省农业科学院
69	国家现代农业科技示范展示基地（来凤）	湖北省农园（恩施）农业发展有限公司
70	国家现代农业科技示范展示基地（邵阳）	湖南省邵阳市农业科学研究院
71	国家现代农业科技示范展示基地（麻阳）	麻阳楠木桥大学生村官创业园开发有限公司
72	国家现代农业科技示范展示基地（常德）	湖南德人牧业科技有限公司
73	国家现代农业科技示范展示基地（佛山）	佛山市农业科学研究所
74	国家现代农业科技示范展示基地（从化）	广东省广州花卉研究中心

（续）

序号	基地名称	建设运营单位
75	国家现代农业科技示范展示基地（隆安）	广西金穗农业集团有限公司
76	国家现代农业科技示范展示基地（南海）	中国水产科学研究院南海水产研究所
77	国家现代农业科技示范展示基地（桂平）	广西鸣鸣果业有限公司
78	国家现代农业科技示范展示基地（武鸣）	广西壮族自治区农业技术推广总站
79	国家现代农业科技示范展示基地（琼山）	海南大湖桥园林股份有限公司
80	国家现代农业科技示范展示基地（澄迈）	海南翔泰渔业股份有限公司
81	国家现代农业科技示范展示基地（东方）	容益（海南）农业开发有限公司
82	国家现代农业科技示范展示基地（万宁）	中国热带农业科学院香料饮料研究所
83	国家现代农业科技示范展示基地（儋州）	中国热带农业科学院橡胶研究所
84	国家现代农业科技示范展示基地（九龙坡）	重庆市农业科学院
85	国家现代农业科技示范展示基地（巴南）	重庆市二圣茶业有限公司
86	国家现代农业科技示范展示基地（名山）	四川省名山茶树良种繁育场
87	国家现代农业科技示范展示基地（绵阳）	绵阳市农业科学研究院
88	国家现代农业科技示范展示基地（成都）	四川省泰隆农业科技有限公司
89	国家现代农业科技示范展示基地（宣汉）	四川省宣汉锦宏蜀宣牧业有限公司
90	国家现代农业科技示范展示基地（西充）	四川省西充县金科种养殖有限公司
91	国家现代农业科技示范展示基地（东坡）	四川省眉山市好味稻水稻专业合作社
92	国家现代农业科技示范展示基地（理塘）	四川省理塘县康藏阳光农牧业科技开发有限责任公司
93	国家现代农业科技示范展示基地（水城）	贵州省水城县农业产业园区管委会
94	国家现代农业科技示范展示基地（播州）	贵州卓豪农业科技股份有限公司
95	国家现代农业科技示范展示基地（黄平）	贵州黄平农博翔有限责任公司
96	国家现代农业科技示范展示基地（勐海）	云南省农业科学院
97	国家现代农业科技示范展示基地（嵩明）	云南省农业科学院
98	国家现代农业科技示范展示基地（马龙）	云南省草地动物科学研究院
99	国家现代农业科技示范展示基地（澄城）	澄城县现代农业发展投资有限公司
100	国家现代农业科技示范展示基地（杨凌）	杨凌珂瑞农业专业合作社
101	国家现代农业科技示范展示基地（陇县）	陕西和氏高寒川牧业有限公司
102	国家现代农业科技示范展示基地（白水）	西北农林科技大学
103	国家现代农业科技示范展示基地（宕昌）	甘肃省宕昌县中药材开发服务中心
104	国家现代农业科技示范展示基地（城北）	青海省农林科学院
105	国家现代农业科技示范展示基地（湟源）	青海省农林科学院
106	国家现代农业科技示范展示基地（贺兰）	宁夏银川科海生物技术有限公司
107	国家现代农业科技示范展示基地（青铜峡）	宁夏塞外香食品有限公司
108	国家现代农业科技示范展示基地（永宁）	宁夏晓鸣农牧股份有限公司
109	国家现代农业科技示范展示基地（昭苏）	新疆维吾尔自治区昭苏农业科技园
110	国家现代农业科技示范展示基地（泽普）	新疆维吾尔自治区农业科学院